超级五笔训练营

五笔字型

标准教程

双色版

五笔教学研究组　编著

机械工业出版社
CHINA MACHINE PRESS

五笔字型输入法依据笔画和字形特征对汉字进行编码,是最常用的汉字输入法之一,以其输入速度快、重码少、不受方言限制等优点被专业录入人员广泛使用,并成为众多汉字输入初学者的首选。

　　本书从电脑基础知识开始讲起,通过图解和实例全面、系统地介绍了指法练习、86版与98版五笔字型输入法,层次分明、内容丰富、语言通俗,并配有大量练习,是一本标准的培训教材,可以帮助读者快速、高效地掌握五笔字型输入法。随书附赠多媒体教学光盘、五笔字型多功能指法训练卡和86版字根键盘贴。

　　本书非常适合作为五笔字型培训教材,也可作为初学者的自学用书。读者服务 QQ 群:66179059。

图书在版编目（CIP）数据

五笔字型标准教程:双色版/五笔教学研究组编著. —3 版. —北京:机械工业出版社,2010.9
（超级五笔训练营）
ISBN 978-7-111- 31717-3

Ⅰ.①五… Ⅱ.①五… Ⅲ.①汉字编码,五笔字型－教材 Ⅳ.①TP391.14

中国版本图书馆 CIP 数据核字(2010)第 169945 号

机械工业出版社(北京市百万庄大街22 号　邮政编码100037)
责任编辑:孙　业
责任印制:杨　曦
北京中兴印刷有限公司印刷
2010 年 10 月第 3 版·第 1 次印刷
184mm×260mm · 12 印张 · 295 千字
标准书号:ISBN 978-7-111- 31717-3
　　　　　ISBN 978-7-89451- 682-4(光盘)
定价:29. 80 元(含 1 CD＋指法训练卡＋字根键盘贴)

凡购本书,如有缺页、倒页、脱页,由本社发行部调换
电话服务　　　　　　　　　　　　网络服务
社服务中心:(010)88361066
销 售 一 部:(010)68326294　　门户网:http://www.cmpbook.com
销 售 二 部:(010)88379649　　教材网:http://www.cmpedu.com
读者服务部:(010)68993821　　**封面无防伪标均为盗版**

前　言

随着现代科学技术的高速发展，电脑已被应用于人类社会生产、生活的各个领域。而要想熟练操作电脑，掌握一种快速的汉字输入方法是最基本的要求之一。五笔字型输入法依据笔画和字形特征对汉字进行编码，输入速度快、重码少、不受方言限制，是最常用的汉字输入法之一，被专业录入人员广泛使用，并成为众多汉字输入初学者的首选。

本书是在 2002 年机械工业出版社出版的《新编五笔字型教程》的基础上经过两次改编而成的。《新编五笔字型教程》自出版以来，收到了大量的读者来信，很多读者提出了很有价值的意见和建议，编者把读者的反馈意见综合起来，并且总结近段时间的教学经验，于 2008 年对《新编五笔字型教程》进行了第一次改版，编写成了《新编五笔字型标准教程》。本书是第二次改版，内容更加准确，结构更加完整，实用性、技巧性更强，并增加了练习题的量。书中的练习可以帮助读者以最快的速度掌握五笔字型输入法。为方便初学者，编者还对书中的插图进行了详细的标注，知识要点、操作步骤一目了然。在此感谢广大热心读者的积极交流，无私提供了很多好的经验和方法。

本书首先为初学者简单地介绍了电脑基础知识，通过指法练习及训练，读者能养成良好的打字姿势和打字习惯，能熟练地进行英文录入，为中文的录入打下坚实的基础。然后系统、全面地讲述了五笔字型的使用方法，还结合读者在实际应用中常遇到的问题，提出了解决方法。附录中给出了五笔字型 86 版字根及编码字典，以方便读者查阅。

参加本书编写工作的人员有杜吉祥、郭浩、李发松、杨文、孙长虹、陈锦辉、张坤、陈金凤、张幸淑、刘武、张慧敏、吕俊、孙丹阳等。

由于作者水平有限，错漏之处在所难免，恳请广大读者批评指正。

五笔教学研究组

目　　录

电脑基础知识

计算机是一种能自动、高速、精确完成大量算术运算、逻辑运算和信息处理的电子设备，是本世纪最重大的发明成就之一。它的问世标志着人类文明已经进入到一个崭新的历史阶段。50多年来，计算机越来越多地代替了人脑的一些功能，因此人们称其为"电脑"。计算机技术的应用不仅直接创造了社会财富，而且也改变了人类的思维和行为，使人类社会进入了信息时代。

学习流程

初识电脑

电脑的硬件

电脑的软件

电脑的启动与关闭

本章学习内容
◇ 认识电脑
◇ 电脑的硬件介绍
◇ 电脑的软件介绍

本章要重点掌握的知识
◆ 电脑的启动与关闭

1.1 初识电脑

要想学会使用电脑,首先要对电脑有一个简单的认识,然后才能由浅入深地学习并掌握它。以下内容是电脑的一些基础知识。

1.1.1 什么是电脑

目前办公和家庭使用的电脑大都属于 PC(又叫个人电脑),一般由主机和各种外围设备组成,常用的外围设备有键盘、鼠标、显示器、打印机等。微型计算机分为台式电脑、笔记本电脑和掌上电脑 3 种,如图 1-1 所示。

台式电脑   笔记本电脑   掌上电脑

图 1-1　电脑的外形

1.1.2 电脑发展的几个阶段

世界上第一台电子计算机是美国出于军事需要而研制的,1946 年诞生于美国宾夕法尼亚大学,取名为 ENIAC。它有两间房子那么大,重 30 余吨,使用了 18000 多个电子管和 1500 多个继电器。虽然 ENIAC 每秒只能执行 5000 次加法运算,但是在当时却有划时代的意义。根据电脑所使用的主要元器件,可将电脑的发展分为 4 个阶段。

1. 第 1 代——电子管电脑时期(1946 ~ 1957 年)

电子管电脑采用电子管作为运算和逻辑元件,用机器语言和汇编语言编写程序,主要用于科学和工程计算。那时的电脑体积庞大,价格昂贵,操作繁琐,只有专业技术人员才能使用。

2. 第 2 代——晶体管电脑时期(1957 ~ 1964 年)

用晶体管作为运算和逻辑元件使电脑的体积大大缩小,而且运算速度快,耗电少,寿命长。晶体管电脑使用磁芯和磁盘作为存储设备,所运行的软件也有很大进步,出现了操作系统和高级程序设计语言。电脑不仅用来进行科学计算而且还广泛应用于数据处理领域,同时开始用于控制生产过程。第 2 代电脑的运算速度可达每秒几万次到几十万次。

3. 第 3 代——中、小规模集成电路电脑时期(1965 ~ 1970 年)

第 3 代电脑的运算和逻辑电路采用更为先进的集成电路,半导体存储器代替了磁芯存储器,电脑体积明显减小,软件更加丰富,而且功能日趋成熟,运算速度也已提高到每秒几百万次。这一时期的电脑应用已深入到许多领域,并已发展成为一个大产业。

4. 第 4 代——大规模集成电路电脑时期(1971 年以后)

以大规模集成电路和超大规模集成电路为主要功能部件的第 4 代电脑的性能进一步提高,出现了许多不同类型的大、中、小型电脑以及功能强劲的巨型机。特别是 20 世纪 80 年代出现的微型电脑,大大推动了电脑的普及,使电脑走出实验室,成为人人都离不开的工具。20 世纪 90 年代以来,电脑网络的发展更使电脑成为信息处理的核心。

1.1.3　电脑的分类

根据电脑在信息处理系统中的地位与作用,大致可以分为 5 大类。

1. 巨型电脑

巨型电脑也称为超级电脑,采用大规模并行处理的体系结构,有数以百计、千计的处理器,运算能力极强。在军事、科研、气象、石油勘探等数据和运算量极大的领域里有着广泛的应用。我国的银河系列机和曾于 1997 年打败国际象棋世界冠军卡斯帕罗夫的电脑“深蓝”都是巨型机。

2. 大型电脑

大型电脑是指运算速度快、处理能力强、存储容量大、功能完善的一类电脑。它的软、硬件规模较大,价格高。大型机多采用对称多处理器结构,有数十个处理器,在系统中起着核心作用,承担主服务器的功能。

3. 小型电脑

小型电脑是 20 世纪 60 年代开始出现的一种供部门使用的电脑,以 DEC 公司的 VAX 系列机和 IBM 公司的 AS/400 为代表,曾在学校、企业等单位广泛使用。近年来,小型机正逐步为高性能的服务器所取代。

4. 工作站

工作站是指用于工程与产品设计工作的一类具有高速运算能力和强大图形处理功能的电脑。工作站体积小、功能强,有很好的网络通信能力,是工业设计的得力助手。

5. 个人电脑

个人电脑又叫 PC 或微型电脑,是日常生活中使用最为普遍的电脑。个人电脑操作简便,非常适合办公和家庭使用,是人们进行信息处理的重要工具。本书介绍的就是个人电脑的基本知识和使用方法。

1.1.4　电脑的特点

电脑主要以电子器件为基本部件,内部数据采用二进制编码表示,工作原理采用“存储程序”原理,具有运算速度快、精确度高、存储容量大、记忆能力强,而且有逻辑运算功能、自动控制能力和通用性等特点。

1.2　电脑的硬件和软件

通常,把组成电脑系统的所有机器设备称为硬件;那些为运行、维护管理和应用电脑所编制的所有程序和数据则称为软件。硬件是看得见、摸得着的物体；软件则是无形的，这就好像录音机和音乐的关系：录音机和磁带是硬件，它们所播放的音乐可以被看做软件。硬件和软件是相辅相成的，硬件需要软件才能工作，软件的功能发挥也必须建立在硬件的基础之上。硬件好比是电脑的躯体，软件则是电脑的灵魂。二者协同工作，电脑的功能才能够得到充分的发挥。

1.2.1　电脑的硬件组成

电脑的种类繁多，形态各异，外形和用途千差万别，但是它们都具有相似的基本体系结构和工作原理。1945 年，美国科学家冯·诺依曼提出了电脑基本体系结构：电脑由运算器、控制器、存储器、输入设备和输出设备 5 部分组成；程序和数据采用二进制，并且都存放于存储器中，程序按预定顺序执行；所有的操作都要经过运算器处理。至今，大部分电脑系统仍然沿用这种体系结构。冯·诺依曼因而被称为"电脑之父"。

根据冯·诺依曼结构，电脑各部分的组成和工作原理如图 1-2 所示。

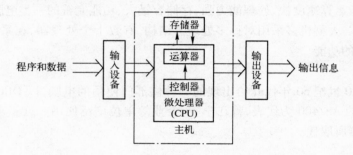

图 1-2　电脑的基本组成框图

1. 运算器和控制器

运算器负责数据的算术运算和逻辑运算，是处理数据的部件。控制器负责调度指挥电脑各部分协调工作。运算器和控制器组成了电脑的中央处理单元（Central Processing Unit，CPU）。CPU 往往采用大规模集成电路技术将成千上万的电子器件安置在一块半导体芯片上，这样可以使电脑的结构更加紧凑。CPU 是电脑的控制与运算部件，相当于电脑的大脑，它的性能高低直接决定了电脑的性能。CPU 也被称为微处理器。

2. 存储器

存储器是电脑的记忆部件，所有的数据和信息都存放在存储器中。通常，把向存储器存入数据的过程称为写入；从存储器中取出数据的过程称为读出。存储器分为内存储器和外存储器两部分。

（1）内存储器简称内存，CPU 所处理的数据都是从内存里读出的，运算结果也是写入内存的，因此内存也被称做主存。内存一般是用半导体器件制成，运算速度较快。内存可分为只读存储器和随机存储器。

只读存储器（Read Only Memory，ROM）只能读出而不能写入，因此 ROM 里的内容是不能改变的。无论电脑有没有通电都不会改变 ROM 里存储的信息。ROM 用来保存电脑启动所必需的基本数据，如自检、初始化程序、系统信息等。

随机存储器(Random Access Memory,RAM)在电脑工作时可以随时读出所存放的数据,也可以随时写入新的内容或修改已经存在的内容。电脑关机或断电以后,RAM 里的内容会全部丢失。RAM 的大小和速度对电脑的整体性能也有很大的影响,因此 RAM 的容量是电脑的一个重要性能指标。

(2)外存储器简称为外存,用来存储电脑所用的程序和数据。外存储器容量很大,价格低廉,但存取速度较慢。由于 RAM 里的信息在关机以后会全部丢失,所以必须使用外存来存储数据,使用时再调入主存运行。因此外存也被称为辅存。常用的外存储器有软磁盘、硬磁盘、光盘等。

3. 输入设备和输出设备

输入是指把信息送入电脑的过程,输入设备是用来向电脑输入信息的部件;输出是从电脑送出信息的过程,输出设备是用来把电脑的运算结果和其他信息向外部输出的部件。输入和输出设备是电脑与外界(人或其他电脑)进行联系和沟通的桥梁,用户只有通过输入和输出设备才能与电脑进行对话。常用的输入设备有键盘、鼠标、扫描仪、数码相机等。常用的输出设备有显示器、打印机、音箱等。

现在已进入网络信息时代,电脑已经可以用来进行网络信息交换。这也就要求有相应的硬件设备,如网卡、调制解调器、网络服务器等。

1.2.2　电脑的硬件简介

1. 电脑的外设

现在,电脑的外观越来越多样化。但是不管它如何多姿多彩,肯定会有 3 个最基本的硬件,即主机、显示器和键盘,其他常见的设备还有鼠标、音箱、打印机、扫描仪、送话器(俗称麦克风)等。图 1-3 所示是两款新型电脑。

图 1-3　两款新型电脑

读者可能还见到电脑上连接着一些别的设备,如打印机、扫描仪、调制解调器等。这些设备使得电脑能做更多的事情,例如扫描图片、上网等。

(1)显示器

显示器又称监视器(Monitor),是电脑的输出设备,能将电脑中的信息和电脑处理工作的结果显示给用户。显示器分为 CRT(阴极射线管)显示器和 LCD(液晶)显示器两种,其外观如图 1-4 所示。

CRT显示器   LED显示器

图1-4　显示器

（2）键盘

键盘是人和电脑进行沟通的一种输入设备。键盘的外形如图1-5所示。通过键盘，可以把各种命令、字母和数字、符号键等组成的信息输入电脑。

（3）鼠标

鼠标是一种使用很"灵活"的输入设备，普通鼠标有两到三个按键，因其有一根长长的电缆与主机相连，形状像一只小老鼠而被人们形象地称为鼠标。目前市场上还有多媒体鼠标和无线鼠标，如图1-6所示。

图1-5　键盘   图1-6　鼠标

鼠标的操作分为移动和按键两种。在鼠标的按键上按一下，然后迅速松开，叫"单击"；如果在按键上连续按动两次，叫"双击"。把光标定位到需要的位置上以后，按动按键来确定所选的项目完成指定任务。

（4）扫描仪

扫描仪是用来把图形或是文字输入到电脑里的一种设备。可以通过扫描仪将照片输入电脑，然后再进行修改和处理。图1-7所示是一款扫描仪。

（5）打印机

打印机是将文字或图形输出到纸上的设备，它可以分为击打式和非击打式两大类。常见的针式打印机属于击打式，而喷墨打印机和激光打印机属于非击打式，如图1-8所示。

喷墨打印机   激光打印机

图1-7　扫描仪   图1-8　打印机

（6）数码相机

利用数码相机能将采集到的图像直接存储并且输出到电脑上,利用软件(如 Photoshop)进行编辑加工,然后用打印机打印输出,一个人在几分钟内就可完成从拍照到打印成彩色图像的整个过程。数码相机由于其方便、快捷、照片成本低等优点,越来越受到人们的青睐,应用也越来越广泛。图1-9 所示为数码相机。

图1-9 数码相机

（7）音箱

音箱是电脑的发音设备,如图1-10 所示。音箱是多媒体电脑必不可少的硬件设备。

图1-10 音箱

（8）优盘

优盘(如图1-11 所示)又称闪盘。相比 1.44 MB 容量的软盘,优盘具有极大的优势:具有防磁、防震、防潮的特点;其性能优良,大大加强了数据的安全性;可重复使用,性能稳定,可反复擦写达 100 万次,数据至少可保存 10 年;传输速度快,是普通软盘的数十倍;外观小巧时尚,轻便耐用。另外,有的 MP3 机也可以当优盘用。

由于优盘具有热插拔功能,无需驱动器,只要有 USB 接口就可即插即用。现在几乎所有的计算机主板都提供了 USB 接口,如图1-12 所示。随着价格的不断走低,优盘已成为目前最流行的移动存储器。

图1-11 优盘   图1-12 USB 接口

（9）连接电脑的外设

安装完电脑内部，接下来就可把刚才介绍的这些电脑外设与主机后面的各种接口相连接，如图 1–13 所示。

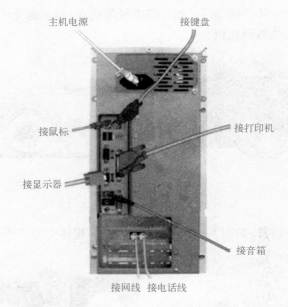

图 1–13　主机与常见设备的连接

按图 1–13 接线，根据接口的针数及针排列情况把相应的硬件设备与主机插接好，如果是有螺钉的设备请将螺钉拧紧。另外，现在各种外设（如打印机、键盘和鼠标等）都有 USB 接口可以选择。用户安装时需要注意：不管何种情况下，一定要在插接硬件设备前断电。接网线和电话线是供用户上网使用的。

2．电脑主机的内部组成

主机内部的部件是电脑的核心部分，如图 1–14 所示。它包括：主板、CPU、内存、显卡、声卡、硬盘驱动器（HDD）、软盘驱动器（FDD）、光盘驱动器（CD-ROM）、电源等。其中，CPU（中央处理器）是电脑的"心脏"，大家常听说的奔腾 4、酷睿等，就是 CPU 的不同型号。

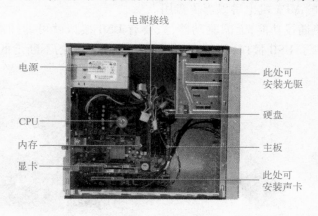

图 1–14　电脑的内部结构

（1）主板

主板又称系统板、母板，是位于主机箱底部的一块大型印制电路板，如图 1-15 所示。

图 1-15　主板外形图

主板是主机的核心部件。从图 1-15 中可以看到，主板上有许多插槽，用来插一些即插即用设备，比如网卡、声卡、显卡、内存等，另外一些数据线也插在主板上。目前，电脑的大部分部件都是集成在主板上的。

主板上有许多接口，有电源接口、键盘接口、PC 扬声器接口、电源指示灯接口、硬盘锁接口、RESET 按钮接口、内部电池接口等。

（2）中央处理器

微处理器就是人们常说的 CPU（Central Processing Unit），也称中央处理器，如图 1-16 所示。因为 CPU 是计算机解释和执行指令的部件，它控制整个计算机系统的操作。因此人们形象地称 CPU 是计算机的心脏或称之为计算机的大脑。CPU 主要包括运算器、控制器和寄存器 3 部分。

图 1-16　CPU

CPU 通过 CPU 插座与主板相连。CPU 插座主要有两种类型：一种是插拔式，需要借助工具进行插拔，容易弄坏 CPU 的插针；另一种是称为 ZIF（Zero Insertion Force）的插座。它安装简单省力，可以很容易地插上和拔下 CPU，且不用借助工具。拉起它的手柄，就可以毫不费力地安装或拆除 CPU；按下手柄，CPU 就可以被牢牢固定在主板上面，如图 1-17 所示。

图 1-17　CPU 插座

（3）内存

通常，内存是指 RAM（Random Access Memory），即随机存储器，如图 1-18 所示。它的特点是：当电脑运行时，随时可以读里面的信息，也可以随时往里面写入新的信息。但是一旦断电，里面的内容就将全部丢失。

内存按照物理性质分为 ROM 和 RAM 两大类。ROM（Read Only Memory）即只读存储器。它的特点是：只能读取，不能写入。一般用于一些不允许修改的数据或资料的保存空间。内存通过内存插槽与主板相连，如图 1-19 所示。

图 1-18　内存　　　　　　　　　　图 1-19　内存插槽

（4）硬盘

硬盘是电脑的外部存储器，它被安装在主机箱内部。硬盘的容量很大，用户的所有信息都是存放在硬盘上的。常用的硬盘容量有 60GB、80GB、160GB、250GB 等。平时各种程序和软件都存储在硬盘上，电脑工作时，硬盘上的信息被调入内存使用。硬盘如图 1-20 所示。

图 1-20　硬盘

（5）显示卡

主板要把控制信号传送到显示器，并将数码信号转变为图像信号，就需要在主板和显示器之间安装一个中间通信连接件，这就是显示适配器，简称为显示卡，如图 1-21 所示。显示卡分辨率越高，显示的图形越逼真。

（6）声卡

简单地说，声卡就是处理声音的接口部件，如图 1-22 所示。现在多数主板都集成声卡，音质也不错。因此不是音乐高端用户，无需额外购买声卡。

图 1-21　显示卡

图 1-22　声卡

（7）调制解调器

调制解调器（Modem）是拨号上网的必备工具，它能让电脑通过常用的电话线和 Internet 相连。调制解调器把电脑的数字信号转化成模拟信号，然后通过电话线输送出去。在接收端，调制解调器解调模拟信号，把它转换成数字信号，再输送给另一台电脑。随着宽带网的兴起，目前又出现了各种宽带上网的 Modem。图 1-23 所示为常见的 Modem。

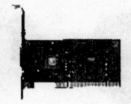

图 1-23　Modem 的外观

（8）光盘和光盘驱动器

通常所称的光盘是只读光盘存储器，其突出优点是存储量大，小巧轻便，便于携带。光盘的外形与小唱盘一样，如图 1-24 所示，它表面涂有一层极薄的保护膜，面上的数据是用专门的激光设备刻写的，容量可达 700MB，DVD 光盘容量可以达到几 GB。

光盘的类型主要有只读型光盘、一次写入型光盘与可擦除型光盘，使用最多的是只读型光盘。

光驱大部分都是内置式的，它在机箱的前面，像一个小抽屉，如图 1-25 所示。当光驱托盘弹出时，可以放进或取出光盘。近年来出现的刻录机（CD-R/RW）和 DVD 驱动器也可归入光驱类产品。

图 1-24　光盘

图 1-25　光驱

（9）机箱和电源

机箱是电脑的外壳，也就是通常所看到的主机箱，用于安装电脑系统的所有部件，如图 1-26 所示。随着电脑技术的进步，机箱也具备越来越多的功能。

电源的外形是一个方箱，一般安装在主机箱的后部，如图 1-27 所示。电源主要用来将 220V 交流电转变为电脑所用的 5V 和 ±12V 直流电，供电脑主机内的主板、软驱、硬盘、光驱等使用。

图 1-26　机箱

图 1-27　电源

3. 电脑的存储硬件

电脑不仅能在人的控制下完成许多工作，还能长期存储大量的信息。电脑是通过一些存储部件来保存这些信息的，常见的存储部件有内存条、硬盘、软盘、光盘。

电脑存放信息的基本单位为字节（B），一字节能存放一个英文字母。电脑存储信息的单位还有千字节（KB）、兆字节（MB）、吉字节（GB），具体的换算关系如下：

1 KB = 1024 B　　1 MB = 1024 KB　　1 GB = 1024 MB

1.2.3　电脑的软件

用户使用电脑，就是在使用许多不同类型的电脑软件。只有通过软件，才能与电脑进行交流，指挥电脑来完成各种各样的工作。电脑软件可分为系统软件和应用软件两种。

1. 系统软件

系统软件是用来管理、维护电脑的程序，是电脑系统必备的软件。系统软件可分为操作系统、工具软件和编程语言 3 种。

1）操作系统是直接和电脑硬件打交道的程序，是所有其他软件的基础。操作系统是管理电脑的助手，通过操作系统，可以管理电脑的资源进行工作。DOS、Windows、Linux 等就属于操作系统。

、2）工具软件又叫实用程序，它可以执行一些专门的功能，例如检查电脑的故障等。

3）编程语言是用来编制电脑程序的软件。用户使用编程语言编写电脑程序。C 语言就是一种编程语言。

2. 应用软件

应用软件是为了解决实际问题而编写的电脑程序。应用软件是根据用户的需要而编制的，例如，想用电脑来写文章，就需要使用像 WPS、Word 这样的字处理软件，还要用到五笔字型或智能 ABC 这样的输入法软件；如果想用电脑查单词，就可以使用"金山词霸"。电脑的应用软件有许多种，常见的有各种学习软件、游戏软件、影视播放软件等。

1.3　电脑的启动与关闭

1.3.1　启动电脑

电脑的启动是指给电脑通电，使它进入工作状态。电脑有 3 种启动方式：冷启动、热启动和复位。

1. 冷启动

冷启动是指电脑在关机状态下，接通电脑的电源，然后按动主机上的 POWER 按钮，如图 1-28 所示，使电脑进入工作状态。电脑启动以后，会听见电脑有响声，这时电脑要执行一下自检程序，进行机器的检测。如果系统检测出错，屏幕上就会提示出错信息；如果没有出错，电脑开始自动启动操作系统。

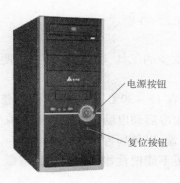

电源按钮

复位按钮

图 1-28　电源按钮和复位按钮

2. 热启动

在电脑的使用过程中，经常会发生一些错误，甚至机器不接受发出的指令，也不作任何反应，人们形象地称这种情况为"死机"。在发生死机情况后，只能重新装入操作系统并运行。这时并不需要关掉电源，进行冷启动，可以同时按电脑键盘上的〈Ctrl + Alt + Del〉键，启动

"Windows 任务管理器",单击"关机"菜单中的"重新启动"选项,如图 1-29 所示,电脑自动会重新开始启动,这就是热启动。

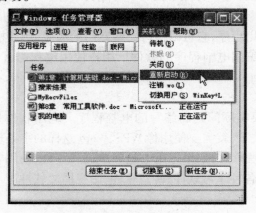

图 1-29　Windows 任务管理器

3. 复位

在有些情况下,电脑的运行发生了一些严重的错误而死机,即使按下〈Ctrl + Alt + Del〉键,进行热启动也不能重新启动电脑,这时就需要使用复位 Reset 按钮了。在电脑的机箱上,一般都设有复位按钮,见图 1-28。在发生死机后,如果热启动无法使电脑正常工作,可以按动主机上的复位按钮,使电脑重新启动。

1.3.2　关闭电脑

当不需要使用电脑的时候,应该将电脑关闭。关机前要先保存需要的数据,然后退出所有的程序。关闭电脑的顺序是,先关闭电脑主机的电源,然后关显示器、打印机等外部设备的电源。如果在关机以后需要再次开机,至少要间隔 10 秒钟以上。这是为了避免损坏电脑。

1.3.3　使用电脑的注意事项

电脑是工作和学习中不可缺少的工具,应该爱惜电脑,使它能正常工作。在使用过程中,要注意以下几点。

1)要保证电脑的工作温度在 15～30℃,不要把它放在潮湿或高温的地方。

2)不要连续启动电脑,两次冷启动电脑的时间间隔不应少于 10 秒。

3)不要随便使用别人的软盘,以免病毒侵入电脑。

4)不要在机房里吃东西,更不能把食物或饮料弄到键盘上。

练　习　题

一、填空题

1. 电脑共分为_____、_____、_____、_____和_____ 5 类。

2. 电脑最基本的部件有 _____、_____ 和 _____。其他常见的设备包括_____、_____、_____等。

3. 电脑由_____系统和_____系统两大部分组成。

4. 电脑用来上网必须要有_____、_____和_____。

二、简答题

1. 电脑的发展分为哪几个阶段？

2. 电脑有哪些应用领域？

3. 试述微型电脑的组成。

4. 电脑有哪几种启动方式？尝试电脑的 3 种启动方式和关机的操作。

指法练习

在学习五笔字型输入法过程中，熟练地使用键盘，能够快速、准确地输入信息，是重要的第一步。

指法熟练是提高输入正确率与速度的基础。因此，学习者必须从一开始就严格按照正确的键盘指法进行学习。本章讲述如何掌握正确、熟练的指法。

第 章

学习流程

认识键盘

指法要点

指法练习

盲打练习

本章学习内容
◇ 键盘介绍
◇ 打字姿势和指法分工
◇ 指法练习

本章要重点掌握的知识
◆ 学会正确打字的指法
◆ 通过指法练习，学会盲打

2.1 认识键盘

　　键盘是电脑必备的输入设备。人们可以通过它与电脑进行"对话"。只有对键盘有足够的认识,才能熟练地使用它。根据键盘上键数的多少,将键盘分为84键、101键、104键等。比较常用的是101键和104键的标准键盘。下面就以常用的104键键盘为例来认识一下键位的分布情况。

　　大家可能觉得键盘上的按键分布没有规律。其实,键盘的这种布局是人们根据键盘上的按键使用次数的多少排列出来的。键盘可以分为4个区:功能键区、打字键区、辅助键区及小键盘区,如图2-1所示。

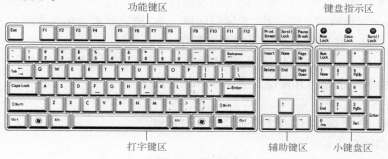

图2-1　键盘

1. 功能键区

　　功能键区位于键盘上方,其中每个键的含义是由不同的软件定义的,在不同情况下,它们的作用也不一样。

　　〈Esc〉:常用来表示取消或中止某种操作。

　　〈F1〉~〈F12〉:这12个键在不同的软件中有不同的作用。其中,〈F1〉键常常设置为打开帮助信息。

　　〈Pause〉:暂停键。按该键可以暂停屏幕显示,与〈Ctrl〉键同时按下可终止程序执行。

　　〈Scroll Lock〉:卷动锁定键。按该键可以让屏幕的内容不再翻动。

　　〈Print Screen〉:屏幕打印键。按该键可以打印屏幕上的内容。

2. 打字键区

　　打字键区位于键盘的左部,包括字母键、数字键、标点符号键。这个区域是用来输入文字和符号的,其中还包括一些辅助的控制键。

　　(1) 字母键

　　字母键是英文a~z共26个英文字母键,在键盘上按下这些键,就可以把字母输入电脑。

　　(2) 数字键

　　数字键是用来向电脑中输入数字的,但是每一个数字键上部都另有一个符号,如果先按住〈Shift〉键不放,再按下某个数字键,则输入的是这个数字键上部的符号。例如,数字键〈5〉上是符号"%",如果先按住〈Shift〉键,再按下数字键〈5〉,则输入电脑的是符号"%"。

　　(3) 标点符号键

　　每个标点符号键上有两种符号,直接按某个符号键,输入的是其下部的符号,若先按住

〈Shift〉键,再按某一符号键,则输入的是上方的符号。

(4) 控制键

字母键区还包括了一些控制键,其功能如下。

〈Caps Lock〉:大写锁定键。按下这个键,可以将键盘设置为大写状态,此时输入的字母是大写字母。如果要恢复为小写状态,再按一次该键就行了。

〈Shift〉:上档键。按住这个键,再按字母键,则输入的是大写的字母。为了能输入更多的字符,除了字母键以外,其他字符键都对应两个符号,按住上档键就可以输入键位上部的字符。

空格键:键盘下部没有印字符的长条键。用来输入空格。

〈Tab〉:跳格键。表示输入空格,在进行文字处理时,按一次可输入 1～8 个空格。

〈Enter〉:回车键。表示一次输入的结束或换行。

〈Back Space〉:退格键。按一次,光标向回退一格,删除原来光标所在位置前的一个字符。

〈Esc〉:取消键。按该键取消输入或退出程序。

〈Ctrl〉:控制键。一般不单独使用,与其他键同时按下完成特殊功能。

〈Alt〉:转换键。也是与其他键配合完成特殊功能。

3. 辅助键区

辅助键区有 13 个键,其中有 4 个键是光标移动键。

光标键的功能如下。

〈→〉:光标右移键。按该键可让光标右移一个字符。

〈←〉:光标左移键。按该键可让光标左移一个字符。

〈↑〉:光标上移键。按该键可让光标上移一行。

〈↓〉:光标下移键。按该键可让光标下移一行。

其余键的作用如下。

〈Insert〉:插入键。按该键可进入插入状态。在插入状态下,输入的字符插进光标位置,其余的字符顺序右移。再按一次该键,可以取消插入状态。

〈Delete〉:删除键。按该键可以删除光标所在位置后的一个字符。

〈Home〉:起始键。按该键可以使光标移到行首。

〈End〉:终止键。按该键可以使光标移到行尾。

〈Page Up〉:上翻键。按该键可以使屏幕上的内容向上翻一页。

〈Page Down〉:下翻键。按该键可以使屏幕上的内容向下翻一页。

4. 小键盘区

在小键盘区,只有一个键是别的键区里找不到的,它就是小键盘区左上角的〈Num Lock〉键,它叫数字切换键(也叫数字锁定键)。如果按下〈Num Lock〉键,键盘左上角的〈Num Lock〉灯亮,表示在小键盘上输入的是数字。如果再按下〈Num Lock〉键,使〈Num Lock〉指示灯灭,则小键盘上的输入是对光标的操作。

2.2 键盘的操作和指法要点

键盘的操作包括姿势、击键、指法这几个步骤。只要掌握这几个环节的操作要领和击键的节奏,按标准指法进行练习,就一定能够得心应手。

2.2.1 键盘的操作

键盘上有 101 个键位,要想正确熟练地使用键盘,不仅要了解键盘各键位的分布和功能,而且要掌握键盘操作的指法。

1. 姿势正确

(1)打字姿势

正确的打字姿势如图 2-2 所示。坐姿:上机操作键盘时,首先要调整椅子的高度,使前臂与键盘平行,前臂与后臂的夹角略小于 90 度;坐的位置应该与键盘正中对准,稍微偏向键盘右侧;坐姿要端正,上身挺直微微前倾,背靠椅背,双脚平放;上身要与键盘距离 20 厘米左右。

图 2-2 正确的打字姿势

(2)手臂、手腕姿势

操作键盘时两肩放松,手上臂要下垂不要前伸,下臂要向前伸,手腕放平直,不要拱起,也不要碰到键盘。

(3)手部姿势

手掌要与键盘的斜度平行,手指要自然弯曲,指端的第一关节与键盘垂直。要用指尖击键,手指轻放在基准键上,左右手的大拇指都要放在空格键上。两手与两前臂成直线,手不要过于向里或向外弯曲。

2. 击键方法

伸指时,手指随手腕抬起。击键时,指尖垂直向下,瞬间发力触键,用指尖轻快一击,借助按键对手指的反作用力,立即返回基准键。

 小技巧

> 击空格键时,用大拇指外侧击键;击回车键时,用小手指击键。

2.2.2 指法要点

击键时,各个手指有分工,不同的手指要管理不同的键,要求操作者必须严格按照键盘指法分区规定的指法敲击键盘,每个手指应击打所规定的字符,完成自己的工作。各手指管理的范围如图2-3所示。

图2-3 指法分工图

(1) 基准键

键盘中间的〈A〉、〈S〉、〈D〉、〈F〉、〈J〉、〈K〉、〈L〉和〈;〉这8个字符键叫做基准键。

每个基准键对应着一个手指头,其他键的位置都是以它们为基准来记忆的。左手的食指放在〈F〉键上,其他手指依次放在〈D〉、〈S〉、〈A〉键上,右手的食指放在〈J〉键上,其他手指依次放在〈K〉、〈L〉、〈;〉键上。不击键时,手指要自然放在基准键上。击键以后,手指要回到基准键上。在〈F〉和〈J〉键上还有两个小凸起,用食指一摸就能找到,不需要看键盘去找。

(2) 10个手指所规定分管的字符键

每个手指都按照图2-3的斜线方向负责一列按键。下面详细说明每个手指的分工,请对照图2-3来进行记忆。

1)左手小指负责击打〈1〉、〈Q〉、〈A〉、〈Z〉、〈Shift〉这5个键。

2)左手无名指负责击打〈2〉、〈W〉、〈S〉、〈X〉这4个键。

3)左手中指负责击打〈3〉、〈E〉、〈D〉、〈C〉这4个键。

4)左手食指负责击打〈4〉、〈R〉、〈F〉、〈V〉以及〈5〉、〈T〉、〈G〉、〈B〉这8个键。

5)右手食指负责击打〈6〉、〈Y〉、〈H〉、〈N〉以及〈7〉、〈U〉、〈J〉、〈M〉这8个键。

6)右手中指负责击打〈8〉、〈I〉、〈K〉、〈,〉这4个键。

7)右手无名指负责击打〈9〉、〈O〉、〈L〉、〈.〉这4个键。

8)右手小指负责击打〈0〉、〈P〉、〈;〉、〈/〉、〈Shift〉、〈Enter〉这6个键。

9)两个大拇指负责击打空格键。

了解了击键的方法和手指的分工,在用键盘的时候就要按照手指分工去击键,千万要避免只用食指击键的坏习惯,只有按照正确的指法去操作键盘才能做到不看键盘,自由自在地输入任何文字。当然,开始的时候按照指法规定打字可能有些不习惯,只要坚持不懈地练习,就会打得又快又准确。

小技巧

击键的技巧：

①击键时，左右手8个手指轻放在位于键盘中部的8个基准键上，手指保持弯曲，稍微拱起，拇指靠近空格键；②手指击键要轻快、短促，有弹性，不要按键（击键时间过长），也不可用力过猛；③击键时，应用手指击键，而不是用手腕；④手掌不要向上翘或向下压，手腕要放平，手指太平或太立都不正确，切忌留长指甲；⑤熟练以后，击键时双眼尽量看稿件，不要看键盘，实现"盲打"。

2.3 不同键位的指法练习

指法练习需要多上机实践。练习可以直接在 DOS 环境下进行，也可以使用一些专用的练习软件，或在各种文字处理系统的英文输入状态下进行。通过练习，一定会使指法的熟练程度得到提高。

2.3.1 基准键练习

基准键是位于键盘中部的〈A〉、〈S〉、〈D〉、〈F〉、〈J〉、〈K〉、〈L〉和〈;〉这8个字符键。不击键时，手指要自然放在基准键上（如图2-4所示）。因为所有键都是与基准键对应着来记忆的，所以熟悉基准键的位置非常重要。

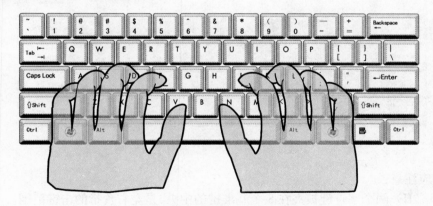

图2-4 基准键的分布与手指分工

请按介绍过的指法要点，输入以下字符（如果要换行，单击回车键）：

aaa	sss	ddd	fff	jjj	kkk	lll	；；；
jjj	kkk	lll	；；；	aaa	sss	ddd	fff
as	as	df	df	jk	jk	l；	l；
asdf	asdf	asdf	asdf	jkl；	jkl；	jkl；	jkl；
ass	ass	sdd	sdd	dff	dff	jkk	jkk
kll	kll	l；；	l；；	ass	sdd	dff	jkk

sas	sas	sas	sas	dsd	dsd	dsd	dsd
fdf	fdf	fdf	fdf	kjk	kjk	kjk	kjk
lkl	lkl	lkl	lkl	;l;	;l;	;l;	;l;
asjk	asjk	asjk	asjk	dfl;	dfl;	dfl;	dfl;
asl;	asl;	asl;	asl;	dfjk	dfjk	dfjk	dfjk
ass;	ass;	ass;	ass;	dffk	dffk	dffk	dffk
jkka	jkka	jkka	jkka	klls	klls	klls	klls
dasf	dasf	dasf	dasf	sdaf	sdaf	sdaf	sdaf
j;kl	j;kl	j;kl	j;kl	klj;	klj;	klj;	klj;
dad	dad	dad	dad	fall	fall	fall	fall
lad	lad	lad	lad	lass	lass	lass	lass
kaka	kaka	kaka	kaka	lsls	lsls	lsls	lsls
fakk	fakk	fakk	fakk	jdss	jsdd	jdss	jsdd
dklj	dkjl	dklj	dkjl	sdf;	sdf;	sdf;	sdf;

2.3.2 〈G〉、〈H〉键与基准键的混合练习

中排的〈G〉键归左手食指管;而〈H〉键则由右手食指管。图2-5为〈G〉、〈H〉键的键盘所在位置。

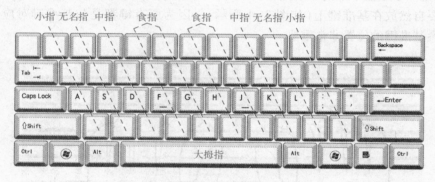

图2-5 〈G〉、〈H〉键的分布与手指分工

练习时应注意:

1)〈G〉、〈H〉两个字符键被夹在8个基准键的中央,是左右食指的击键范围。

2)输入G时,用放在基准键〈F〉上的左手食指向右伸一个键位,击〈G〉键结束后,手指立即返回基准键〈F〉上。

3)输入H时,用放在基准键〈J〉上的右手食指向左伸一个键位,击〈H〉键结束后,手指立即放回基准键〈J〉上。

请按上面的方法练习以下字符的输入:

ggg	ggg	ggg	ggg	hhh	hhh	hhh	hhh
gh	gh	gh	gh	hg	hg	hg	hg
fg	fg	jh	jh	gf	gf	hj	hj

dg	dg	kh	kh	gd	gd	hk	hk
sg	sg	lh	lh	gs	gs	lh	lh
ag	ag	h;	h;	ga	ga	;h	;h
fghj	fghj	fghj	fghj	jhgf	jhgf	jhgf	jhgf
hjgf	hjgf	hjgf	hjgf	gfhj	gfhj	gfhj	gfhj
ghfj	ghfj	ghfj	ghfj	fjgh	fjgh	fjgh	fjgh
fgkl	fgkl	fgkl	fgkl	hjds	hjds	hjds	hjds
gfdsa	gfdsa	gfdsa	gfdsa	gfdsa	gfdsa	gfdsa	gfdsa
hjkl;	hjkl;	hjkl;	hjkl;	hjkl;	hjkl;	hjkl;	hjkl;
sakgh	sakgh	sakgh	sakgh	sakgh	sakgh	sakgh	sakgh
dkgh;	dkgh;	dkgh;	dkgh;	dkgh;	dkgh;	dkgh;	dkgh;
f;gjh	f;gjh	f;gjh	f;gjh	f;gjh	f;gjh	f;gjh	f;gjh
ashl;	ashl;	ashl;	ashl;	ashl;	ashl;	ashl;	ashl;
dfgsa	dfgsa	dfgsa	dfgsa	dfgsa	dfgsa	dfgsa	dfgsa
hjsdg	hjsdg	hjsdg	hjsdg	hjsdg	hjsdg	hjsdg	hjsdg
kdhfh	kdhfh	kdhfh	kdhfh	kdhfh	kdhfh	kdhfh	kdhfh
dfhj;	dfhj;	dfhj;	dfhj;	dfhj;	dfhj;	dfhj;	dfhj;

注意

指法练习的重点在于 8 个基本键位的练习，应反复练习，打好基础。

2.3.3 上排键练习

键盘上排的字符有 Q、W、E、R、T、Y、U、I、O 和 P，图 2-6 为这 10 个上排键的分布图。

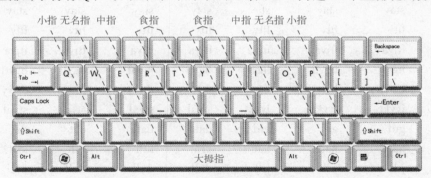

图 2-6 上排键的分布与手指分工

下面将它们分组进行练习。

1. 〈T〉、〈Y〉、〈R〉、〈U〉键的练习

上排中间的〈T〉键、〈R〉键归左手食指管，而〈Y〉键、〈U〉键则由右手食指管。

练习时应注意：

1）〈T〉与〈Y〉这两个键位于键盘上排中间第一位,是左右手食指的击键范围;〈R〉键与〈U〉键位于键盘上排中间〈T〉、〈Y〉键两侧的第二位,也属左右手食指击键范围。

2）输入字符 T 时,左手食指向右上方偏一个键位伸出,击〈T〉键结束后,迅速返回基准键〈F〉上。输入字符 R 时,左手食指向左上方偏一个键位伸出,击〈R〉键结束后,迅速返回基准键〈F〉上。

3）输入字符 Y 时,右手食指向左上方偏一个键位伸出,击〈Y〉键结束后,迅速返回基准键〈J〉上。输入字符 U 时,右手食指向右上方偏一个键位伸出,击〈U〉键结束后,迅速返回基准键〈J〉上。

请按上面的方法练习以下字符的输入:

ttt	ttt	ttt	ttt	ttt	ttt	ttt	ttt
yyy	yyy	yyy	yyy	yyy	yyy	yyy	yyy
yt	yt	yt	yt	yt	yt	yt	yt
ty	ty	ty	ty	ty	ty	ty	ty
rrr	rrr	rrr	rrr	rrr	rrr	rrr	rrr
uuu	uuu	uuu	uuu	uuu	uuu	uuu	uuu
ru	ru	ru	ru	ru	ru	ru	ru
ur	ur	ur	ur	ur	ur	ur	ur
gtg	gtg	gtg	gtg	hyh	hyh	hyh	hyh
ftd	ftd	ftd	ftd	kyh	kyh	kyh	kyh
ally	ally	ally	ally	ally	ally	ally	ally
ltta	ltta	ltta	ltta	ltta	ltta	ltta	ltta
salt	salt	salt	salt	salt	salt	salt	salt
kjyl	kjyl	kjyl	kjyl	kjyl	kjyl	kjyl	kjyl
asty	asty	asty	asty	asty	asty	asty	asty
klyt	klyt	klyt	klyt	klyt	klyt	klyt	klyt
stay	stay	stay	stay	stay	stay	stay	stay
ftty	ftty	ftty	ftty	ftty	ftty	ftty	ftty
ftjya	ftjya	ftjya	ftjya	ftjya	ftjya	ftjya	ftjya
hgytl	hgytl	hgytl	hgytl	hgytl	hgytl	hgytl	hgytl
katty	katty	katty	katty	dttyy	dttyy	dttyy	dttyy
jyykt	jyykt	jyykt	jyykt	styal	styal	styal	styal
grd	grd	grd	grd	dat	dat	dat	dat
hau	hau	hau	hau	krh	krh	krh	krh
jrll	jrll	jrll	jrll	dull	dull	dull	dull
kral	kral	kral	kral	dark	dark	dark	dark
dusk	dusk	dusk	dusk	laky	laky	laky	laky
dual	dual	dual	dual	usdk	usdk	usdk	usdk
star	star	star	star	star	star	star	star
dusk	dusk	dusk	dusk	dusk	dusk	dusk	dusk
duty	duty	duty	duty	duty	duty	duty	duty

atrk	atrk	atrk	atrk	atrk	atrk	atrk	atrk
jury	jury	jury	jury	jury	jury	jury	jury
fury	fury	fury	fury	fury	fury	fury	fury
drug	drug	drug	drug	aluke	aluke	aluke	aluke

2.〈E〉和〈I〉键的练习

上排的〈E〉键归左手中指管,而〈I〉键则由右手中指管。

练习时应注意:

1)〈E〉与〈I〉两个键位于键盘上排第三位,是左右手中指的击键范围。

2)输入字符 E 时,左手中指向左上方偏一个键位伸出,击〈E〉键结束后,迅速返回基准键〈D〉上。

3)输入字符 I 时,右手中指微微向左上方偏一个键位伸出,击〈I〉键结束后,迅速返回基准键〈K〉上。

请按照上面的方法练习以下字符的输入:

eee	eee	eee	eee	eee	eee	eee	eee
iii	iii	iii	iii	iii	iii	iii	iii
ei	ei	ei	ei	ei	ei	ei	ei
ie	ie	ie	ie	ie	ie	ie	ie
fed	fed	fed	fed	kil	kil	kil	kil
fai	fai	fai	fai	keh	keh	keh	keh
jell	jell	jell	jell	lidd	lidd	lidd	lidd
jade	jade	jade	jade	sail	sail	sail	sail
desk	desk	desk	desk	lake	lake	lake	lake
less	less	less	less	idsl	idsl	idsl	idsl
sell	sell	sell	sell	sell	sell	sell	sell
jail	jail	jail	jail	jail	jail	jail	jail
like	like	like	like	like	like	like	like
idea	idea	idea	idea	idea	idea	idea	idea
aleaf	aleaf	aleaf	aleaf	aleaf	aleaf	aleaf	aleaf
said	said	said	said	said	said	said	said
safe	safe	safe	safe	alike	alike	alike	alike
skill	skill	skill	skill	asade	asade	asade	asade

3.〈W〉和〈O〉键的练习

上排的〈W〉键归左手无名指管;而〈O〉键则由右手无名指管。

练习时应注意:

1)〈W〉与〈O〉两个键位于键盘上排第四位,是左右手无名指的击键范围。

2)输入字符 W 时,左手无名指向左上方偏一个键位伸出,击〈W〉键结束后,迅速返回基准键〈S〉上。

3)输入字符 O 时,右手无名指微微向左上方偏一个键位伸出,击〈O〉键结束后,迅速返回基准键〈L〉上。

请按上面的方法练习以下字符的输入:

www	www	www	www	www	www	www	www
ooo	ooo	ooo	ooo	ooo	ooo	ooo	ooo
wo	wo	wo	wo	wo	wo	wo	wo
ow	ow	ow	ow	ow	ow	ow	ow
dwa	dwa	dwa	dwa	jol	jol	jol	jol
twy	twy	twy	twy	uio	uio	uio	uio
sswl	sswl	sswl	sswl	load	load	load	load
hold	hold	hold	hold	awkl	awkl	awkl	awkl
hool	hool	hool	hool	lawd	lawd	lawd	lawd
dwff	dwff	dwff	dwff	josl	josl	josl	josl
told	told	told	told	told	told	told	told
assk	assk	assk	assk	assk	assk	assk	assk
slow	slow	slow	slow	slow	slow	slow	slow
slowly	slowly	slowly	slowly	slowly	slowly	slowly	slowly
losw	losw	losw	losw	losw	losw	losw	losw
world	world	world	world	world	world	world	world

4.〈Q〉和〈P〉键的练习

上排的〈Q〉键归左手小手指管;而〈P〉键则由右手小手指管。

练习时应注意:

1)〈Q〉与〈P〉这两个键位于键盘上排最末位,是左右手小手指的击键范围。

2)输入字符 Q 时,左手小手指微微向左上方偏一个键位伸出,击〈Q〉键结束后,迅速返回基准键〈A〉上。

3)输入字符 P 时,右手小手指微微向左上方偏一个键位伸出,击〈P〉键结束后,迅速返回基准键〈;〉上。

请按上面的方法练习以下字符的输入:

qqq	qqq	qqq	qqq	qqq	qqq	qqq	qqq
ppp	ppp	ppp	ppp	ppp	ppp	ppp	ppp
qp	qp	qp	qp	qp	qp	qp	qp
pq	pq	pq	pq	pq	pq	pq	pq
qas	qas	qas	qas	;p;	;p;	;p;	;p;
aqd	aqd	aqd	aqd	iop	iop	iop	iop
aqal	aqal	aqal	aqal	pull	pull	pull	pull
quit	quit	quit	quit	pole	pole	pole	pole
pass	pass	pass	pass	pass	pass	pass	pass
aqqa	aqqa	aqqa	aqqa	aqqa	aqqa	aqqa	aqqa
park	park	park	park	park	park	park	park
asql	asql	asql	asql	asql	asql	asql	asql
qowp	qowp	qowp	qowp	qowp	qowp	qowp	qowp
quart	quart	quart	quart	quart	quart	quart	quart

;paqs	;paqs	;paqs	;paqs	;paqs	;paqs	;paqs	;paqs
equal	equal	equal	equal	equal	equal	equal	equal

小技巧

　　练习击键时,应注意掌握键盘布局,摸清每个手指所控制键位的倾斜方向,再按照倾斜度和距离进行击键练习,逐步掌握各个键位与基准键的参照物关系(如〈R〉键在基准键〈F〉的偏左上方),可加快熟悉键位及指法的速度。

2.3.4　下排键练习

键盘下排的字符有 Z、X、C、V、B、N、M、,、. 和 /,图 2-7 为这 10 个下排键的分布图。

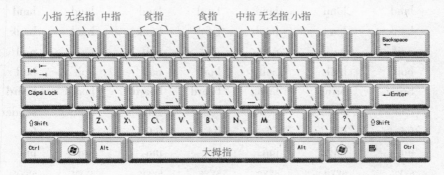

图 2-7　下排键的分布与手指分工

下面同样用分组的方法进行练习。

1.〈B〉、〈N〉、〈V〉、〈M〉键的练习

下排的〈B〉键、〈V〉键归左手食指管;而〈N〉键、〈M〉键则由右手食指管。

练习时应注意:

1)〈B〉与〈N〉这两个键位于键盘下排中间第一位,是左右手食指的击键范围;〈V〉与〈M〉这两个键位于键盘下排中间〈B〉、〈N〉键两侧的第二位,也是左右手食指的击键范围。

2)输入字符 B 时,左手食指向右下方偏一个键位伸出,击〈B〉键结束后,迅速返回基准键〈F〉上。输入字符 V 时,左手食指微微向右下方偏一个键位伸出,击〈V〉键结束后,迅速返回基准键〈F〉上。

3)输入字符 N 时,右手食指向左下方偏一个键位伸出,击〈N〉键结束后,迅速返回基准键〈J〉上。输入字符 M 时,右手食指向右下方偏一个键位伸出,击〈M〉键结束后,迅速返回基准键〈J〉上。

请按上面的方法练习以下字符的输入:

bbb	bbb	bbb	bbb	bbb	bbb	bbb	bbb
nnn	nnn	nnn	nnn	nnn	nnn	nnn	nnn
nb	nb	nb	nb	nb	nb	nb	nb
bn	bn	bn	bn	bn	bn	bn	bn

vvv	vvv	vvv	vvv	vvv	vvv	vvv	vvv
mmm	mmm	mmm	mmm	mmm	mmm	mmm	mmm
vm	vm	vm	vm	vm	vm	vm	vm
mv	mv	mv	mv	mv	mv	mv	mv
fbf	fbf	fbf	fbf	jnj	jnj	jnj	jnj
gbf	gbf	gbf	gbf	hnj	hnj	hnj	hnj
dbbs	dbbs	dbbs	dbbs	dbbs	dbbs	dbbs	dbbs
knnl	knnl	knnl	knnl	knnl	knnl	knnl	knnl
fbfa	fbfa	fbfa	fbfa	fbfa	fbfa	fbfa	fbfa
jnjl	jnjl	jnjl	jnjl	jnjl	jnjl	jnjl	jnjl
asbn	asbn	asbn	asbn	asbn	asbn	asbn	asbn
klnb	klnb	klnb	klnb	klnb	klnb	klnb	klnb
land	land	land	land	land	land	land	land
bank	bank	bank	bank	bank	bank	bank	bank
nail	nail	nail	nail	nail	nail	nail	nail
boil	boil	boil	boil	boil	boil	boil	boil
bring	bring	bring	bring	board	board	board	board
bonder	bonder	bonder	bonder	sender	sender	sender	sender
fvf	fvf	fvf	fvf	fvf	fvf	fvf	fvf
jmj	jmj	jmj	jmj	jmj	jmj	jmj	jmj
svvg	svvg	svvg	svvg	svvg	svvg	svvg	svvg
lmmh	lmmh	lmmh	lmmh	lmmh	lmmh	lmmh	lmmh
lmva	lmva	lmva	lmva	amvl	amvl	amvl	amvl
kvms	kvms	kvms	kvms	smvk	smvk	smvk	smvk
save	save	save	save	save	save	save	save
mail	mail	mail	mail	mail	mail	mail	mail
mark	mark	mark	mark	mark	mark	mark	mark
gives	gives	gives	gives	gives	gives	gives	gives
moves	moves	moves	moves	moves	moves	moves	moves
above	above	above	above	above	above	above	above

2.〈C〉和〈,〉键的练习

下排的〈C〉键归左手中指管;而〈,〉键则由右手中指管。

练习时应注意:

1)〈C〉与〈,〉这两个键位于键盘下排第三位,是左右手中指的击键范围。

2)输入字符 C 时,左手中指向右下方偏一个键位伸出,击〈C〉键结束后,迅速返回基准键〈D〉上。

3)输入字符",",时,右手中指向右下方偏一个键位伸出,击〈,〉键结束后,迅速返回基准键〈K〉上。

请按上面的方法练习以下字符的输入:

ccc	ccc	ccc	ccc	ccc	ccc	ccc	ccc
,,,	,,,	,,,	,,,	,,,	,,,	,,,	,,,
c,	c,	c,	c,	c,	c,	c,	c,
,c	,c	,c	,c	,c	,c	,c	,c
vcd	vcd	vcd	vcd	vcd	vcd	vcd	vcd
m,l	m,l	m,l	m,l	m,l	m,l	m,l	m,l
cut	cut	cut	cut	n,y	n,y	n,y	n,y
cfg	cfg	cfg	cfg	j,l	j,l	j,l	j,l
city	city	city	city	city	city	city	city
j,op	j,op	j,op	j,op	j,op	j,op	j,op	j,op
cold	cold	cold	cold	cold	cold	cold	cold
u,lp	u,lp	u,lp	u,lp	u,lp	u,lp	u,lp	u,lp
back	back	back	back	back	back	back	back
n,up	n,up	n,up	n,up	n,up	n,up	n,up	n,up
close	close	close	close	close	close	close	close
s,cp	s,cp	s,cp	s,cp	s,cp	s,cp	s,cp	s,cp
check	check	check	check	check	check	check	check
w,lap	w,lap	w,lap	w,lap	w,lap	w,lap	w,lap	w,lap

3. 〈X〉和〈.〉键的练习

下排的〈X〉键归左手无名指管;而〈.〉键则由右手无名指管。

练习时应注意:

1) 〈X〉与〈.〉这两个键位于键盘下排第四位,是左右手无名指的击键范围。

2) 输入字符 X 时,左手无名指向右下方偏一个键位伸出,击〈X〉键结束后,迅速返回基准键〈S〉上。

3) 输入字符".."时,右手无名指向右下方偏一个键位伸出,击〈.〉键结束后,迅速返回基准键〈L〉上。

请按上面的方法练习以下字符的输入:

xxx	xxx	xxx	xxx	xxx	xxx	xxx	xxx
...	...	...	...	...	...	...	...
x.	x.	x.	x.	x.	x.	x.	x.
.x	.x	.x	.x	.x	.x	.x	.x
dxa	dxa	dxa	dxa	k. p	k. p	k. p	k. p
sxf	sxf	sxf	sxf	ul.	ul.	ul.	ul.
ssxl	ssxl	ssxl	ssxl	l. ad	l. ad	l. ad	l. ad
s. lo	s. lo	s. lo	s. lo	axkl	axkl	axkl	axkl
h. lx	h. lx	h. lx	h. lx	errx	errx	errx	errx
fix	fix	fix	fix	yl.	yl.	yl.	yl.
Next	next	next	next	next	next	next	next
r. lp	r. lp	r. lp	r. lp	r. lp	r. lp	r. lp	r. lp

sixes	sixes	sixes	sixes	sixes	sixes	sixes	sixes
taxes	taxes	taxes	taxes	taxes	taxes	taxes	taxes
sq. lp	sq. lp	sq. lp	sq. lp	sq. lp	sq. lp	sq. lp	sq. lp
example	example	example	example	example	example	example	example

4. 〈Z〉和〈/〉键的练习

下排的〈Z〉键归左手小手指管;而〈/〉键则由右手小手指管。

练习时应注意:

1)〈Z〉与〈/〉这两个键位于键盘下排最末位,是左右手小手指的击键范围。

2)输入字符 Z 时,左手小手指微微向右下方偏一个键位伸出,击〈Z〉键结束后,迅速返回基准键〈A〉上。

3)输入字符"/"时,右手小手指微微向右下方偏一个键位伸出,击〈/〉键结束后,迅速返回基准键〈;〉上。

请按上面的方法练习以下字符的输入:

zzz	zzz	zzz	zzz	zzz	zzz	zzz	zzz
///	///	///	///	///	///	///	///
z/	z/	z/	z/	z/	z/	z/	z/
/z	/z	/z	/z	/z	/z	/z	/z
zas	zas	zas	zas	;/;	;/;	;/;	;/;
ezf	ezf	ezf	ezf	jo/	jo/	jo/	jo/
jszl	jszl	jszl	jszl	/ull	/ull	/ull	/ull
wzal	wzal	wzal	wzal	/olu	/olu	/olu	/olu
rua/	rua/	rua/	rua/	rua/	rua/	rua/	rua/
zoo	zoo	zoo	zoo	zoo	zoo	zoo	zoo
zero	zero	zero	zero	zero	zero	zero	zero
qu/p	qu/p	qu/p	qu/p	qu/p	qu/p	qu/p	qu/p
zeal	zeal	zeal	zeal	zeal	zeal	zeal	zeal
size	size	size	size	size	size	size	size
;/azs	;/azs	;/azs	;/azs	;/azs	;/azs	;/azs	;/azs
dozen	dozen	dozen	dozen	dozen	dozen	dozen	dozen

2.3.5 〈Shift〉键与〈Enter〉键的练习

〈Shift〉键在键盘下排的两侧各有一个,由左右手的小手指负责击打。在键盘右上角的 Caps Lock 指示灯不亮的情况下,按住〈Shift〉键不放,再按下字符键,该字符变为大写字符;若按住〈Shift〉键不放,再按下双功能键时(所谓双功能键就是指键盘上有些键面上代表两个意义的键。例如:〈1〉键上面还有"!")可输入该键的上档字符。因此,〈Shift〉键也叫上档键。

〈Enter〉键也叫回车键,它在主键盘区的右侧,由右手小手指负责击打。〈Enter〉键的主要功能是表示确定一项命令。在录入区内,〈Enter〉键表示一次输入的结束或换行。

练习时应注意:

1）键盘下排左右两侧的〈Shift〉键，分别由左右手的小手指负责击打。

2）击〈Enter〉键时，应由右小指伸向最右边击打〈Enter〉键，击打完后，立即回到基准键位上。

请按上面的方法练习以下内容的输入：

Aa	Ss	Dd	Ff	Gg	Hh
Jj	Kk	Ll	QqWw	EeRr	TtYy
UuIi	OoPp	ZzXx	CcVv	BbNn	Mm
Asdf	Jkl;	Qwer	Uiop	Zxcv	Nm,.
China	France	England	America	Australia	U. S. A.
School	Type	High	Low	Fat	Thin
OPlK	tUNv	RalC	CpiO	dEEd	gLAd
j"	k:	o <	u >	m?	u{

2.3.6 其他键的练习

〈Tab〉键也叫跳格键。它位于主键盘区左侧上排，由左手小手指负责击键。

〈Back Space〉键是退格键，也叫橡皮键。对退格键没安排专门的手指负责击键，可根据个人习惯快速使用。

〈Caps Lock〉键叫大写锁定键。由左手小手指负责击键。〈Caps Lock〉键的功能是：按下这个键，可以将键盘设置为大写状态，此时输入的字母是大写字母。如果要恢复为小写状态，再按一次该键就行了。

空格键是键盘最下排中间，没有标注字符的空白长条键。用来输入字符间的空格。可根据个人的习惯用左手或右手的拇指外侧击键。

〈Ctrl〉键也叫控制键。它位于主键盘区最下排左右两端，分别由左右手的小手指负责击键。〈Ctrl〉键一般不单独使用，需要与其他键同时按下组成快捷键，完成特殊功能。

〈Alt〉键也叫转换键。它位于主键盘区最下排空格键两侧，一般由左右手的无名指负责击键。〈Alt〉键也是需要与其他键配合来完成特殊功能的。

这些键的练习主要是通过长时间使用来达到熟练的程度。

小技巧

按字母顺序练习指法，录入第一遍时在心中默记字母键位，再录入时不要看键盘，按心中记忆去录入，实在想不起时再看，这样有助于快速记忆。要达到指法正确、熟练的程序，要反复进行以上练习。

2.4 数字键和字母键的练习

本节首先学习输入数字键，然后进行数字键、字母键及上档字符的混合练习。

2.4.1 数字键的练习

主键盘区的第一行为 1 ~ 0 十个数字及上档的一些符号键。参照图 2-3 指法分工图，〈1〉、〈2〉、〈3〉数字键分别由左手的小指、无名指、中指来击；〈4〉、〈5〉、〈6〉、〈7〉数字键则由左右手食指来击；〈0〉、〈9〉、〈8〉数字键分别由右手的小指、无名指、中指来击。

因为数字键离基准键较远，因此练习的难度比字母键大，练习时可以放慢一些速度，手指微微伸直，动作要自然。击完数字键后，手指迅速返回基准键位上。

数字也可以用小键盘来输入，小键盘适合于进行大量数字输入的专业人员，如财会人员、售货员、统计人员、银行职员等。小键盘是用右手操作的，其中基准键是〈4〉、〈5〉、〈6〉三个键，中指放在有一个小凸点的〈5〉键上，食指和无名指分别放在〈4〉和〈6〉键上。小键盘的手指分工如图 2-8 所示。小键盘基本指法如图 2-9 所示。

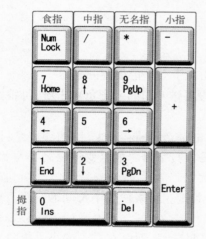

图 2-8　小键盘指法分工图

图 2-9　小键盘基本指法

请按上面的方法练习以下数字的输入：

111	222	333	444	555	666
777	888	999	000	12	13
14	15	16	17	18	19
90	01	21	31	41	51
61	71	81	91	29	39
49	59	69	79	89	99
37	47	57	67	77	87
1357	2468	3579	4680	7531	67890
09876	54321	12345	13579	24680	13579
24680	32415	21354	45321	34215	67908
90876	78906	87960	102938	102896	342670
365480	857459	5211314	100544	449448	258257

2.4.2 大写字母的输入练习

前面讲过,在键盘右上角的 Caps Lock 指示灯不亮的情况下,如果临时要输入大写字母,只要用小手指按住〈Shift〉键不放,再输入字母就可以了。如果要输入符号键上部的符号,先按住〈Shift〉键不放,再按下这个符号键就可以了。

但在输入的过程中,如果需要连续地输入大写字母,就需要用左手小手指按一下〈Caps Lock〉键,使键盘右上角的 Caps Lock 指示灯亮,然后输入字母就可以了。如果要恢复小写字母输入,再次按这个键,使指示灯灭。

根据上面的方法练习以下字符的输入(注意大小写转换):

aSDF	JKl;	aSDF	JKl;	aSDF	JKl;
QwER	UiOP	QwER	UiOP	QwER	UiOP
ZXCv	NM,.	ZXCv	NM,.	ZXCv	NM,.
GHgH	GHgH	TYtY	TYtY	BNbN	BNbN
AbcD	EFG	HIJk	LMN	OPQrST	uVWXYZ
WE	YOU	HE	SHE	IT	THEY
STUDeNT	TEACHeR	ENGIn	EomER	CXasAL	BbDcn
ALiKE	bOARD	CLIcK	DeCIDE	ENgLISH	FRIEnD

2.4.3 键盘操作的综合练习

前面已经学习了大小写字母键、数字键和各种符号键的输入,下面将各种键混合在一起进行练习。请大家注意各个手指的分工,并且要保持坐姿正确,力度一致,速度均匀。

如果在输入中连击一个键时,手指不必回到基准键,连击就可以了。例如:输入 EE 时,左手中指连击〈E〉键。如果在输入中,连续输入的键被基准键隔开,可直接输入下一个键。例如:输入 UN 时,击〈U〉键后,右手食指不必回到基准键,直接击〈N〉键。

 小技巧

连续输入归同一个手指管辖范围的字母时,可在输入第一个字母后,手指直接输入第二个字母,不必回到基准键。例如:输入 gr 时,击〈g〉键后,左手食指不必回到基准键,直接击〈r〉键即可,这样可提高录入速度。

请做下面的练习:

about	add	afraid	ago	answer	artist
before	bat	borrow	brush	bear	borrow
call	careful	capital	carriage	chalk	cinema
date	diary	different	each	everyone	except
fly	free	forget	gate	great	guard
hard	have	hold	indeed	into	interesting
July	june	just	keep	king	keep

last	like	library	madam	make	moment
Novermber		NOVERMBER		October	OCTOBER
Summer PALACE		Summer Palace		Children	CHILDRen
Science Museum		Science MUSEUM		Alice	Alice
Great Wall		Great Wall		Jerry	Jerry
A1	B2	C3	1A	2B	C3
56sdf	sdf56	78jkl	jkl78	90ioz	ioz90
12qwe	qwe12	35tyi	tyi35	68xtp	86xtp
W89a	W89a	b70U	b70U	ty23	ty23
a <	a <	b >	b >	c"	c"
2u;	7a´	n9,	e6.	3w/	s4?
~	+	! <@	#_)	($ >	? : "	%^& *

2.5 英文输入(盲打速成法)练习

指法练习是计算机操作的基础,要反复进行练习,才能熟练掌握。在练习的过程中一定要养成良好的习惯,坐姿要端正,手指的键盘分工要准确。在反复练习的过程中,要注意速度均匀,左右手灵活、自然。

英文录入实际上就是键面录入。键面录入可分为以下3个步骤进行练习。

1. 字母顺序练习法

按照英文字母排列的先后顺序,从 A 到 Z 各键分击,反复敲打,以期达到一定的指法熟练程度。

A B C D E F G H I J K L M N O P Q R S T U V W X Y Z

a b c d e f g h i j k l m n o p q r s t u v w x y z

2. 分管区域练习法

按照指法的分管区域,分上中下三排键有顺序地反复练习,以达到熟练程度。

Q A Z W S X E D C R F V T G B Y H N U J M I K < O L > P :?

qaz wsx edc rfv tgb yhn ujm ik, ol. p;/

3. 参照物练习法

选择某一英文稿作参照物,对其进行尝试性的录入。

请输入下面的英文,注意临时需要输入大写字母时,先用小手指按住〈Shift〉键不放,再按下该字母键。请反复输入下面的短文,直到熟练为止。

(一)

MAN AND THE WEATHER

Weather is one of the most important things in man's life. For a farmer, wrong weather may mean that he has poor crops, or no crops at all. For sailors and airmen, bad weather often brings danger and sometimes men die.

Now satellites are helping man to forecast the weather. They take photos of the atmosphere and send them back to earth. So man can see the weather of any part of the world. When a storm is beginning, people will get a warning in advance. As a result, they usually have a better chance to protect themselves and their homes.

Scientists in many countries are looking for ways to control storms and rain. They may even change the weather in some parts of the world. For example, they have plans to make some places warmer. They have also a way to destroy the clouds to prevent hail from coming into being. We believe that man can get the weather under control some day.

(二)

THE NEW GENERATION OF INTERNET

What will the Internet become? For one thing, it may actually become smaller and more focused on what it already does well: communicate. The next generation of the Internet is coming into being. US universities are planning the network named Internet II. It is a new and very fast computer network that will avoid the traffic jams that clog the Internet today. Internet II will have speeds as much as 10 times as fast as today's Net. It will connect different universities in the country, and distance – learning will be possible for more learners.

In Penn State University, the link runs on the campus between computer and engineering buildings. It can send off a thick book in a few seconds. Nearly 3,000 undergraduate students and graduate students are using two classrooms connected to the highspeed link to solve problems in their fields like chemistry and physics. Internet II can also be used in arts and theater classes. The new generation of Internet sill be one of the most important things of our time.

(三)

THE CAR OF THE FUTUER

What will the future car be like? Some people say the car of tomorrow will have no heater and no air conditioner. It'll have no radio and no lights. Tomorrow's car will be an open air car with on doors and windows. It won't need a pollution control system because it won't use gas. In fact, drivers will push this new car with their feet. Very few people will be killed in accidents, because the top speed will be a few miles per hour. However, these cars may not come in pretty and the car companies will soon solve all our problems by producing the Supercar. Tomorrow's car will be bigger, faster, and more comfortable than before. The Supercar will have four rooms, colour TV, running water, heat, air conditioning, and a swimming pool. Large families will travel on long trips in complete comfort. If gas is in short supply, the Supercar will run on water. Finally, these people believe the car of the future will come in any colour instead of only gray.

练 习 题

一、字符录入练习

1. 按照手指分工练习下列英文字母(10 遍)的录入:

abcdefghijklmnopqrstuvwxyz

2. 按照手指分工练习基本键录入（10遍）：

　　fff jjj ggg hhh ddd kkk sss lll aaa ；；；

3. 按照手指分工练习上排键录入（10遍）：

　　ttt yyy rrr uuu eee iii www ooo qqq ppp

4. 按照手指分工练习下排键录入（10遍）：

　　bbb nnn vvv mmm ccc ，，， xxx ⋯ zzz ／／／

5. 按照手指分工练习下列大小写字母、数字及符号的录入：

　　Al5InGs14，BylkW8；Cx2Ll. YyamSd，kHlE；/hsPy0. nsboU73；zr

二、填空题

1. 键盘共分为_____、_____、_____、_____ 4 个区。

2. 基本键位是_____ 键和_____键；由左右手的_____ 指分管。

3. 〈Back Space〉键是删除光标所在位置_____的字符，〈Delete〉键是删除光标所在位置_____的字符。

4. 在小键盘区，只有一个键是别的键区里找不到的，它是_____，它也是小键盘的_____。

5. 输入一个大写字母可按_____键后直接输入，也可按住_____键不放，输入需要大写的字母。

三、问答题

1. 控制键位于键盘的哪个区？共有哪几个？

2. 小键盘关掉数字切换键后有什么功能？

3. 正确的姿势要求有哪几项？各项的标准是什么？

3

第　章

五笔字型输入法
的安装与设置

　　随着现代科学技术的高速发展，计算机的应用已经渗透到人类社会生产和生活的各个领域。掌握计算机的使用已经成为各行各业工作人员的基本技能，而掌握一种快速的输入法能帮助你更好地使用各种汉字处理系统。

　　在我们的电脑中，一般都配备了多种汉字输入方法，但在具体操作时，如何选择某一种输入方法呢？对于一个电脑使用者来说，首先要了解汉字输入的基本原理，再根据自己的条件和需要选择适合自己的汉字输入法。

学习流程

汉字输入的基本原理

五笔字型输入法的安装

五笔字型输入法的设置

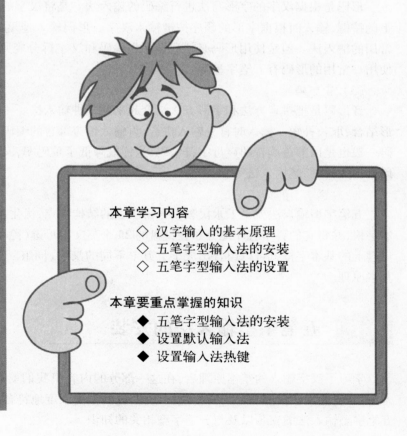

本章学习内容
- ◇　汉字输入的基本原理
- ◇　五笔字型输入法的安装
- ◇　五笔字型输入法的设置

本章要重点掌握的知识
- ◆　五笔字型输入法的安装
- ◆　设置默认输入法
- ◆　设置输入法热键

3.1 汉字输入的基本原理

1. 汉字输入的基本原理

计算机处理汉字是把汉字按照共同特点进行编码,并把这些编码合理地分布在键盘上的各字母键上,用户按照输入法规定的编码方法键入编码对应的字母或字符,输入法软件自动在字库里找到相应的汉字并显示在屏幕上。

2. 汉字编码的类型

根据不同的编码方式,汉字输入法分为"音码"、"形码"和"音形码"三种。音形码是结合前两种方法进行混合编码的输入法。

(1)音码

音码也叫拼音码,是根据汉语拼音方案对汉字进行编码的输入法。它符合人们的习惯,不需要学习即可使用,受到广泛的欢迎,是使用最多的汉字输入法。但是由于中文里有大量的同音字,拼音输入法的重码较多,使用拼音输入法需要正确掌握汉语拼音。常用的音码有全拼、双拼、简拼等几种。

(2)形码

形码是根据汉字的字形写法进行编码的输入法。是将汉字的笔画和偏旁部首对应于键盘上的按键,输入时根据字形的顺序按键输入汉字。形码输入速度快、重码率低,是专业打字员常用的输入法。但是使用形码必须记忆字根编码和汉字拆分规则,需要学习和训练才能熟练使用。常用的形码有五笔字型等。

(3)音形码

音形码是把拼音方法和字形方法结合起来的一种输入法。一般以拼音为主,字形为辅,音形结合,取长补短。输入时首先输入拼音,再输入偏旁部首的编码以区分重码。偏旁部首的编码一般也是以部首读音的声母字符编码,这样既降低了重码率,又减少了记忆量。常见的音形码有自然码、二笔输入法等。

3. 五笔字型的编码原理

五笔字型输入法就是王永民教授根据汉字的结构特点,优化各种形码,最后得到130种基本字根,并将它们科学有序地分布在键盘的25个英文字母键(除〈Z〉键以外)上,用这25个字母键上的基本字根就可以组合出成千上万个不同的汉字、词组。这就是五笔字型输入方法的基本原理。

3.2 五笔字型输入法的安装

学习了汉字输入的基本原理后,在这一部分的内容里我们就介绍如何安装自己需要的输入法,并将输入法按照自己的需要进行设置,让其最大限度地符合自己的使用习惯。这里介绍五笔字型输入法的安装以及与五笔字型相关的知识。

3.2.1　五笔字型输入法的版本介绍

五笔输入法问世已有二十多年,以其快速的输入速度在各种汉字输入法中堪称翘楚。同时五笔字型输入法也经历了不断更新和发展的过程。

1. 五笔字型输入法 86 版

1986 年王永民教授推出"五笔字型 86 版",它使用 130 个字根,可以处理国标 GB2312 汉字集中的一、二级汉字共 6763 个。经过十多年的推广,86 版输入法逐渐占据了汉字输入法的主导地位,拥有了众多用户。

2. 五笔字型输入法 98 版

为了使五笔字型输入法更加完善,经过十多年的努力,王永民教授于 1998 年推出了"王码 98 版五笔输入法"。98 版的五笔输入法不但可以输入 86 版所能输入的全部汉字,更增加了 13053 个繁体字的输入。

除了占据主流的 86 版和 98 版五笔输入法外,还有许多其他种类的五笔字型输入法,如极品五笔输入法、智能陈桥输入法、万能五笔输入法以及五笔加加输入法等。

因 86 版推出时间较早已拥有较多的用户,目前有很多功能比较强大的智能陈桥输入法、王码五笔输入法、万能五笔输入法和极品五笔输入法的版本都是采用 86 版的编码方案,使用者较多,建议读者学习 86 版五笔输入法。

3.2.2　五笔字型输入法的下载

得到五笔字型输入法的方法很多,上网下载是最好的方法。目前在网上有很多优秀的输入法,如"极品五笔"、"智能陈桥"、"五笔加加"、"万能五笔"等。下面列出提供常用五笔输入法下载的地址:

华军软件园:http://www.onlinedown.net/

天空软件站:http://www.skycn.com/

以"天空软件站"下载五笔输入法为例,下载的步骤如下:

1) 打开浏览器,在地址栏输入"http://www.skycn.com/index.html",打开"天空软件站"网页,如图 3-1 所示。

图 3-1　"天空软件站"网页

2）在网站首页的"搜索"输入栏中输入"极品五笔",单击"软件搜索"按钮。

3）在新打开的网页中显示搜索结果,选择"极品五笔 7.0 优化版",如图 3-2 所示。

图 3-2 "极品五笔搜索结果"页面

4）在"极品五笔 7.0 优化版"输入法介绍页面,拖动滚动条,在网页下方"下载地址"中列出了所有下载地址列表,如图 3-3 所示。

图 3-3 "下载专区"地址列表

5）选择最近或最快的下载地址,单击鼠标右键选择"目标另存为",或使用下载软件下载即可。

3.2.3 五笔字型输入法的安装

输入法下载完成后,要把它安装到电脑上才能使用,具体的安装步骤如下:

1）双击"极品五笔"安装程序图标,弹出"极品五笔输入法安装向导"界面,如图 3-4 所示。

2）单击"下一步"按钮,进入"许可协议"界面,选择"我同意此协议"选项。

3）单击"下一步"按钮,进入"目标安装位置"界面,如无特殊情况,按默认位置安装即可。

4）单击"下一步"按钮,进入"准备安装"界面,如确认无误,单击"安装"按钮,即可开始安装输入法。

5）安装完成后，单击"完成"按钮即可，如图 3-5 所示。

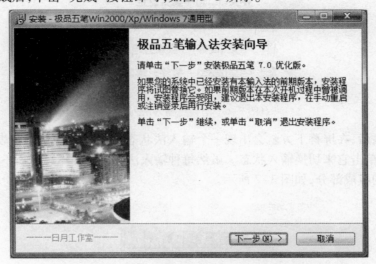

图 3-4　"极品五笔输入法安装向导"界面

图 3-5　"完成"界面

五笔字型输入法的设置

在进行五笔字型输入法学习之前，先来熟悉一下汉字输入法的设置，这样在以后的学习中能够更加得心应手。

3.3.1　输入法状态简介

安装了极品五笔输入法后，单击语言栏，该输入法会出现在弹出的输入法列表中，如图 3-6 所示。

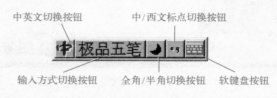

图 3-6　语言栏输入法列表

　　打开输入法后,在屏幕下方就会出现一个输入法状态条。输入法状态条表示当前的输入状态,可以通过单击它来切换输入状态。虽然每种输入法所显示的图标有所不同,但是它们都具有一些相同的组成部分,如图 3-7 所示。

图 3-7　输入法状态条

　　通过对输入法状态条的操作,可以实现各种输入操作。

　　1.　输入方式切换

　　在通常情况下,输入方式切换按钮显示当前输入法的名称。在 Windows 内置的某些输入法中,还含有自身携带的其他输入法方式,例如智能 ABC 包括标准和双打输入方式。用户可以使用输入方式切换按钮进行切换。

　　2.　中英文切换

　　单击"中英文切换"按钮可实现中英文输入的切换,或者按〈Caps Lock〉键。还可以单击任务栏上的"指示器",在弹出的输入法菜单中选择英文或中文输入法。

　　3.　全角/半角切换

　　单击"全角/半角切换"按钮可进行全角/半角切换,也可以按〈Shift + 空格〉组合键。

　　4.　输入中西文标点

　　单击"中/西文标点切换"按钮,或按〈Ctrl + . (句号)〉在中西文标点之间进行输入切换。

　　5.　使用软键盘

　　单击"软键盘"按钮可打开软键盘,如图 3-8 所示。此时用鼠标在软键盘上单击即可以输入字符。

图 3-8　打开软键盘

Windows 中共提供了 13 种软键盘,通过这些软键盘,可以很容易地输入键盘上没有的字符。图 1-25 显示的只是 13 种软键盘中的"PC 键盘",使用鼠标右键在软键盘按钮上单击,即可弹出所有软键盘菜单,如图 3-9 所示。选择一种软键盘后,相应的软键盘会显示在屏幕上。

PC 键盘	标点符号
希腊字母	数字序号
俄文字母	数学符号
注音符号	单位符号
拼　音	制表符
日文平假名	特殊符号
日文片假名	

图 3-9　软键盘菜单

小技巧

其实五笔字型输入法的状态条使用方法、软键盘的各项功能与拼音输入法很类似,这部分不用花费太多的时间。

3.3.2　添加与删除输入法

在使用电脑的过程中,有时需要添加或删除输入法,用户可按下述方法操作。

1．添加输入法

在任务栏右下角的输入法图标⌨上单击右键,在弹出的快捷菜单中选择"设置"选项,可以打开"文字服务和输入语言"对话框来添加输入法。下面以添加"双拼输入法"为例介绍添加输入法的方法。

1)在任务栏右下角的输入法图标⌨上单击右键,弹出输入法菜单,如图 3-10 所示。

图 3-10　输入法右键菜单

2)选择"设置"选项,出现"文字服务和输入语言"对话框,如图 3-11 所示。

3)单击"添加"命令按钮,出现如图 3-12 所示的"添加输入语言"对话框。

4)在输入法下拉列表框中选中双拼输入法,单击"确定"按钮关闭对话框。

5)单击"应用"按钮后,单击"确定"按钮,输入法添加完成。

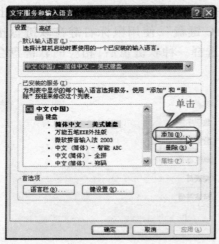

图 3-11 "文字服务和输入语言"对话框　　图 3-12 "添加输入语言"对话框

2. 删除输入法

删除输入法的操作比添加输入法的操作要简单,只要在"文字服务和输入语言"对话框中选择要删除的输入法,再单击"删除"按钮即可。

3.3.3 把五笔字型设置成默认输入法

虽然 Windows XP 安装了很多种输入法,但经常使用的输入法只有一种。为了方便使用,不妨把最常用的五笔字型输入法设置为系统默认的输入法,这样就不用总是切换了。具体操作步骤如下:

1) 在 Windows XP 任务栏中,右键单击"语言栏"图标,弹出如图 3-13 所示的右键菜单。
2) 选择"设置"选项,弹出如图 3-14 所示的"文字服务和输入语言"对话框。

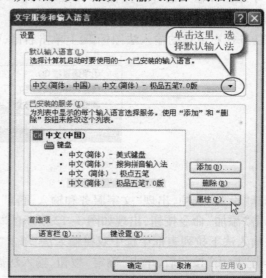

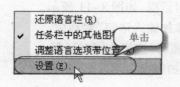

图 3-13　语言栏右键菜单　　　　图 3-14 "文字服务和输入语言"对话框

3）在"默认输入语言"栏中，单击下拉列表按钮，在弹出的下拉列表中选择"极品五笔输入法"选项。

4）单击"确定"按钮即可。

当然也可以把其他输入法设置成默认输入法。

3.3.4　设置键盘按键速度

设置合适的按键速度对下一步要学习的五笔字型输入很有用。仔细研究一下发现，可以在控制面板的键盘应用程序中设置按住按键时产生重复击键的速度和确认产生重复击键的延迟时间。具体的操作步骤如下：

1）单击"开始"菜单，选择"控制面板"选项，弹出"控制面板"窗口，如图 3-15 所示。

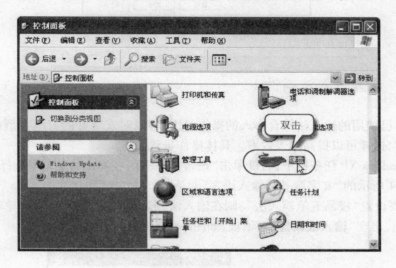

图 3-15　"控制面板"窗口（经典视图）

2）在"控制面板"窗口中双击"键盘"图标，打开"键盘属性"对话框，如图 3-16 所示。

注意

本例中所示为在"经典视图"下的"控制面板"窗口。Windows XP 默认的"控制面板"窗口是"分类视图"，这两种视图的切换，只需单击"控制面板"窗口左上角的　切换到分类视图　即可实现。

3）在"字符重复"设置框中用鼠标拖动"重复延迟"和"重复率"标尺上的游标便可以设置键盘的按键重复速度。

在该窗口中还可以设置光标闪烁的速度。用鼠标拖动"光标闪烁频率"标尺上的游标就可以设置光标闪烁的快慢速度。

图 3-16　"键盘属性"对话框

3.3.5　设置输入法属性

为了让自己使用的输入法符合个人的操作习惯,可以对安装好的五笔字型或其他中文输入法进行设置,这样可以提高输入效率。具体操作步骤如下:

1) 在 Windows XP 任务栏中,右键单击"语言栏"图标,在弹出的菜单中选择"设置"选项,弹出如图 3-14 所示的"文字服务和输入语言"对话框。

2) 如果要设置"极品五笔输入法",则在输入法列表框中选中该项,然后单击列表框右侧的"属性"按钮,出现"输入法设置"对话框,如图 3-17 所示。

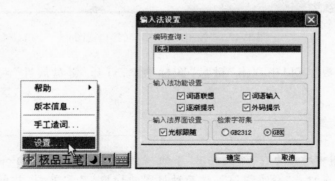

图 3-17　输入法设置

注意

也可以在任意输入法状态条上单击右键,在显示的快捷菜单中选择"设置"选项,显示"输入法设置"对话框。

"输入法设置"对话框提供的状态设置项目与中文输入的显示和功能密切相关。

- 词语联想：输入一个汉字，重码栏立即显示由该字打头的联想词组，按词组前的数字键即可输入选择的词组。
- 词语输入：选中此项，表示允许字词混合输入（默认值），否则为取消词语输入，这时，只能输入单个字。
- 逐渐提示：在输入编码未完成时，重码栏显示所有可选择输入的字词。初学五笔时，此功能非常有用。
- 外码提示：选中此项，表示外码提示有效，否则表示外码提示无效。

 注意

只有选中"逐渐提示"复选框后，"外码提示"项才有效。否则，即使选中"外码提示"复选框也无效。

- 光标跟随：单击选中"光标跟随"后，输入编码时，编码栏和重码栏显示在文字光标附近，重码栏呈长方形；单击取消后，编码栏和重码栏固定显示在屏幕下方，重码栏呈横条状。

3.3.6 "编码查询"功能

当遇到用五笔不会输入的字或输入了汉字却不认识时，就可以使用"编码查询"功能，通过对两种输入法的属性设置实现。

1. 用拼音输入法查询汉字的五笔字型编码

例如使用"全拼输入法"查询汉字"末"的五笔字型编码，具体操作步骤如下：

1）在 Windows XP 的"语言栏"中选择"全拼输入法"，显示"全拼输入法"状态条。

2）在"全拼输入法"状态条上单击鼠标右键，选择"设置"选项，弹出如图 3-18 所示的"输入法设置"对话框。

3）在"编码查询"栏中，选择"极品五笔"选项，单击"确定"按钮。

4）在文字编辑软件中输入拼音"mo"，选择"末"字输入后，在输入框里就会显示出"末"字的五笔编码"gs"（一般是绿色的），如图 3-19 所示。

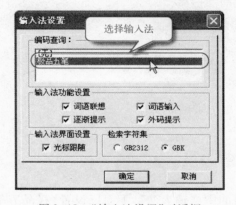

图 3-18　"输入法设置"对话框　　　　图 3-19　全拼输入法查询汉字的五笔编码

小技巧

这个功能是一定要掌握的,在学习五笔的过程中,拆字是大难题,这个功能在接下来的学习中非常实用。

2. 用五笔字型输入法查询汉字的拼音

例如使用"极品五笔输入法"查询汉字"赘"的拼音,具体操作步骤如下:

1)在 Windows XP 的"语言栏"中选择"极品五笔输入法",显示"极品五笔输入法"状态条。

2)在"极品五笔输入法"状态条上单击鼠标右键,选择"设置"选项,弹出如图 3-20 所示的"输入法设置"对话框。

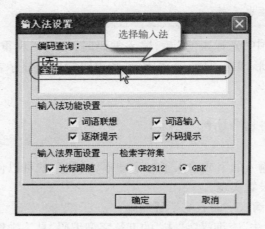

图 3-20   "输入法设置"对话框

3)在"编码查询"栏中,选择"全拼"选项,单击"确定"按钮。

4)在文字编辑软件中输入五笔编码"gqtm",输入"赘"后,在输入框里就会显示出"赘"字的拼音"zhui"(一般是绿色的),如图 3-21 所示。

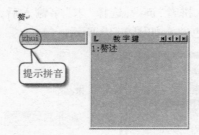

图 3-21   用五笔输入法查询汉字的拼音

3.3.7   为五笔字型输入法设置热键

使用输入法的热键,可以快速地切换到所需的中文输入法。下面以设置"极品五笔输入法"的热键为例来具体示范定义热键的方法和步骤。本例将其定义为〈Ctrl + Shift + 1〉。

1）在 Windows XP 任务栏中，右键单击"语言栏"图标，在弹出的菜单中选择"设置"选项，弹出"文字服务和输入语言"对话框。

　　2）单击对话框最下方的"首选项"栏中的"键设置"按钮，弹出"高级键设置"对话框，如图 3-22 所示。

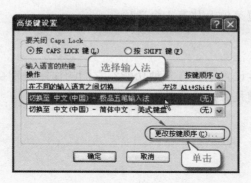

图 3-22　"高级键设置"对话框

　　3）在"输入语言的热键"列表框中，选择"切换至中文（中国）- 极品五笔输入法"选项，单击"更改按键顺序"按钮。

　　4）在弹出的如图 3-23 所示的"更改按键顺序"对话框中，勾选"启用按键顺序"复选框，选择〈Ctrl + Shift + 1〉后，单击"确定"按钮即可。

图 3-23　"更改按键顺序"对话框

注意

　　定义输入法的热键时尽量不要与其他应用程序的热键相同，否则彼此会产生冲突，热键可能会失灵或发生混乱。

练 习 题

一、动手题

　　按照本章的讲解给电脑安装上五笔字型输入法，并删除不经常使用的输入法。

二、填空题：

　　1. 根据不同编码的方式，汉字输入法分为 _____、_____ 和 _____ 3 种。是结合前两种方法进行混合编码的输入法。

　　2. 五笔字型输入法是根据汉字的结构特点，优化各种 _____ ，最后得到 _____ 种基本字根，并将它们科学、有序地分布在键盘的 _____ 个英文字母键（除 _____ 键以外）上。

3. 如果要启动或关闭已经安装的中文输入法时可以随时使用 ＿＿＿＿＿＿＿＿ 键来完成。

4. Windows 中共提供了 ＿＿＿＿＿＿ 种软键盘,通过这些软键盘,可以输入 ＿＿＿＿＿＿ 的字符。

5. 设置输入法的快捷菜单上共有 4 个选项: ＿＿＿＿＿＿ 、 ＿＿＿＿＿＿ 、 ＿＿＿＿＿＿ 、 ＿＿＿＿＿＿ 。

三、简答题

1. 如何添加中文输入法?

2. 中文输入法的属性设置中共有几种功能? 它们的作用分别是什么?

3. 中文输入法的热键是怎样设置的?

五笔字型的编码基础

五笔字型输入法是以汉字的结构特点为编码基础的，所以在学习五笔字型输入法之前，首先对汉字的字型结构进行分析，从而加深对五笔字型输入法的编码规则的理解，以便更好地学习以后的内容。

汉字可以划分成 3 个层次：笔画、字根、单字。一个完整的汉字，既不是一系列不同笔画的线性排列，也不是各种笔画的任意堆积，而是由若干复合连接交叉所形成的相对不变的结构，即字根来构成。由此可见，要了解汉字的结构特点，应根据汉字的这 3 个层次来逐层分析。

学习流程

五笔字型的基本原理

汉字的 3 个层次

字根间的关系

汉字的 3 种字型

本章学习内容
◇ 五笔字型的基本原理
◇ 字根与字型

本章要重点掌握的知识
◆ 重点理解汉字的字根
◆ 5 个单笔画
◆ 字根间的关系
◆ 重点理解汉字的 3 种字型

4.1 五笔字型的基本原理

五笔字型汉字输入法是一种"拼形输入法",是把组成汉字的"五笔字根"按照汉字的书写顺序输入电脑,从而得到汉字或词组的一种键盘输入方法。

4.1.1 为什么称做五笔字型

汉字是中国特有的文字,它的笔画复杂,形态多样,仅常用的汉字就有 7000 多个,而总数超过 3 万。虽然汉字数量繁多,但汉字都是由几种固定的笔画组成的。我们用偏旁部首查字法查字的时候,首先要做的就是去数部首的笔画。而笔画分为"横、竖、撇、捺、折、点、竖钩、竖弯钩、横折钩、提"等。如果只考虑笔画的运笔方向,不去看它的轻重长短,那么就可以把所有的笔画都归纳为"横、竖、撇、捺、折"这 5 种,为了方便记忆,五笔字型的研究者把它们从 1 到 5 依次编号。这就是为什么称做五笔字型的原因。

4.1.2 五笔字型输入的基本原理

汉字是由 5 种笔画经过各种复合连接或交叉而成的相对不变的结构,然而笔画只能表示组成汉字的某一笔,真正构成汉字的基本单位是字根,而这些字根正如一块块不同形状的积木,用这些不同形状的"积木"就可以组合出成千上万不同的汉字。

基于这一思路,王永民教授花费了 5 年心血,苦心钻研了成千上万个汉字及词组的结构规律,经过层层分析、层层筛选,最后优化得到 130 种基本字根,将它们科学地、有序地分布在键盘的 25 个英文字母键(除〈Z〉键以外)上,我们通过这 25 个字母键就可以输入成千上万个汉字及词组。输入汉字时首先将汉字拆成不同的字根,然后按照一定的规律进行分配,再把它们定义到键盘上不同的按键上。这样我们就可以按照汉字的书写顺序,敲击键盘上相应的键,也就是给电脑输入一个个代码,电脑就会将这些代码转换成相应的文字显示到屏幕上来了。各个过程可以用图 4-1 来表示。

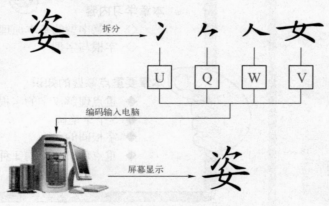

图 4-1 五笔字型输入原理

4.1.3   汉字的 3 个层次

在五笔字型输入法中,组成汉字的最基本的成分是笔画,由基本笔画构成字根,再由基本笔画和字根构成汉字,如图 4-2 所示。

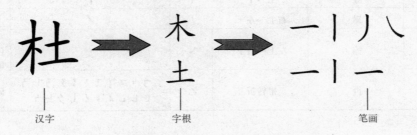

图 4-2   汉字的 3 个层次

汉字可以划分为三个层次:笔画、字根和单字。

笔画:汉字的笔画多种多样,但归纳起来,只有横、竖、撇、捺(点)、折 5 种。

字根:由若干笔画复合连接、交叉形成的相对不变的结构组合。它是构成汉字的最重要、最基本的单位。

单字:字根的拼形组合构成单字。

4.1.4   汉字的 5 种笔画

大家知道,所有汉字都是由笔画构成的,但笔画的形态变化很多,如果按其长短、曲直和笔势走向来分,也许可以分到几十种之多。为了易于被人们接受和掌握,我们必须进行科学分类。

在书写汉字时,不间断的一次写成的一个线条叫做汉字的笔画。在这样一个定义的基础上,可以把汉字的基本笔画简化概括为"横(一)、竖(丨)、撇(丿)、捺( )、折(乙)"5 种,如图 4-3 所示。

图 4-3   汉字的 5 种笔画

如果只考虑笔画的运行方向,而不计其轻重长短,根据使用频率的高低,5 种笔画可依次用 1、2、3、4、5 表示,如表 4-1 所示。

表 4-1　汉字的五种笔画

编　码	笔画名称	笔画走向	笔画及其变形		说　明
			笔画	变形	
1	横	左→右	一	╱	"提笔"均视为横
2	竖	上→下	丨	丿	左竖钩为竖
3	撇	右上→左下	丿	ノ	
4	捺	左上→右下	丶	、	点均视为捺（包括宝盖中的点）
5	折	带转折	乙	𠃌𠃌𠃍乚乛乚乚乚乚乚𠃋乚	带转折的编码为5,左竖钩除外

1. 横

运笔方向从左到右和从左下到右上的笔画都包括在"横"中,例如"丁、二"。在"横"这种笔画内。

为了方便笔画分类还把"提"归为横,例如"现、习"中的"提"笔都视为横,如图 4-4 所示。

图 4-4　笔画横

2. 竖

运笔方向从上到下的笔画都包括在"竖"这种笔画内,例如"中、吊"中的竖。

为了方便笔画分类把竖左钩归为竖。例如"利、小"中的竖左钩,如图 4-5 所示。

图 4-5　笔画竖

3. 撇

运笔方向从右上到左下的笔画归为一类,称为"撇"。如"力、九"中的撇,如图 4-6 所示。

图 4-6　笔画撇

4. 捺

运笔方向从左上到右下的笔画归为一类,称为"捺",例如"大、八"中的捺。

为了方便笔画分类,把"点"归为捺笔,例如"户、主"中的点,如图 4-7 所示。

图 4-7　笔画捺

5. 折

所有带转折的笔画(除了竖左钩外),都归结为"折"。如"刀、幺、戈、亏"中的折,如图 4-8 所示。

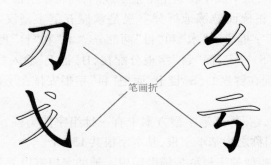

图 4-8　笔画折

> **⭐ 注意**
>
> 　　在区分笔画种类时,要注意"笔画走向"这一基本特征。1)提笔"╯"和撇"丿"在外形上相似,但"╯"是从左到右书写,应归为"横"类,而"丿"是从右上到左下书写的,应归为"撇"类。2)"亅"和"╲"相似,"亅"为"竖"类,而"╲"为"折"类。3)除"亅"外,凡是带转折的笔画都为"折"类。

五笔字型输入法的基本字根有 130 个,许多非基本字根都是由基本字根变化而来的,其中变化最多的就是"乙"笔了。在这里就专门对字根中与"乙"有关的拆分方法做一些介绍。表 4-2 列出了所有折笔的变化形式。

表 4-2　折笔的变形

折笔	例　字	折笔	例　字	折笔	例　字
コ	臣 假 侯 追 官	㇇	书 国 片 虫 尸	㇈	电 甩 龟 九 巴
㇉	乌 鼎 与 亏 考	㇂	弋 我 成	刁	韦 成 万 也 力
㇀	瓦 飞 九 气 几	㇄	以 饮 瓦 收	㇄	甚 亡 世
㇋	专 转	乃	肠 乃		
㇐	买 蛋 了 今 疋	㇈	该 幺 发 车 亥		

4.2 字根与字型

本单元介绍字根的定义、字根间的结构关系及字型的相关知识。学习本单元的内容可使初学者具备分辨字型的能力。

4.2.1 汉字的字根

字根是由若干笔画交叉连接而形成的相对不变的结构。所有汉字都是由字根构成的。因此五笔字型输入法中规定以字根为基本单位编码。下面来了解汉字的字根。

在五笔字型输入法中，每个汉字都是由字根组成的，而每个字根又是由笔画组成的。字根是五笔输入法中的灵魂，正确而熟练地拆分字根是掌握五笔字型汉字输入法的关键。例如"相"字，五笔字型将"相"字拆成了"木"和"目"两部分，"木"和"目"即为"相"字的两个字根。"木"字根分配在键盘的〈S〉键上，而"目"字根分配在〈H〉键上，输入"SH"即可输入"相"。至于为什么把"木"字根分配在键盘的〈S〉键上，而把"目"字根安排在了〈H〉键上，这个问题可用后面的编码基础解释。

基本字根：像"王、木、西"等五笔字型方案中有一批组字能力强，在日常汉语中出现频率高，有代表性的字根，我们称之为基本字根，基本字根共 130 个。

辅助字根：与主字根相似的字根称为辅助字根。辅助字根有以下几种形式。

1）字源相同的字根。如：心（基本字根）—— 忄、⺗ （辅助字根）

2）形态相近的字根。如：艹（基本字根）—— 卝、廾、甘（辅助字根）

3）便于联想的字根。如：阝（基本字根）—— 耳、卩、凵（辅助字根）

乙（基本字根）—— 乛乛乚乙乛乛乚乚乙乛

ㄥㄥㄥㄑㄑㄥㄣㄣㄣㄣ（次字根即所有折笔）

所有的辅助字根与其基本字根都同在一个键上，编码时使用同一代码（即同一字母）。

以字根来考虑汉字的构成，是为汉字编码创造方便。因为汉字的拼形编码既不考虑读音，也不把汉字全部肢解为单一笔画，而是遵从人们的习惯书写顺序，以字根为基本单位来组字、编码，并用来输入汉字。字根不像汉字那样，有公认的标准和一定的数量，哪些结构算字根？哪些结构不算字根？历来没有严格的界限。

一般而言，在字根选取上，主要以下几点为标准：

1）选择那些组字能力强的。例如："目、日、口、田、山、王、土、大、木、工"等。

2）选择那些组字能力不强，但组成的字在日常用语中出现频率很高的。例如："白"组成的"的"字，在汉语中使用频率很高。

3）选择使用频率较高的偏旁部首（注：某些偏旁部首本身即是一个汉字）。例如："炎、扌、氵、禾、亻、纟、水"等。

根据以上几种标准选择的字根可称做"基本字根"，而没有选中的字根都可拆分成几个基本字根。

4.2.2 字根间的结构关系

在五笔字型输入法中,汉字是由字根组成的。许多汉字是由1~4个字根组成的。字根间的位置关系可以分为4种类型,通俗地称为"单、散、连、交"。

1. 单字根结构

单字根结构简称为"单",应理解为单独成为汉字的字根,即这个汉字只有一个字根。具有这种结构的汉字包括键名汉字与成字字根汉字,如键盘〈G〉键分配的字根"王",它是键名汉字,结构为"单"。"五"也在〈G〉键中,称之为成字字根,结构为"单"。另外5种单笔画字根也属于这种结构。

2. 散字根结构

散字根结构简称为"散",指构成汉字的基本字根之间保持有一定的距离,如"江、汉、字、照"等。这样组成的字有一个特点,就是字根间保持一定的距离,即字根有一个相互位置关系,既不相连也不相交。这个位置关系分别属于左右、上下之一。

小技巧

散结构汉字只属于左右型、上下型。

3. 连笔字根结构

连笔字根结构简称为"连","连"是指一个基本字根与一单笔画相连,这样组成的字称为连结构的字。

五笔字型中字根间的相连关系特指以下两种情况:

1)单笔画与某基本字根相连,其中此单笔画连接的位置不限,可上可下,可左可右,如图4-9所示。

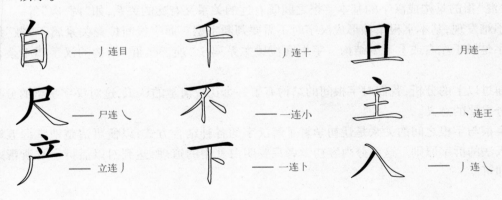

图4-9 字根相连

单笔画与基本字根有明显间距者不认为相连。如"个、少、么、旦、幻、旧、乞"等。

2)带点结构认为相连,如"勺、术、主、义、斗、头"等。这些字中的点以外的基本字根其间可连可不连,可稍远可稍近。

规定孤立点与基本字根之间一律按相连关系处理,如:主、义、卞等。

由此可见,基本字根与单笔画相连之后形成的汉字,都不能分解为几个能保持一定距离的部分,因此,这类汉字只能是杂合型。注意以下的字不是字根相连:"足、充、首、左、页、美、易、麦"。

4. 交叉字根结构

交叉字根结构简称为"交",这种类型是指由两个或多个字根交叉叠加而成的汉字,主要特征是字根之间部分笔画重叠,如图4-10所示。

里 —— 日交土　　　果 —— 日交木

心 —— 心交丿　　　申 —— 日交丨

图4-10　交叉字根结构

一切由基本字根交叉构成的汉字,基本字根之间是没有距离的,因此,这一类汉字的字型一定是杂合型。另外还有一种情况是混合型,即几个字根之间既有连的关系,又有交的关系,如"丙、重"等。

5. 混

"混"指的是构成汉字的基本字根之间既有连的关系又有交的关系,如"两、肉"等。

不难发现,基本字根单独形成汉字时不需要判断字型。而字根间位置关系属于"散"结构的汉字是属于左右或上下型结构。字根间位置关系属于"连、交、混"结构的汉字属于杂合型结构。

通过以上的分析,我们对字根间的结构有了一个比较清楚的认识,这对汉字字型的分类有着十分重要的意义。

字根与字根之间的关系是让初学者了解汉字的各种结合方式,以便更清楚地掌握五笔字型输入法的拆字原则。这部分内容初学者只要明白其中的道理,达到对以后拆字有所帮助的目的即可。

4.2.3　汉字的3种字型结构

由于汉字是一种平面文字,同样的几个字根,在不同的汉字中摆放的位置就有可能不同,这种情况,称这些汉字的"字型"不同。汉字的字型指的是字根在构成汉字时,字根与字根间的位置关系。字型不同,汉字就不同。例如:"叶"与"古","叻"与"另"等。字型是汉字的一种重要特征信息。了解这一点,对于确定多字根的汉字类型以及分解多字根汉字是非常必要的。因为在向计算机输入汉字时,仅仅输入组成汉字的字根可能还不足以表达清楚这个汉字,有时还需要告诉计算机那些输入的字根是怎样排列的,也就是补充输入一个字型信息,这就是下面要讲到的"末笔字型识别码"。

根据构成汉字的各字根之间的位置关系,可以把汉字分为三种类型:左右型、上下型、杂合型。按照它们拥有汉字的字数多少,把左右型命名为 1 型,代号为 1;上下型命名为 2 型,代号为 2;杂合型命名为 3 型,代号为 3,如表 4-3 所示。

表 4-3　汉字的字型

代　号	字　型	图　示	字　例	特　征
1	左右型	▯▯ ▯▯ ▯▯ ▯▯	利堆熄郭	字根之间可有间距,总体左右排列
2	上下型	▱ ▱ ▱ ▱	冒赢盗鑫	字根之间可以有间距,总体上下排列
3	杂合型	▣ ▢ ▢ ▢ ▢ ⊠ ▢ ▢	国凶网刁 乘夫还区	字根之间可以有间距,但不分上下左右 浑然一体不分块

下面分别介绍这 3 种字型。

1.　左右型汉字

左右型汉字包括两种情况:

1) 由左右两个部分组成,如"利、铜、他、打、讽"等,如图 4-11 所示。虽然"铜"和"讽"的右边也由两个字根构成,且这两个字根之间是外内型关系,但整个汉字的结构属于左右型。

2) 由 3 部分从左至右并列,或者单独占据一边的部分与另外两部分呈左右排列,如"树、招、勒"等,也属于左右型,如图 4-12、图 4-13 和图 4-14 所示。

图 4-11　左右两个部分

> 很明显由两部分合并在一起的汉字,可将其明显地分为左右两个部分,且之间有一定的距离,如图 4-11 所示。

图 4-12　左中右 3 部分

> 呈左中右排列的汉字,可将其明显地分为左、中、右 3 部分,如图 4-12 所示。

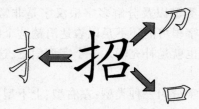

汉字的右侧分为上下两部分，如"招"字的右侧分为"刀"和"口"两部分，如图4-13所示。

图4-13　右侧分两部分

汉字的左侧分为上下两部分，如"勒"字的左侧为"廿"和"屮"两部分，如图4-14所示。

图4-14　左侧分两部分

2. 上下型汉字

上下型汉字包括以下两种情况：

1）由两部分分列上下，如"肖、沓、告"等，如图4-15所示。

2）由3部分上下排列，或者单独占据一层的部分与另外两部分呈上下排列，如"意、华、笤、丽"等，如图4-16、图4-17和图4-18所示。

很明显由上下两部分组成，且之间有一定的距离，如图4-15所示。

图4-15　上下两部分

呈上中下排列的汉字，可将其明显地分为上、中、下3部分，如图4-16所示。

图4-16　上中下三部分

汉字的上方分为左右两部分，如"华"字的上方分为"亻"和"匕"两部分，如图4-17所示。

图4-17　上方分两部分

图4-18 下方分两部分

> 汉字的下方分为左右两部分,如"筘"字的上方分为"扌"和"口"两部分,如图4-18所示。

3. 杂合型汉字

杂合型汉字主要包括独体字、半包围、全包围等汉字,这些汉字组成整个汉字的各部分之间没有简单明确的左右或上下型关系。如"凹、迟、国、凸、夫、灰"等,如图4-19、图4-20和图4-21所示。

图4-19 独体字

> 独体字是一个囫囵的整体,所以字根间没有明显的结构关系,如图4-19所示。

图4-20 半包围结构

> 在半包围结构的汉字中,一个字根并未完全包围汉字的其余字根,如图4-20所示。

图4-21 全包围结构

> 在全包围结构的汉字中,一个字根完全包围了汉字的其余字根,如图4-21所示。

纵观汉字的字型分析与结构分析,可以归纳如下:

1)基本字根单独成字,在将来的取码中有专门的规定,因而不需要判断字型;

2)属于"散"的汉字,才可能有左右,上下型;

3)属于"连"、"交"或"混合"的汉字,属于杂合型;

4)不分左右、上下的汉字,属于杂合型。

掌握了汉字的字型结构,对末笔字型识别码的学习有很大帮助。

练 习 题

一、填空题

1. 五笔字型把汉字分成 _____ 、_____ 和 _____ 。

2. 五笔字型输入法中,汉字的笔画分为 _____ 、_____ 、_____ 、_____ 、_____ 5 种,它们的代码分别是 _____ 、_____ 、_____ 、_____ 、_____ 。

3. 五笔字型输入法中规定:提笔归于 _____ ,竖左钩归于 _____ ,竖右钩归于 _____ 。

4. 五笔字型输入法把汉字的字型分为 _____ 、_____ 、_____ 3 种。

5. 由 _____ 而形成的 _____ 的结构，就叫做字根。字根是由 _____ 构成的。

二、简答题

1. 选取基本字根的标准主要有什么？基本字根共有多少个？

2. 将汉字分为 3 种字型的目的是什么？3 种字型的代号是什么？

3. 组成汉字的字根之间的结构关系有哪几种？

五笔字型字根的键盘布局

在熟练地掌握了指法以及汉字构成的前提下，我们还要了解五笔字型字根所对应的键位，并通过理解记忆基本字根。

学习五笔字型要靠毅力，因为它需要记忆许多东西，如：字根及各字根在键盘上的位置等，而且还需要经常练习，只有这样才能真正熟练掌握，达到提高汉字输入速度的目的。

第 章

学习流程

五笔字型键盘设计

五笔字型字根的分布

五笔字型字根总表

五笔字型字根记忆

本章学习内容
- ◇ 五笔字型键盘设计
- ◇ 五笔字型字根的分布
- ◇ 五笔字型的字根记忆

本章要重点掌握的知识
- ◆ 熟悉字根分布
- ◆ 五笔字型字根图
- ◆ 五笔字型字根表
- ◆ 记忆五笔字型字根

5.1 五笔字型键盘设计

通过前面的介绍,大家已经清楚,基本字根的定义以及它所对应的字母键是五笔字型输入法的核心。下面就给大家介绍五笔字型字根在键盘上的分布规律。

5.1.1 字根的键位分布

根据键盘主体的 26 个英文字母键,五笔字型把基本字根分类划区,放在对应的英文字母键上。五笔字型的 130 种基本字根是按照其起笔代码,以及键位设计的需要,把主键盘分为 5 个大区,每个区又分为 5 个位,命名以区号,位号,即用 11～15、21～25、31～35、41～45、51～55 共 25 个代码来表示。

1. 区号和位号的定义原则

- 区号按起笔的笔画"横、竖、撇、捺、折"划分,如"目、早、由"的首笔均为竖,竖的代号为 2,所以它们都在 2 区,也就是说,以竖为首笔的字根其区号为 2。
- 一般来说,字根的次笔代号尽量与其所在的位号一致,如"干、白、门"的第二笔画均为竖,竖的代号为 2,故它们的位号都为 2,但并非完全如此。
- 单笔画与复笔画字根尽量与位号一致,例如,单笔画"一、丨、丿、丶、乙"都在第 1 位,两个单笔画的复合字根"二、刂、丿、冫、巛"都在第 2 位,三个单笔画的复合字根"三、川、彡、氵、巛"都在第 3 位,依此类推。

2. 键名

每个键位上一般安排 2～6 个字根,放在每个键位方框的左上角,字体较大的字根为键名或称为主字根。在以后的章节中将具体介绍此类键名字根的输入方法。

3. 同位字根

每个键位上除键名字根以外的字根被称为同位字根。同位字根可分为 3 类:单笔画、成字字根和其他字根。图 5-1 以图示方式列出了五笔字型中字根的分布情况。

掌握了以上这些规律和特点之后,五笔字型字根键位的记忆就比较容易了。

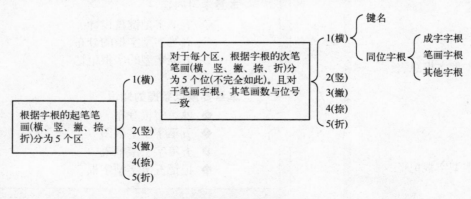

图 5-1　五笔字型中字根的分布情况

5.1.2　键盘分区

前面已经介绍过,130 种基本字根按照首笔笔画分为 5 类,分别对应键盘上的一个区,每个区又分为 5 个位,位号从键盘中部开始向键盘两端由 1 ~ 5 顺序进行排列,共 25 个键位,其中〈Z〉键为万能键,它不用于定义字根,而是用于帮助用户学习五笔字型。五笔字型中键盘分区及键位排列情况如图 5-2 所示。

3 区(撇起笔字根) ←					4 区(点、捺起笔字根)				
金 35Q	人 34W	月 33E	白 32R	禾 31T	言 41Y	立 42U	水 43I	火 44O	之 45P
1 区(横起笔字根) ←					2 区(竖起笔字根)				
工 15A	木 14S	大 13D	土 12F	王 11G	目 21H	日 22J	口 23K	田 24L	： ；
5 区(折起笔字根) ←									
Z	纟 55X	又 54C	女 53V	子 52B	已 51N	山 25M	< ,	> .	? /

图 5-2　五笔字型键盘分区

注意

在图 5-2 中 5 个区用粗线隔开,在图中没有给出每个键位对应的所有字根,而是只给出了键名字根,是让学习者掌握键盘 5 大分区的示意图,详细的键盘布局如图 5-3 所示。

5.2　五笔字型字根的分布

5.2.1　五笔字型键盘字根图

五笔字型的基本思想是由笔画组成字根。字根是相对不变的结构,和汉字中的偏旁部首大体相同,只是基本字根只有 130 个。字根组成汉字,因此准确记忆字根是拆字进而打字的基础。五笔字型字根分布如图 5-3 所示。

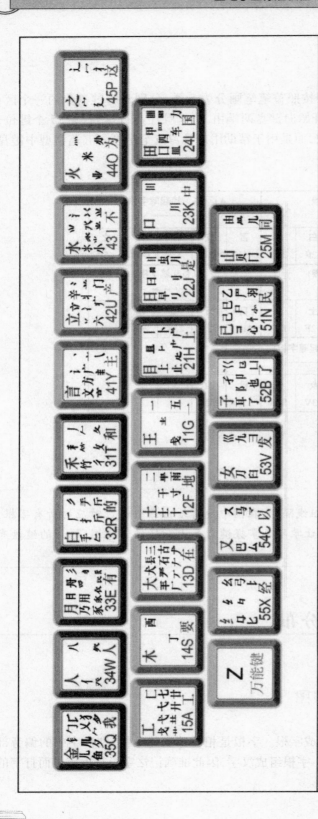

11 (G) 王旁青头戋（兼）五一，
12 (F) 土士二干十寸雨，
13 (D) 大犬三羊（羊）古石厂，
14 (S) 木丁西，
15 (A) 工戈草头右框七，

21 (H) 目具上止卜虎皮，
22 (J) 日早两竖与虫依，
23 (K) 口与川，字根稀，
24 (L) 田甲方框四车力，
25 (M) 山由贝，下框几，

31 (T) 禾竹一撇双人立，
反文条头共三一，
32 (R) 白手看头三二斤，
33 (E) 月彡（衫）乃用家衣底，
34 (W) 人和八，三四里，
35 (Q) 金勺缺点无尾鱼，犬旁
留叉儿一点夕，氏无七，

41 (Y) 言文方广在四一，
高头一捺谁人去，
42 (U) 立辛两点六门疒（病），
43 (I) 水旁兴头小倒立，
44 (O) 火业头，四点米，
45 (P) 之宝盖，摘ネ（示）ネ（衣），

51 (N) 已半巳满不出己，
左框折尸心和羽，
52 (B) 子耳了也框向上，
53 (V) 女刀九臼山朝西，
54 (C) 又巴马，丢矢矢，
55 (X) 慈母无心弓和匕，
幼无力

五笔字型字根助记词

图5-3 五笔字型字根分布图

5.2.2 键盘的区和位

在图 5-3 中每个键上的两位数字表示区位号,那么什么是区位号呢? 按照每个字根的起笔笔画,把这些字根分为 5 个区,横起笔的在 1 区,字母从 G 到 A;以竖起笔的在 2 区,字母从 H 到 L,再加上 M;以撇起笔的在 3 区,字母从 T 到 Q;以捺起笔的在 4 区,字母从 Y 到 P;以折起笔的在 5 区,字母从 N 到 X。

每个区有 5 个字母,每个字母占一个位,每个区的 5 个位从键盘中间开始向外扩展编号,叫做区位号,例如 1 区的 G 是第 1 位,它的区位号为 11;F 为 1 区第 2 位,区位号为 12;D 为 1 区第 3 位,区位号为 13。其他区以此类推,区位号的键盘分布如图 5-4 所示。

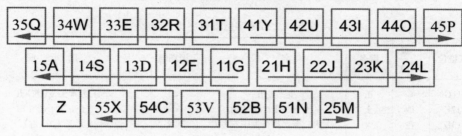

图 5-4 五笔字型键盘分区示意图

5.2.3 键名字根与同位字根

1. 键名

记忆 130 种字根的分布,这是学习五笔字型的难点。把 130 种基本字根安排到 25 个键上,每个键位一般安排 2 ~ 6 个基本字根。每一键对应一个英文字母键。读者可以先把 25 个键记住。键名是同一键位上全部字根最有代表性的字根。键名字根位于键面左上角。键名本身就是一个有意义的汉字(〈X〉键上的"纟"除外),键名字根图如图 5-5 所示。

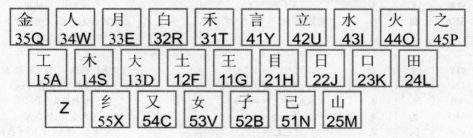

图 5-5 键名字根图

2. 同位字根

每个键位上除键名字根以外的字根称为同位字根。同位字根有这样几种,某些字根与键名形似或意义相同,如"土"和"士"、"日"和"曰"、"巳"和"己"、"廿"和"廾"等;对于某些字根其首笔既不符合区号原则,次笔更不符合位号,但它们与键位上的某些字根有所类同,如〈N〉键上的"忄"和"灬"等。

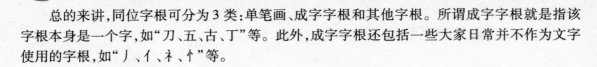

总的来讲,同位字根可分为3类:单笔画、成字字根和其他字根。所谓成字字根就是指该字根本身是一个字,如"刀、五、古、丁"等。此外,成字字根还包括一些大家日常并不作为文字使用的字根,如"丿、亻、礻、忄"等。

5.3 五笔字型字根总表

五笔字型输入法是将每个汉字拆分成若干个字根,再根据笔画顺序输入字根的编码(即键盘上的字母键)。每个键上的字根不止一个,如果不记住每个键所包含的字根,就不能准确、快速地输入汉字。五笔字型键盘字根总表如表5-1所示。

表5-1 五笔字型键盘字根总表

分区	区键位	一级简码	键名	字 根	识别码	助 记 词
1区横起笔	11G	一	王	王丰戈五一	⊖	王旁青头戈(兼)五一
	12F	地	土	土士二干丨十寸雨	⊜	土士二干十寸雨
	13D	在	大	大犬三丰严县石古厂ナア	⊜	大犬三(羊)古石厂
	14S	要	木	木西丁		木丁西
	15A	工	工	工戈弋弍卄廾廿匚匸七		工戈草头右框七
2区竖起笔	21H	上	目	目且上卜丨止止卢广	①	目具上止卜虎皮
	22J	是	日	日曰四早虫刂刂刂刂	⑪	日横早虫两竖依
	23K	中	口	口川川	⑩	口与川,二三里
	24L	国	田	田甲囗四罒皿罒车皿力		田甲方框四车力
	25M	同	山	山由贝门凵几		山由贝,下框几
3区撇起笔	31T	和	禾	禾禾竹竹丿彳亻攵夂	①	禾竹一撇双人立,反文条头共三一
	32R	的	白	白手扌手爫二厂斤斤	②	白手看头三二斤
	33E	有	月	月月用乃月舟月豕豕衣长	③	月彡(衫)乃用家衣底
	34W	人	人	人亻八癶祭		人和八,三四里
	35Q	我	金	金钅勹鱼乂儿几夕ク夕		金勹缺点无尾鱼,犬旁留叉儿一点夕,氏无七
4区捺起笔	41Y	主	言	言讠文方广丶亠圭丶	⊙	言文方广在四一,高头一捺谁人去
	42U	产	立	立立六辛丷丬冫丬广门	⑧	立辛两点六门疒(病)
	43I	不	水	水氺水丬丷小小业	⑨	水旁兴头小倒立
	44O	为	火	火业小灬米		火业头,四点米
	45P	这	之	之辶廴宀冖礻		之宝盖,摘礻(示)礻(衣)
5区折起笔	51N	民	已	已己巳乙コ尸尸心忄小羽	⊘	已半巳满不出己,左框折尸心和羽
	52B	了	子	子子耳阝卩已也凵山	⑬	子耳了也框向上
	53V	发	女	女刀九巛彐白	⑭	女刀九臼山朝西
	54C	以	又	又マ厶巴马		又巴马,县令底
	55X	经	纟	纟纟弓匕幺匕		慈母无心弓和匕,幼无力
"乙"代表的各类折笔			顺时针	﹄乛乛フ乛乙乚ㄣㄣㄋㄟㄋ	逆时针	﹂﹂乚乚乀乁乀乀乀

在表5-1中,给出了区号、位号,由区号、位号组成的代码和键位所对应的字母,每个字母所对应的笔画、键名、基本字根,以及帮助记忆基本字根的口诀等。

背记字根时,不要死记硬背字根总表。首先要看一个字根的第一笔画究竟是属于"横、竖、撇、捺、折"的哪一种,这样就可以知道这个字根在哪一个区,最后再看它在哪个键位上,一般情况下考虑字根的第二笔画,如字根"土",它的第二笔画为"竖",其代号为2,则将其放在第二个键位上。在记忆每个键所包含字根的过程中,一定要注意其内在的规律性,通过理解来记住字根总表。为了方便记忆,将每个区的每个键编写成顺口溜,要对应它们在键盘上的位置熟记熟背此口诀。

5.4　五笔字型字根的快速记忆

学习五笔字型要靠毅力,因为它需要记忆许多东西,例如字根及各字根在键盘上的位置等。

本部分将介绍几种记忆字根的有效方法,除了要了解五笔字型字根所对应的键位,并通过理解来记忆基本字根外。结合这些方法还需要经常练习,只有这样才能真正熟练掌握,为达到提高汉字输入速度的目的做好铺垫。

5.4.1　助记词理解记忆

为了方便记忆,王永民教授将每个区的每个键编写成顺口溜,要对应它们在键盘上的位置熟记熟背此口诀。下面分区进行讲述。

1. 第1区:横区

11(G)王旁青头戋(兼)五一

　　"王旁":指王字旁,如:理,王(G)、日(J)、土(F)。

　　"青头":指"青"字的头,即字根"龶",如:青,龶(G)、月(E)。

12(F)土士二干十寸雨

13(D)大犬三丰(羊)古石厂

　　"三丰(羊)":指"羊"字下半部分,即字根"丰",如:羊,丷(U)、丰(D)。

14(S)木丁西

15(A)工戈草头右框七

　　"草头":指草字的头,即字根"艹",如:茹,艹(A)、女(V)、口(K)。

　　"右框":指方框开口向右的字根"匚",如:框,木(S)、匚(A)、王(G)。

2. 第2区:竖区

21(H)目具上止卜虎皮

　　"具上":指"具"字上面一半的字根"且",如:具,且(H)、八(W)。

　　同时"上"也是一个字根。

　　"虎皮":指"广"、"卢"两个字根,如:虎,卢(H)、七(A)、几(M)。

22(J)日横早虫两竖依

　　"日横":指像日字横着的字根"⊞",如:象,勹(Q)、⊞(J)、豕(E)。

　　"依":为了压韵,并不是字根。

23(K)口与川,二三里

　　"二三里":指"口"、"川"这两个字根在23这个键位里。

24(L)田甲方框四车力

　　"方框":指字根"囗",即内外结构的一类汉字,与口字不同。如:国,囗(L)、
　　王(G)、丶(Y)。

25(M)山由贝,下框几

　　"下框":指方框开口向下,即"冂",如:同,冂(M)、一(G)、口(K)。

3. 第3区:撇区

31(T)禾竹一撇双人立,反文条头共三一

　　"双人立":指字根"彳",如:往,彳(T)、丶(Y)、王(G)。

　　"反文":指字根"攵",如:败,贝(M)、攵(T)。

　　"条头":指"条"字的头,即字根"夂",如:条,夂(T)、木(S)。

　　"共三一":指上述字根都在31这个键位上。

32(R)白手看头三二斤,

　　"手":指字根"手"和"扌",如:扶,扌(R)、二(F)、人(W)。

　　"看头":指"看"字的头,即字根"≠"。如:质,厂(R)、十(F)、贝(M)。

33(E)月丹(舟)乃用家衣底

　　"家衣底":指"家"字和"衣"字的底部,即字根"豕"和"ド",如:家,宀(P)、豕(E)。

34(W)人和八,三四里

35(Q)金勹缺点无尾鱼,犬旁留叉儿一点夕,氏无七

　　"勹缺点":指"勹"字无中间的点,即字根"勹",如:句,勹(Q)、口(K)。

　　"无尾鱼":指"鱼"字无下边的横,即字根"鱼",如:鱼,鱼(Q)、一(G)。

"犬旁留叉"：指"犭"旁只留下像叉的字根"犭"，"叉"也指字根"乂"。如：猎，犭（Q）、丿（T）、廿（A）、日（J）；义，乂（Q）、丶（Y）。

"氏无七"：指"氏"字没有中间的七，即字根"厂"，如：氏，厂（Q）、七（A）。

4. 第4区：捺区

41（Y）言文方广在四一，高头一捺谁人去

"在四一"：指"言文方广"字根在41这个键位上。

"高头"：指"高"字的头，即字根"亠"，如：高，亠（Y）、冂（M）、口（K）。

"谁人去"：指把"谁"字的"讠"和"亻"去掉，即字根"圭"。如：难，又（C）、亻（W）、圭（Y）。

42（U）立辛两点六门扩（病）

"两点"：指"丷"、"丷"、"丬"、"ㅗ"等字根。

43（I）水旁兴头小倒立

"水旁"：指"水"、"氵"、"氺"、"ㅄ"等字根，如：江，氵（I）、工（A）。

"兴头"：指"兴"字的头，即字根"丷"和"ㅛ"，如：兴，ㅛ（I）、八（W）。

"小倒立"：指"小字"倒过来，即字根"业"和"业"，如：光，业（I）、儿（Q）。

44（O）火业头，四点米

"业头"：指"业"字的头，即字根"业"，如：业，业（O）、一（G）。

"四点"：指字根"灬"，如：杰，木（S）、灬（O）。

45（P）之宝盖，摘礻（示）衤（衣）

"之"：指"之"、"辶"、"廴"这三个字根，如：过，寸（F）、辶（P）。

"宝盖"：指"宝"字上半部分，即字根"宀"，如：安，宀（P）、女（V）。

"摘示衣"：指示字旁"礻"和衣补旁"衤"去掉"丶"、"ㄑ"后的"礻"字根，如：社，礻（P）、丶（Y）、土（F）。

5. 第5区：折区

51（N）已半巳满不出己，左框折尸心和羽

"已半巳满不出己"：对已、巳、己这三个字的字型特点进行的描述。

"左框"：指方框开口向左，即字根"コ"，如：官，宀（P）、コ（N）、丨（H）、コ（N）。

"折"：指"乙"、"乚"、"乛"、"乚"、"乛"等字根。

"心"：指"心"、"忄"这两个字根，如：怀，忄（N）、一（G）、小（I）。

52（B）子耳了也框向上

　　"框向上"：指方框开口向上。即字根"凵"，如：凶，乂（Q）、凵（B）。

53（V）女刀九臼山朝西

　　"山朝西"：指"山"字朝西，即字根"彐"，如：归，刂（J）、彐（V）。

54（C）又巴马，县令底

　　"县令底"：指"县"字和"令"字的下半部分，即字根"厶"和"マ"。

55（X）慈母无心弓和匕，幼无力

　　"慈母无心"：指"母"字没有中心的结构，即字根"口"。如：母，口（X）、一（G）、冫（U）。

　　"幼无力"：指"幼"字去掉旁边的"力"，即字根"幺"，如：慈，丷（U）、幺（X）、幺（X）、心（N）。

　　助记词读起来压韵，可方便记忆字根，在记忆时，应对照字根图，对助记词上没有的特殊字根，要个别再记忆一下，这样会取得更好的效果。

5.4.2　总结规律记忆法

　　学习五笔字型输入法，记住字根是关键，五笔字型的字根分配是比较有规律的，主要体现在以下几点。

1. 部分字根形态相近

　　我们知道，键名汉字是这个键位的键面上所有字根中最具有代表性的，即每条助记词的第一个字。25 个键位每键都对应一个键名汉字，因此，五笔字型把与键名相同的字根（如：〈N〉键上的"心、忄"，〈I〉键上的"水、氵"等）、形态相近的字根（如：〈A〉键上的"艹、廾、廿"，〈N〉键上的"已、己、巳"等）、便于联想的字根（如：〈B〉键上的"耳、卩、阝"等）定义在同一个键位上，编码时使用同一个代码即同一个字母或区位码。例如：〈G〉键上的"王"和"五"，〈L〉键上的"田"和"四"，〈D〉键上的"大"和"犬"，〈P〉键上的"之"和"辶"，〈W〉键上的"人"和"八"等。

2. 字根首笔笔画代号与区号一致，次笔笔画与位号一致

　　例如："戋"第一笔为横，次笔是横，在〈G〉键（编码 11），如图 5-6 所示。

图 5-6　戋：编码为 11，在〈G〉键上

"贝"第一笔为竖，次笔是折，在〈M〉键（编码 25）上，如图 5-7 所示。
"八"第一笔为撇，次笔是捺，在〈W〉键（编码 34）上，如图 5-8 所示。
"广"第一笔为捺，次笔是横，在〈Y〉键（编码 41）上，如图 5-9 所示。

图 5-7 贝:编码为 25,在〈M〉键上

图 5-8 八:编码为 34,在〈W〉键上

图 5-9 广:编码为 41,在〈Y〉键上

"了"第一笔为折,次笔是竖,在〈B〉键(编码 52)上,如图 5-10 所示。

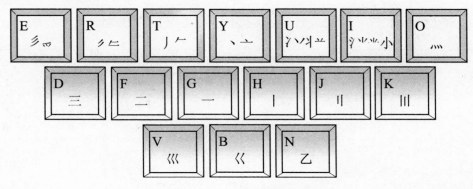

图 5-10 了:编码为 52,在〈B〉键上

3. 字根的笔画数与位号一致

单笔画"一、丨、丿、丶、乙"都在第一位,两个单笔画的复合笔画如"二、刂、彡、冫、巛"都是在第二位,3 个单笔画复合起来的字根"三、川、彡、氵、巛",其位号都是 3,以此类推。它们的排列规律如图 5-11 所示。

图 5-11 笔画排列规律

还有 12 个不符合上述三个规律的字根,需要另外记忆,它们是"虫(F)、县(D)、西(S)、丁(S)、车(L)、力(L)、彳(T)、羽(N)、彐(V)、白(V)、巴(C)、马(C)"。

4. 框形字根的分布

方框 L 口、上框 B 凵、下框 M 冂、左框 N 匚、右框 A 匚,如图 5-12 所示。

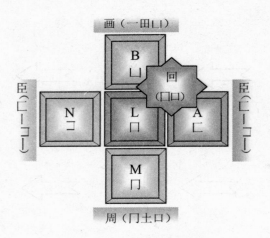

图 5-12　所有方框规律图

5.4.3　字根的对比记忆

上面介绍了如何记忆基本字根,记住了基本字根,再把那些与基本字根相似的辅助字根进行对比记忆,就可以彻底记住所有字根。由于辅助字根与基本字根都非常相似,所以把它们放到一起进行对照记忆,对照表 5-2 只要看几遍,就能做到看到一个辅助字根,马上联想到相应的基本字根,从而达到彻底记住所有字根的目的。

表 5-2　基本字根与辅助字根对照表

基本字根	辅助字根	基本字根	辅助字根	基本字根	辅助字根	基本字根	辅助字根
戈	弋	手	乒	犬	大	日	曰囸
刂	刂刂	四	罒罓	夕	㐅夕	儿	儿
川	川	金	钅	灬	灬	豕	豕彑
攵	攵	手	扌乒	斤	厂斤		钅
水	氺	小	丷	业	业	辶	辶之
宀	冖	己	巳巳	阝	耳阝巴	纟	纟幺
匕	匕	乙	所有折笔	上	卜卜	月	月用
六	立	业	丷业	心	忄小	尸	尸
子	子了	廿	廿卅卄	厂	ナ尸厂	止	止
又	マ又厶						

5.4.4　易混字根对比记忆及辨析

在字根中有许多字根很相近,这是初学者在拆字过程中最大的难点。其实要解决这个问题并不困难,只要对较容易混的字根仔细分辨即可。下面就几种比较易混的字根进行简单的分析。

1. "癶"和"夗"

"癶"和"夗"这两个字根乍一看十分相近,在拆字过程中,如果混淆了这两个字根,就会发现很多字根本无法拆出正确的字根,更谈不上输入了。"癶"字根在〈W〉键上;"夗"则是由两个基本字根组成的,即"夕(Q)、巳(B)"。

例如,癸:癶　一　大　⊙　(WGDU)

怨:夕　巳　心　⊙　(QBNU)

仔细分辨这两个字根,找出类似的字,细心地对比,就不难发现它们的区别,这样在拆字过程中也能提高速度。

2. "匕"和"七"

"匕"和"七"这两个字根看上去也很相似,拆分时要注意它们的起笔不同,字根所在区位与起笔有关。

例如:比　匕　匕　⼄　(XXN)

东　七　小　⊙　(AII)

使用"匕"和"七"这两个字根拆字的汉字也有不少,在拆分过程中遇到这类字根可按例字给出的方法进行拆分。

3. "厶"和"乚"

"厶"和"乚"这两个字根虽然只有一"、"之差,但是如果不细加区分,拆字时也会造成错误连连,无法拆分需要的汉字。其中,"厶"在〈C〉键上,"乚"在〈N〉键上。

例如:充　亠　厶　儿　⑧　(YCQB)

发　乚　丿　又　丶　(NTCY)

这两个字根并不多见,但也要弄清楚它们的区别,方便拆字也方便记忆。

4. "彡"和"川"

"彡"和"川"这两个字根虽然在字形上非常相近,但它们的使用还是有很大区别的。"彡"的起笔走向是撇,字根在〈E〉键上;而"川"的起笔是按竖算的。字根则是在〈K〉键上。

例如:须　彡　厂　贝　⊙　(EDMY)

顺　川　厂　贝　⊙　(KDMY)

5. "圭"和"圭"

"圭"和"圭"如果不仔细看,读者能看清楚这两个字的不同吗? 现在来把它们的不同详细地介绍一下。"圭"字根是由两个一样的基本字根"土"组合而成,它的输入方法是连击两次〈F〉键;而"圭"则是一个基本字根,它的键位是〈Y〉。

例如:佳　亻　土　土　㊀　(WFFG)

谁 讠 亻 主 ⊖（YWYG）

如果再遇到这类的字,只要仔细观察,就会发现它们的区别。也可按照例字对照进行拆字练习。

6.“弋”和“戈”

“弋”和“戈”也是非常形近的一组字根,但它们的位置都是在〈A〉键上,在输入过程中即使当时分不清楚,也还不至于影响拆字。它们使用上的区别主要体现的最末笔的识别上,“弋”的最末一笔为“丶”;“戈”的最末一笔是“丿”。初学者一定要分清楚这类区别。

例如:伐 亻 戈 Ⓙ（WAT）
　　　代 亻 弋 ⓨ（WAY）

7.“⺻”和“⺼”

“⺻”和“⺼”这两个字根不能说是相近了,如果不仔细分,几乎就是一样的。其实不然,仔细看一下,“⺻”的起笔走向是撇,该字根位于〈R〉键;“⺼”的起笔走向则是横,位于〈D〉键上。这下知道它们的根本区别在哪儿了吧?下面举例详细比较一下。

例如:看 ⺻ 目 ⊖（RHF）
　　　着 丷 ⺼ 目 ⊖（UDHF）

在拆字过程中遇到这类字根一定要注意,按照上例行分辨,就可拆出正确的字根。

5.5 五笔字型字根分区记忆

要掌握五笔字型基本字根所对应的键位,除了要通过理解来熟记助记词外,还要掌握比较简便的记忆方法,上一节中已经讲述了几种记忆方法,本节就通过五笔字型字根分区表来进行详细解说。读者可以结合5.4节中学到的方法来学习本节的内容。

5.5.1 第一区字根:横起笔

代码	字母	键名	笔形	基本字根		解说及记忆要点
11	G	王	一	王 ⺸ 五		键名和首二笔为11,五与王形近
				戈		首二笔为11
				一		横笔画数为1,与位号一致
				示例	王 ⺸ 戈 五 一 现 青 线 语 且	
				练习	理皇敖责钱残伍捂本天	
12	F	土	二	土士干		首二笔为12,士与土同形,干为倒土
				十 ⺀ 寸 雨		首二笔为12,⺀与十形似
				二		横笔画数为2,与位号一致
				示例	土 士 二 干 ⺀ 十 寸 雨 地 志 云 舍 革 协 过 雷	
				练习	垃壮示旱靳奔过尘霖岸趁壶嘲层勒稗薄霓埠鞍	

（续）

代码	字母	键名	笔形	基 本 字 根	解说及记忆要点
13	D	大	三	大犬石古厂ナナナ	首二笔为13，ナ等与厂形近，ナ用于尤、龙
				手尹彐	均与三形近，手、尹用于羊字底
				三	横笔画数为3，与位号一致
				示例　大 犬 三 手 尹 彐 古 石 厂 ナ ナ ナ 　　　　达 突 丰 羊 着 肆 故 矿 厌 页 右 尤	
				练习　庆羚春估伏左优磊压面差龙面承跋臭套辞俺有	
14	S	木		木	首笔与区号一致，首末笔为14
				西	首笔为1，下部像四，故处14键
				丁	双木为林，本三键为"丁西林"先生名
				示例　木 丁 西 　　　　树 可 要	
				练习　林牺町果可贾李寄配闲	
15	A	工	七	艹廾廿艹	属1区，形似。均与倒"工"似
				匚工	首二笔为15，工与匚形近，正反匚合为工
				七弋戈	首二笔为15，形同
				示例　工 艹 廾 廿 艹 七 弋 戈 匚 　　　　功 艺 弈 世 共 东 代 划 区	
				练习　贡草黄怄泄空式开民陈爆奔贰巨革晓花伐革扁	

5.5.2　第二区字根：竖起笔

代码	字母	键名	笔形	基 本 字 根	解说及记忆要点
21	H	目	⏽	目且	键名及相似形，3个洞
				上止止广卢	首二笔为21，卢与广相近，广只用于"皮"
				⏽卜⺊	竖笔画数为1，⺊为21，卜与⺊似
				示例　目 且 上 止 止 ⺊ 卜 广 卢 ⏽ 　　　　晴 具 叔 肯 走 贞 赴 虎 皮 巾	
				练习　眼直卡址足古仆虚颇引卜真自丰定卢虑步被让	
22	J	日	⏽⏽	日曰早	键名及其变形，复合字根均为2个洞
				虫四	形近，四为倒日，竖起笔，两个洞
				⏽⏽ ⺈⏽ ⺀⏽	竖笔画数为2，与位号一致
				示例　日 曰 四 早 ⏽⏽ ⺈⏽ ⺀⏽ 虫 　　　　明 冒 临 朝 坚 师 刘 蚊	
				练习　晶泪象竖井界蚕肃章虹槽而正兀蠡刺像弗韩帅	

（续）

代码	字母	键名	笔形	基本字根		解说及记忆要点
23	K	口	川	口		键名,口与K可联想,口内应无笔画
				川川		竖笔画数为3,川为变体
				示例	口 川 川 叫 带 顺	
				练习	品中训喊驯串问滞格同	
24	L	田		田口甲车		口为田字框
				四罒皿		竖(2)为首笔,定义为4,故为24
				力		外来户,读音为"Li",故为〈L〉键
				示例	田 甲 口 四 罒 皿 车 力 思 鸭 国 泗 罗 益 增 轮 边	
				练习	雷回闸轨黑温加历曼轰畴围钾東罢益珈轨曾德	
25	M	山		山由		首二笔为25,二者形似
				门贝几		首二笔为25,字型均似门和M
				示例	山 由 贝 门 几 峰 黄 财 滑 同 风	
				练习	出油页冈岑抽贡骨饥岩奥航岔猾费	

5.5.3 第三区字根:撇起笔

代码	字母	键名	笔形	基本字根		解说及记忆要点
31	T	禾	丿	禾禾		首二笔为31,禾与𥫗形近
				𠂉竹夂夊彳		首二笔为31,彳与竹似,夂与夊形近
				丿		撇笔画数为1,与位号一致
				示例	禾 𥫗 竹 丿 彳 夂 夊 𠂉 余 和 笔 必 行 放 条 午	
				练习	积除者复季彻数处笺微委涂币矢种彼敝备笆	
32	R	白		白斤		首二笔为32
				𠂇手扌手		撇(2)加两横,扌、手为手的变体
				斤厂斤		撇笔画数为2,斤首二笔为2个撇
				示例	白 手 扌 手 𠂇 斤 厂 斤 的 攀 打 看 气 勿 反 新 兵	
				练习	碧拿拜抛失后易折岳凰稗断拳挨牛盾场斥乒鬼	

（续）

代码	字母	键名	笔形	基本字根	解说及记忆要点
33	E	月	彡	月彡丹乃用罒	乃、用、丹与月形近，乃似3
				彡丷	撇(彡)加3点，故33。丷与彡形近
				彡豕彖伙似	撇笔画数为3，豕与彡似，伙、似为衣底
				示例 月 罒 丹 彡 丷 彡 乃 用 豕 彖 伙 似 服 且 般 衫 爱 豹 奶 角 家 毅 衣 展
				练习 朋助船拥珍采豺秀爱畏胺肯舶通参受很象豺仍
34	W	人	八	人亻	首二笔代号为34，亻即人
				八癶似	首二笔为34，其余与八象形
				示例 人 亻 八 癶 似 会 作 分 登 蔡
				练习 从份只察蹬夷雁谷擦办
35	Q	金	勹	金钅	键名
				勹ㄅ夕夂匚儿儿	首二笔为35，儿与儿似
				犭乂鱼	犭、鱼首二笔为35，乂、犭同为叉
				示例 金 钅 勹 鱼 犭 乂 儿 儿 夕 ㄅ 夕 匚 鉴 铁 的 鲁 狗 交 光 流 岁 饮 然 纸
				练习 鑫针构鱼狼义充荒软乐敖鉴兆鲜猫爻梳饥炙孵

5.5.4 第四区字根：捺起笔

代码	字母	键名	笔形	基本字根	解说及记忆要点
41	Y	言	丶	言讠	首二笔为41，亠与言形近
				亠广文方圭	首二笔为41
				丶	捺笔画数为1，与位号一致
				示例 言 讠 文 方 广 亠 古 丶 圭 丶 信 说 齐 芳 庆 育 高 及 谁 太
				练习 誓认刘及府京唯尺斥譬识斌访庇哀卞截宝
42	U	立	丷	立六亠辛门	与键名形似，特点是有两点，门为42
				疒	此键位以两点为特征，"疒"有两点
				丷丬氵灬	捺(点)笔画数为2，或两点同形
				示例 立 辛 丷 丬 氵 丬 六 立 门 疒 部 辞 美 豆 冷 北 交 商 间 病
				练习 暗宰冲头壮羊关旁冯疗站锌冰冬状善帝交乎间

（续）

代码	字母	键名	笔形	基本字根	解说及记忆要点
43	I	水	氵	水 氺 水 冫	均与键名"水"同源，与"氵"意同
				小 ⺌ ⺍ ⺌	均与三点近似
				氵	捺（点）起笔，笔画数为3，与键名同
				示例 水 氺 水 冫 氵 ⺍ ⺌ 小 ⺌ ⺌ 冰 承 泰 兆 汉 学 兴 京 肖 光	
				练习 森康永函淡觉检不党未凶姚求脊耙敝举陈策波	
44	O	火	灬	火	键名与灬为同源根
				米	外形有4个点，故处44键
				灬 ⺍ ⺌	均为4个点，灬与⺌意均为火
				示例 火 ⺍ ⺌ 灬 米 秋 业 赤 杰 粉	
				练习 灭庶兼显播点来伙亦亚	
45	P	之	辶	之 辶 廴	首二笔为45，意为"之"，辶与廴形似
				宀 宀	首二笔为45，宀与宀同为宝盖
				礻	首二笔为45，礻系衤与礻旁去末笔点
				示例 之 辶 廴 宀 宀 礻 芝 这 建 军 空 社 衬	
				练习 乏道廷字罕衫礼冠宏寇	

5.5.5 第五区字根:折起笔

代码	字母	键名	笔形	基本字根	解说及记忆要点
51	N	巳	乙	己已巳コ尸尸	首二笔为51
				心忄⺗	外来户，忄⺗为"心"的变体
				乙羽	折笔画数为1，与位号一致
				示例 己 已 巳 コ 乙 尸 尸 心 忄 ⺗ 羽 导 记 巨 艺 启 眉 想 怀 恭 翅	
				练习 凯民忆官卢声蕊慑舔翌添练扇追忆屏媚恭翔	
52	B	子	《	子孑了	首二笔为52
				阝耳卩巴也	首二笔为52，耳、阝同源，卩、巴同源
				《凵	折笔画数为2，与位号一致
				示例 子 孑 耳 阝 卩 巴 了 也 凵 《 李 孙 取 阶 却 仓 亨 他 画 粼	
				练习 屠陔最队那节宛好屯蒸孩好聂阿服枪疗凶耸	

（续）

代码	字母	键名	笔形	基本字根	解说及记忆要点
53	V	女	《	女刀	首二笔为53
				九	可认为首二笔为53,识别时用折
				《彐白	《为三折,彐白折(5)为首笔,形似三横(3)
				示例 女 刀 九 白 彐 《 委 分 杂 毁 寻 巢	
				练习 委切旭霓扫媳刃曳淄搜	
54	C	又	ム	又マ乄	键名首二笔为54,マ、乄为"又"变体
				巴马	折起笔,应在本区,因相容处于此位
				ム	首二笔为54
				示例 又 マ 乄 巴 马 ム 对 通 经 肥 妈 云	
				练习 坚轻令私爸骚疏离吧骤	
55	X	纟	纟	纟幺口	首二笔为55,与键名同形
				弓	首末笔为55
				匕匕	应在本区,因相容处于此位
				示例 纟 纟 口 弓 匕 匕 幺 线 乡 每 张 此 顷 幼	
				练习 纺雍互第幻龙批曳沸丝贯慈夷花纽能弟毋弯毕	

上述分区后的五表应结合字根总表进行理解式记忆,并通过示例和练习逐步熟悉字根在键盘上的位置,再加上通过上机强化记忆,就可为汉字的五笔字型输入打下坚实的基础。

练 习 题

一、填空题

1. 每个键位上一般安排 _____ 个字根,放在每个键位方框的 _____、_____ 的字根为键名或称为主字根。

2. 同位字根可分为 _____、_____ 和 _____。_____ 的称为成字根。

3. 键盘共分为 _____ 个区,每个区又分为 _____ 个位,每个区的第一位是从 _____ 开始。

二、简答题

1. 区号和位号的定义是什么?位号是否都为字根的次笔代号?

2. 键盘是按照什么规则进行分区的?

三、练习题

1. 根据下列所给基本字根,输入与它们相对应的键位字母:三 门 白 巴 灬 八 方 氵 巳 亠 勹 辶 幺 六 疒 月 彳 田

2. 根据下列所给的成字字根,输入与它们相对应的键位字母:五 立 子 马 人 女 川 用 早 具 西 金 心 了 文 衣 车 大

五笔字型的编码规则

通过了解汉字的结构特点，大家明白了汉字是由 5 种笔画经过各种复合连接或交叉而成的相对不变的结构（即字根），再由字根通过不同的位置关系构成。

五笔字型输入法正是以汉字的这一结构特点为原理，用优化选择出的 130 种基本字根组合出成千上万不同的汉字。而前面所讲述的内容，实际上是为了给本章所讲述的内容作辅垫。下面我们就开始学习如何使用五笔字型输入法输入汉字。

学习流程

- 汉字拆分的基本原则
- 汉字的输入规则
- 词组的输入规则
- 造词功能与词库升级

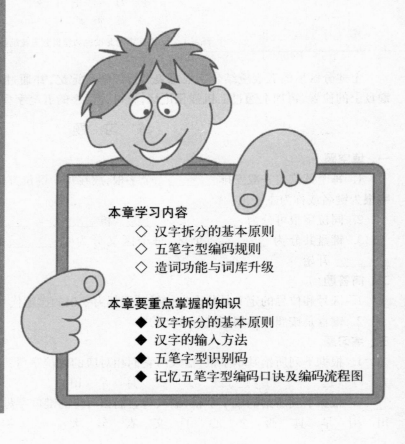

本章学习内容
- ◇ 汉字拆分的基本原则
- ◇ 五笔字型编码规则
- ◇ 造词功能与词库升级

本章要重点掌握的知识
- ◆ 汉字拆分的基本原则
- ◆ 汉字的输入方法
- ◆ 五笔字型识别码
- ◆ 记忆五笔字型编码口诀及编码流程图

6.1 汉字拆分的基本原则

由字根通过连或交的关系形成汉字的过程是一个正过程,现在要学习的则是它的逆过程——拆字。拆字就是把任意一个汉字拆分为几个基本字根,这也是五笔字型输入法在电脑中输入汉字的过程。

6.1.1 汉字拆分的基本原则

拆字就是把一个汉字拆分为几个独立的字根,拆分一个汉字应遵循的基本原则是:

1) 对于连笔结构的汉字应该拆成为单笔和基本字根。如:"千"拆成"丿、十";"主"拆成"、、王"等。

2) 对于交叉结构或交连混合结构的汉字,则按笔画的书写顺序拆分成几个已知的最大字根。最大字根的判断标准是,增加一个单笔画不能构成已知字根。如:"东"只能拆成"七、小",而不能拆成"一、乙、小"。

上述规则叫做"单体结构拆分原则"。拆分原则可以归纳为"书写顺序,取大优先,兼顾直观,能散不连,能连不交"。

1. 书写顺序

五笔字型规定:拆分"合体字"时,一定要按照正确的书写顺序进行,特别要记住"先写先拆,后写后拆"的原则。

"先写先拆,后写后拆"指的是按书写顺序,笔画在先则先拆,笔画在后则后拆,如"夷、衷"两个汉字的拆分顺序如图6-1所示。

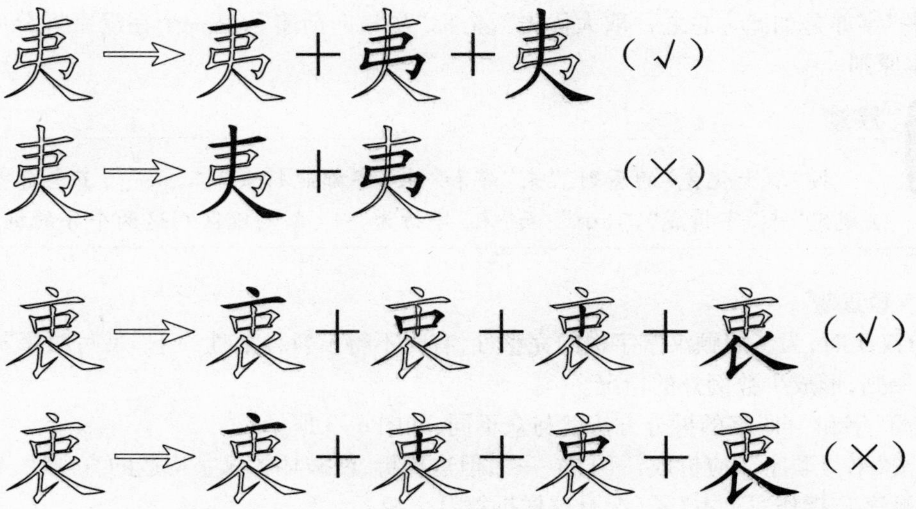

夷 → 夷 + 夷 + 夷 （√）

夷 → 夷 + 夷 （×）

衷 → 衷 + 衷 + 衷 + 衷 （√）

衷 → 衷 + 衷 + 衷 + 衷 （×）

图6-1 按"书写顺序"拆分原则

2. 取大优先

"取大优先",也叫做"优先取大"。这有以下两层意思。

1）拆分汉字时,拆分出的字根数应最少;

2）当有多种拆分方法时,应取前面字根大（笔画多）的那种。

也就是说,按书写顺序拆分汉字时,应当以"再添加一笔画便不能成为字根"为限度,每次都拆取一个"尽可能大"的,即"尽可能笔画多"的字根。下面再看图6-2中所列的各种按"取大优先"原则拆分的汉字。

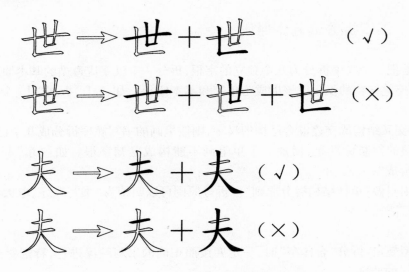

图6-2 按"取大优先"原则拆字

对于"世"字显然第二种拆法是错误的,因为其第二个字根"凵",完全可以和第一个笔画"一"结合,形成一个"更大"的已知字根"廿",也即再添加一笔画还是字根,故这种方法是不对的,"夫"字亦是如此。总之,"取大优先",俗称"尽量向前凑",是一个在汉字拆分中最常用到的基本原则。

 注意

> 按"取大优先"的原则,"未"字和"末"字都能拆成"二、小"。五笔字型输入法规定"未"字拆成"二、小",而"末"字拆为"一、木",以区别这两个字的编码。

3. 兼顾直观

拆分汉字时,为了照顾汉字字根的完整性,有时不得不暂且牺牲一下"书写顺序"和"取大优先"的原则,形成少数例外的情况。

如"固"字和"自"字的拆分方法就与众不同,如图6-3所示。

固:按"书写顺序",应拆成:"冂 古 一",但这样析,便破坏了汉字构造的直观性,故只好违背"书写顺序",拆作"囗 古"了(况且这样拆符合字源)。

自:按"取大优先",应拆成"彳乙三",但这样拆,不仅不直观,而且也有悖于"自"字的字源,这个字是指事字,意思是"一个手指指着鼻子"。故只能拆成"丿目",这叫做"兼顾直观"。

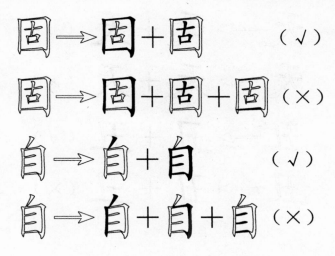

图 6-3　按"兼顾直观"原则拆字

4. 能散不连

如果一个汉字的结构可以视为几个字根的"散"关系,则不要视为"连"关系。但是有时候,一个汉字被拆成的几个字根之间的关系,可能在"散"和"连"之间模棱两可,难以确定。遇到这种情况时,处理的原则是"只要不是单笔画,都按'散'关系处理"。图 6-4 中以"否、占、自"来说明具体字型的判断。

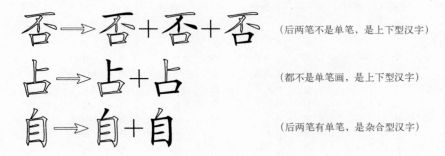

图 6-4　用"能散不连"判断字型

"能散不连"在汉字拆分时主要用来判断汉字的字型,字根间按"散"处理,便是上下型,按"连"处理,便是杂合型。

5. 能连不交

当一个字既可拆成"相连"的几个部分,也可拆成"相交"的几个部分时,我们认为"相连"的拆法正确。因为一般来说,"连"比"交"更为"直观"。如图 6-5 以"天"和"丑"两字为例,它们的拆分方法如下。

一个单笔画与字根"连"在一起,或一个孤立的点处在一字根附近,这样的笔画结构,叫做"连体结构"。以上"能连不交"的原则,可以指导我们正确地对"连体结构"进行拆分。

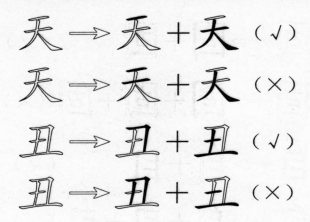

图 6-5 按"能连不交"原则拆字

6.1.2 常见非基本字根的拆分

表 6-1 ~ 表 6-5 所列常见非基本字根拆分表,其中各个字符的组字频率比较高,熟练掌握这些字符的拆分有助于提高对汉字的拆分能力,可以达到快速输入汉字的目的。随着水平的不断提高,就能逐步做到见字自然知其字根、知其拆分和编码。

表 6-1 常见非基本字根拆分表(横起笔)

字符	拆分	字符	拆分	字符	拆分	字符	拆分	字符	拆分	字符	拆分
戈	弋丿	末	一木	才	十丿	灭	一火	百	厂日	夫	二人
臣	匚丨コ	耒	二刂一	求	十氺、	太	大、	甫	一月丨、	下	一卜
匹	匚儿	井	二刂	弓	一卜乙	犬	大丶	不	一小	未	二小
巨	匚コ	韦	二乙丨	巫	工人人	丈	大ノ、	爽	大乂乂乂	曲	一门艹
瓦	一乙、乙	盂	干业	世	廿乙	兀	一儿	击	二山	市	一门丨
死	匚儿	戋	十戈	甘	艹二	尤	尤乙	于	一十	丙	一门人
无	二儿	耒	三小	革	艹三	夹	一丷人	夷	一弓人	牙	匚丿丨
正	一止	非	三刂三	廿	廿申	与	一乙丶	严	一业厂	戒	戈廾
西	西一	更	一口乂	厂	厂二乚	电	一曰乙	互	一彐一	生	丿主
手	三丨	亜	一口丨丿	东	七小	建	一彐止	友	ナ又	成	一乙主
夷	主勹	再	一门土	东	七乙八	万	厂乙	死	一夕匕	页	厂丿贝
巷	十山	考	土丿一乙	歹	一夕	豕	豕、	咸	厂一口丿	戌	厂一乙丨

表 6-2 常见非基本字根拆分表(竖起笔)

字符	拆分	字符	拆分	字符	拆分	字符	拆分	字符	拆分	字符	拆分
县	月一厶	卤	卜口乂	巾	门丨	电	曰乙	田	门刂三	曹	廿口主
曲	门艹	申	曰丨	央	门大	四	门刂	曳	曰匕	册	门门一
丹	门一	甩	月乙	里	田土	见	门儿	曲	门艹乙	虫	口丨一
冉	门土	禺	曰门丨、	果	日木	史	口乂	兕	口儿	里	曰土
收	丨丨匚丶	少	小丿	甲	曰十						

表 6-3　常见非基本字根拆分表（撇起笔）

字符	拆分	字符	拆分	字符	拆分	字符	拆分	字符	拆分	字符	拆分
乎	丿丷丨	舟	丿舟	壬	丿士	风	几乂	朱	二小	毛	丿二乙
乏	丿之	斥	厂ヨ乙	丢	丿士厶	夊	夂	无	二小	气	二十
奥	丿白人	卢	尸卜	熏	丿一四灬	勿	勹丿	夭	丿大	乒	二乙
鱼	丿田一	瓜	厂厶	重	丿一日土	匆	勹丿	矢	广大	身	白丿
彡	丿彡	乐	厂小	生	丿丰	匀	勹冫	失	二人	禹	丿口三
长	丿七	爪	厂丷	升	丿廾	匈	勹乂凵	牛	丿十	自	丿口门
垂	丿一廾士	币	丿门丨	毛	丿二七	匍	勹义凵	我	丿扌乙丿	角	丿门用
缶	丿一山	自	丿目	面	丿十白	兔	勹乙	华	亻匕	鸟	勹丶乙一
隹	二门	兔	丿丷丶	秉	丿一ヨ小	牛	二丨丨	冈	丿口夕	乌	丿丶乙一
		久	夂	舌	丿古	正	二丨止	斥	斤一	氏	

表 6-4　常见非基本字根拆分表（捺起笔）

字符	拆分	字符	拆分	字符	拆分	字符	拆分	字符	拆分	字符	拆分
羊	丷手	亥	亠乙丿人	户	丶尸	亡	亠乙	北	丬匕	义	丶乂
丷	丷尹	州	丶丿丨	良	丶ヨ丶	声	士尸	肃	丿米丨	尤	亠儿
羊	丷手	兆	氺儿	永	丶乙バ	疒	广艹丷	脊	氺人月	产	立丿
羊	丷丬丷	关	丷大	隹	亻圭	衤	衤	并	丷丨廾	酋	丷西一
酋	文凵	首	丷丿目	半	丷十	农	丶丷				

表 6-5　常见非基本字根拆分表（折起笔）

字符	拆分	字符	拆分	字符	拆分	字符	拆分	字符	拆分	字符	拆分
丑	乙土	臧	厂乙丿丨	叉	又丶	又	又丶	目	ㄱ二	弗	弓丿	噩	王口王口
彐	乙丨コ	卫	乙一	予	マ丁	卫	マコ	目	ㄱ二	聿	乙耳	母	口一
尹	ヨコ	丞	了バ一	发	乙丿又	乙	乙丿又	尺	尸丶	夬	コ人	乡	乡丿
聿	ヨ目	巫	乙止	刃	刀丶	刀	刀	艮	コ丶又	君	刀二	幽	幺幺山
隶	ヨ水	疋	乙止	出	乙凵乙	凵	凵山	毋	口丿	飞	乙丶	易	乙丿
艮	ヨ厶					乙	乙一	与	一乙一	书	乙乙丨		

6.2　键面字的输入

　　五笔字型将汉字编码规则划分为键面上有的汉字和键面上没有的汉字两大类。键面字包括键名汉字、成字字根和 5 个单笔画。下面将分别介绍它们的编码规则。

6.2.1　键名汉字的输入

　　各个键上的第一个字根，即"助记词"中打头的那个字根，我们称之为"键名"，键名汉字的输入如图 6-6 所示。

图 6-6　键名汉字的分布

键名汉字的输入方法是把所在的键连打 4 下(不需打空格键)。例如:

王:GGGG	金:QQQQ	月:EEEE
目:HHHH	工:AAAA	大:DDDD
禾:TTTT	口:KKKK	又:CCCC

因此,把每一个键都连打 4 下,即可输入 25 个作为键名的汉字。"键名"都是一些组字频度较高,且又是有一定代表性的字根,所以要熟练掌握。

小技巧

有些键名汉字也是简码,不用击全 4 次就可输入,只要在输入的过程中,注意看一下输入法状态条上的提示。

6.2.2　成字字根的输入

1. 成字字根的输入方法

字根总表之中,除键名以外,自身为汉字的字根,称之为"成字字根",简称"成字根"。除键名外,成字根一共有 102 个,如表 6-6 所示。

表 6-6　成字字根表

区　号	成 字 字 根
1 区	一五戋,士二干十寸雨,犬三古石厂,丁西,戈弋艹廾廿匚七
2 区	卜上止丨,曰刂早虫,川,甲口四皿车力,由贝门几
3 区	竹夂夊彳丿,手扌斤,乡乃用豕,亻八,钅勹儿夕
4 区	讠文方广亠,辛六疒广门,氵小,灬米,辶廴宀冖
5 区	己巳尸心忄羽乙,耳阝卩了也山,刀九巛白彐,厶巴马,幺弓匕

成字字根的输入方法为:先打字根本身所在的键(称之为"报户口"),再根据"字根拆成单笔画"的原则,打它的第一个单笔画、第二个单笔画,以及最后一个单笔画,不足 4 码时,加打一个空格键。这样的输入方法,可以写成一个公式:

报户口＋首笔＋次笔＋末笔(不足 4 码,加打空格键)

成字根的编码法,体现了汉字分解的一个基本规则:"遇到字根,报完户口,拆成笔画"。为了让读者更好地理解成字字根的输入方法,下面举例说明。

1) 刚好 3 画。成字字根刚好 3 画时,报户口后依次输入单笔画即可,如图 6-7 所示。

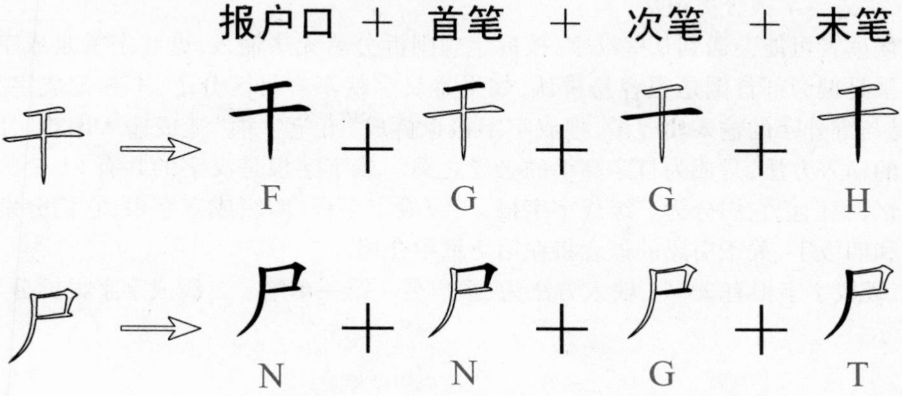

报户口 ＋ 首笔 ＋ 次笔 ＋ 末笔

干 → 干 ＋ 干 ＋ 干 ＋ 干
　　　F　　　G　　　G　　　H

尸 → 尸 ＋ 尸 ＋ 尸 ＋ 尸
　　　N　　　N　　　G　　　T

图 6-7　刚好 3 画的成字字根的输入举例

2）超过 3 画。成字字根超过 3 画时,报户口后依次输入第一、第二及末笔画即可,如图 6-8 所示。

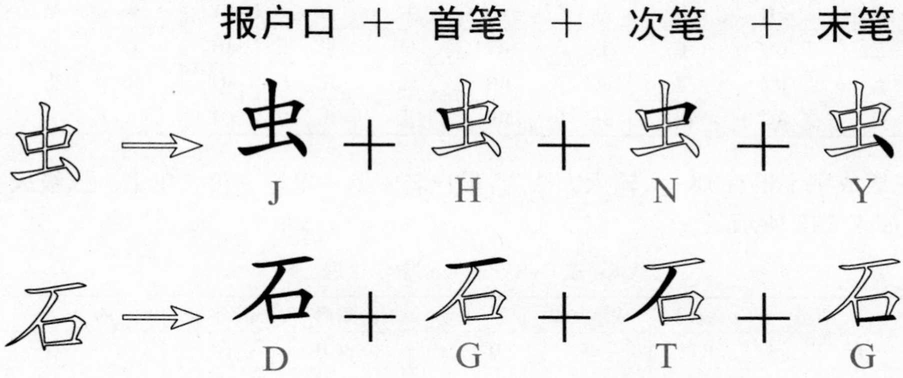

报户口 ＋ 首笔 ＋ 次笔 ＋ 末笔

虫 → 虫 ＋ 虫 ＋ 虫 ＋ 虫
　　　J　　　H　　　N　　　Y

石 → 石 ＋ 石 ＋ 石 ＋ 石
　　　D　　　G　　　T　　　G

图 6-8　超过 3 画的成字字根的输入举例

3）不足 3 画。成字字根不足 3 画时,报户口后依次输入第一、第二笔后再打一个空格键即可,如图 6-9 所示。

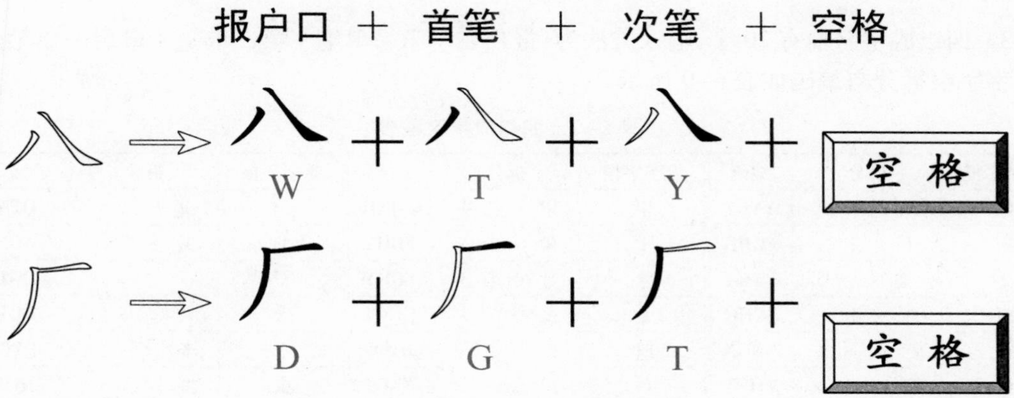

报户口 ＋ 首笔 ＋ 次笔 ＋ 空格

八 → 八 ＋ 八 ＋ 八 ＋ 空 格
　　　W　　　T　　　Y

厂 → 厂 ＋ 厂 ＋ 厂 ＋ 空 格
　　　D　　　G　　　T

图 6-9　不足 3 画的成字字根的输入举例

2. 汉字成字字根分类记忆

有时候读者可能会遇到某些汉字,按拆字规则拆分后无法输入,这些字就是成字字根,成字字根如果是偏旁部首倒是很容易辨认,如果是汉字就不容易区分了,不熟记成字字根的输入,很容易与键外字的输入相混淆,把成字字根也拆成"五笔字根"造成输入困难。因此熟记成字字根的输入方法,是成为打字高手的必经之路。成字字根是汉字的共有 61 个,为了便于学习和记忆,我们把它们分为二级成字字根、三级成字字根、四级成字字根,它们分别属于二、三级简码和四级字,关于简码的概念将在第 7 章中介绍。

1）二级成字字根有 23 个,输入方法为:报户名 + 第一单笔。二级成字字根拆分与编码如表 6-7 所示。

表 6-7　二级成字字根表

成字字根	拆分	编码	成字字根	拆分	编码	成字字根	拆分	编码	成字字根	拆分	编码
二	二 一	FG	九	九 丿	VT	车	车 一	LG	马	马 乙	CN
三	三 一	DG	力	力 丿	LT	用	用 丿	ET	小	小 丨	IH
四	四 丨	LH	刀	刀 乙	VN	方	方 丶	YY	米	米 丶	OY
五	五 一	GG	手	手 丿	RT	早	早 丨	JH	心	心 丶	NY
六	六 丶	UY	也	也 乙	BN	几	几 丿	MT	止	止 丨	HH
七	七 一	AG	由	由 丨	MH	儿	儿 丿	QT			

2）三级成字字根有 18 个,输入方法为:报户名 + 第一单笔 + 第二单笔。三级成字字根拆分与编码如表 6-8 所示。

表 6-8　三级成字字根表

成字字根	拆分	编码	成字字根	拆分	编码	成字字根	拆分	编码
斤	斤 丿 丿	RTT	耳	耳 一 丨	BGH	十	十 一 丨	FGH
竹	竹 丿 一	TTG	己	己 乙 一	NNG	厂	厂 一 丿	DGT
丁	丁 一 丨	SGH	古	古 一 丨	DGH	门	门 丶 丨	UYH
乃	乃 乙 乙	ETN	巴	巴 乙 丨	CNH	弓	弓 乙 一	XNG
廿	廿 一 丨	AGH	匕	匕 丿 乙	XTN	卜	卜 丨 丶	HHY
八	八 丿 丶	WTY	羽	羽 乙 丶	NNY	皿	皿 丨 乙	LHN

3）四级成字字根有 20 个,输入方法为:报户名 + 第一单笔 + 第二单笔 + 最后一单笔。四级成字字根拆分与编码如表 6-9 所示。

表 6-9　四级成字字根表

成字字根	拆分	编码	成字字根	拆分	编码	成字字根	拆分	编码
广	广 丶 一 丿	YYGT	甲	甲 丨 乙 丨	LHNH	夕	夕 丿 乙 丶	QTNY
士	士 一 丨 一	FGHG	雨	雨 一 丨 丶	FGHY	戈	戈 一 乙 丿	AGNT
文	文 丶 一 丶	YYGY	寸	寸 一 丨 丶	FGHY	石	石 一 丿 一	DGTG
西	西 一 丨 一	SGHG	戋	戋 一 一 丿	GGGT	犬	犬 一 丿 丶	DGTY
巳	巳 乙 一 乙	NNGN	日	日 丨 乙 一	JHNG	辛	辛 丶 一 丨	UYGH
贝	贝 丨 乙 丶	MHNY	尸	尸 乙 一 丿	NNGT	虫	虫 丨 乙 丶	JHNY
川	川 丿 丨 丨	KTHH	干	干 一 一 丨	FGGH			

6.2.3 5 种单笔画的输入

一般情况下,许多人都不太注意单笔画编码,5 种单笔画"一、丨、丿、丶、乙"在国家标准中都是作为"汉字"来对待的。在五笔字型中,照理说它们应当按照"成字根"的方法输入,即:

报户口 + 笔画(只有一个键) + 空格键

若按这种方法输入,这 5 个单笔画的编码成为:一(GG)、丨(HH)、丿(TT)、丶(YY)、乙(NN)。

除"一"之处,其他几个都很不常用,按"成字根"的打法,它们的编码只有 2 码,这么简短的"码"用于不常用的"字",有些浪费。因此,五笔字型中,将其简短的编码"让位"给更常用的字,人为地在其正常码的后边,加两个"L",以此作为 5 个单笔画的编码,如表 6–10 所示。

表 6–10　5 个单笔画的编码

单笔画	一	丨	丿	丶	乙
编码	GGLL	HHLL	TTLL	YYLL	NNLL

注意

这里之所以要加"L",是因为〈L〉键除了便于操作外,作为竖结尾的单体型字的识别键码是极不常用的,足以保证这种定义码的唯一性。以后我们会看到,24(L)键还可以定义重码字的备用外码。因此,24(L)键可以叫做"定义后缀"。

由以上可知,字根总表里面,字根的输入方法,被分为两类:第一类是 25 个键名汉字;第二类是键名以外的字根。

字根是组成汉字的一个基本单位。对键面以外的汉字进行拆分的时候,都要以拆成"键面上的字根"为准。所以,只有通过键名的学习和成字字根的输入,才能加深对字根的认识,才能分清楚哪一些是字根,哪一些不是。

6.3 键外字的输入

凡是"字根总表"上没有的汉字,即"表外字"或"键外字",都可以认为是"由字根拼合而成的",故称其为"合体字"。

绝大多数汉字是由基本字根与单笔画或几个字根组成,这些汉字称为键面以外的汉字。绝大多数汉字都是键面以外的字,所以这部分是本节的重点,根据拆字字根的数量,将其分为下面 3 种,下面举例说明。

6.3.1 正好 4 个字根的汉字

按汉字的书写笔画顺序拆出 4 个字根,再依次输入字根编码即可,如图 6–10 所示。

如果汉字拆分后的字根的个数超过4个或者不足4个,还要进行"截长补短"。

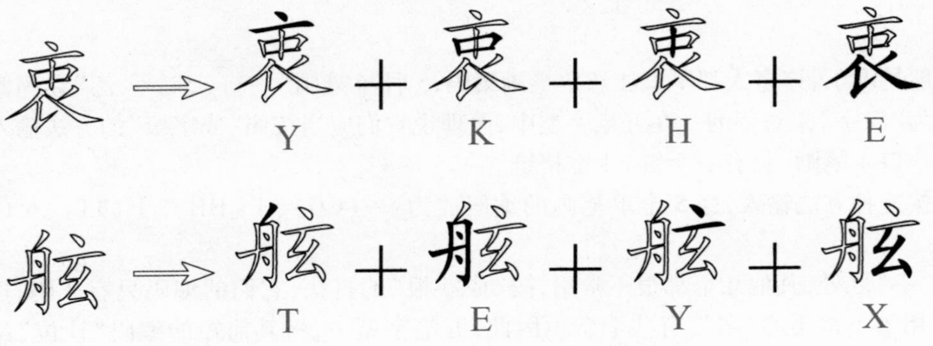

图 6-10　正好 4 个字根的汉字输入方法举例

6.3.2　超过 4 个字根的汉字

超过 4 个字根的汉字要进行"截长"。即将汉字按照笔画的书写顺序拆出若干个基本字根后,取第一、第二、第三和最末一个字根编码,如图 6-11 所示。

图 6-11　超过 4 个字根的汉字输入方法举例

6.3.3　不足 4 个字根的汉字

不足 4 个字根的汉字要进行"补短"。即凡是拆分成的字根不够 4 个编码时,依次输完字根码后,还需要补加一个识别码;如果还不足 4 码,则补打空格键。如何使用识别码,将在下一节进行讲解。不足 4 个字根的汉字输入如图 6-12 所示。

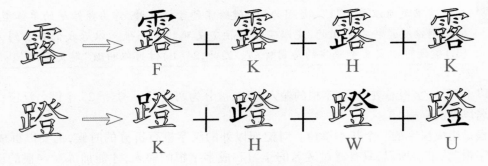

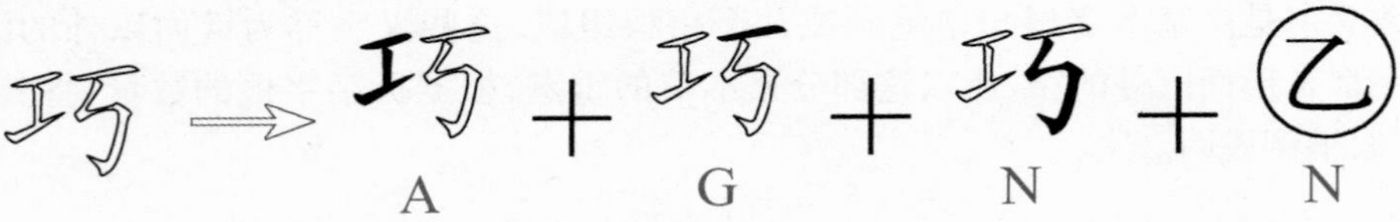

a)

图 6-12　不足 4 个字根的汉字输入方法举例

a)"三个字根 + 识别码"的情况

栖 → 栖 + 栖 + 一 + 空格
　　　　S　　　S　　　G

b)

图 6-12　不足 4 个字根的汉字输入方法举例(续)

b)"两个字根 + 识别码"的情况

6.4　末笔字型识别码

"五笔字型"编码的最长码是 4 码,凡是不足 4 个字根的汉字,我们规定字根输入完以后,再追加一个"末笔字型识别码",简称"识别码"。末笔字型识别码是为了区别字根相同、字型不同的汉字而设置的,只适用于不足 4 个字根组成的汉字。

6.4.1　末笔字型识别码

1. 为什么要加末笔字型识别码

构成汉字的基本字根之间存在着一定的位置关系。例如:同样是"口"与"八"这两个字根,它们的位置关系不同,就构成"叭"与"只"两个不同的字。字根"口"的代码为 K,"八"的代码为 W,这两个字的编码为:

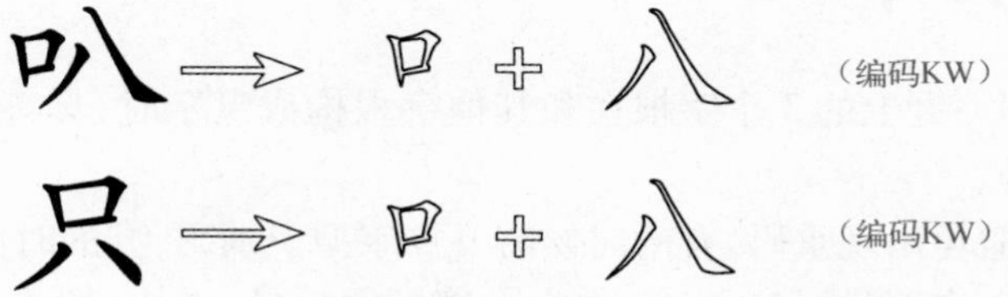

叭 ⟹ 口 + 八　　　(编码KW)

只 ⟹ 口 + 八　　　(编码KW)

两个字的编码完全相同,因此出现了重码。可见,仅仅将汉字的字根按书写顺序输入到电脑中还是不够的,还必须告诉电脑输入这些字根是以什么方式排列的,电脑才能认定选的是哪个字。若用字型代码加以区别,则是:

叭 ⟹ 口 + 八　　　编码: KW1(左右)

只 ⟹ 口 + 八　　　编码: KW2(上下)

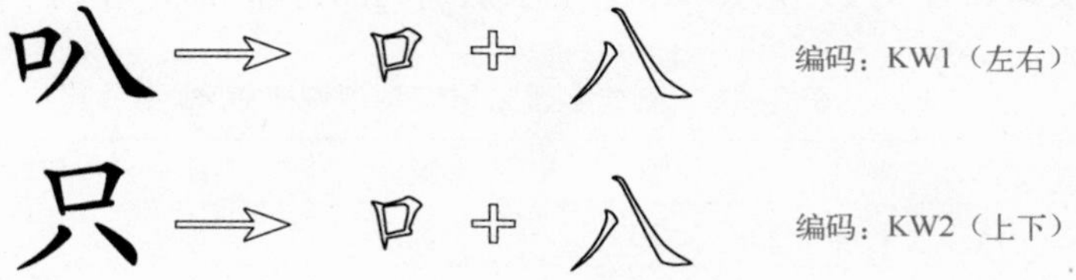

于是,这两字的编码就不会相同了,最后一个数字叫字型识别码。

但还有一些字,它们的字根在同一个键上而且字型又相同,如"沐、汀、洒"是由"氵"和〈S〉键上"木、丁、西"三个字根组成的,它们又都是左右型汉字,若用字型代码加以区别,则是:

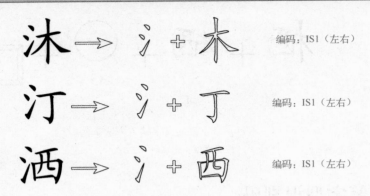

沐 ➡ 氵 + 木　　编码：IS1（左右）

汀 ➡ 氵 + 丁　　编码：IS1（左右）

洒 ➡ 氵 + 西　　编码：IS1（左右）

上面三个字虽然字根拆分不同，但它们的第二部分字根都在同一个键上（〈S〉键）。如果分别加一个字型代码，由于三个字都是左右（1）型，还是出现了重码。因此，仅将字根按书写顺序输入到电脑中，再用字型代码加以区别，也还是不够的，还必须告诉电脑输入的这些字根各有什么特点。若用末笔画代码加以区别，则变成：

沐 ➡ 氵 + 木　　编码：IS（捺）

汀 ➡ 氵 + 丁　　编码：IS（竖）

洒 ➡ 氵 + 西　　编码：IS（横）

这样就使处在同一键上的3个字根在和其他字根构成汉字时，具有了不同的编码。最后一笔叫做末笔识别码。

综上所述，为了避免出现重码，有的时候需要加字型识别码，有的时候又要加末笔识别码；如果以末笔画为准，以字型代码（1，2，3）作为末笔画的数量，就构成"末笔字型识别码"。如："字"的末笔画为横，它是上下（2）型字，则"字"的末笔识别码为两横（二）；"团"的末笔画为撇，它是杂合（3）型字，则"团"的末笔识别码为三撇（三）。追加末字型识别码后，重码的概率会大量减少，汉字的输入效率也大大提高。

末笔字型识别码如表6-11所示。末笔字型识别码的键盘分布如图6-13所示。

表6-11　五笔字型末笔字型识别码表

字型　　末笔		横	竖	撇	捺	折
		1	2	3	4	5
左右型	1	11（G）⊖	21（H）①	31（T）①	41（Y）⊙	51（N）⊿
上下型	2	12（F）⊜	22（J）⑪	32（R）⊘	42（U）⑤	52（B）⟪
杂合型	3	13（D）⊜	23（K）⑩	33（E）⊘	43（I）⑤	53（V）⟪

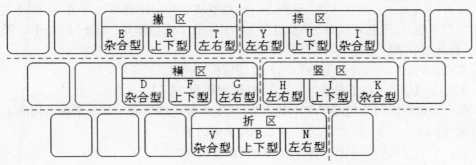

图 6-13　识别码键盘分布图

2. 末笔字型交叉识别码的判定

加识别码的目的是为了减少重码数,提高汉字的输入效率。关于末笔字型识别码多数五笔字型教材中都是用区号和位号进行编码定位的,这样使很多人望而生畏。本书将介绍一种简单的确定识别码的方法。这种方法读者不需要学区位号的概念,就可以轻松掌握识别码的应用,而且简单快捷。

(1) 对于 1 型(左右型)字,输入完字根之后,补打 1 个末笔画,即加上"识别码"。

如:腊:月 芈 曰 ⊖ (末笔为"一",1 型,补打"一")

蜊:虫 禾 刂 ① (末笔为"丨",1 型,补打"丨")

炉:火 、 尸 ⑦ (末笔为"丿",1 型,补打"丿")

徕:彳 一 米 ⊙ (末笔为"、",1 型,补打"、")

肋:月 力 ② (末笔为"乙",1 型,补打"乙")

(2) 对于 2 型(上下型)字,输入完字根之后,补打由 2 个末笔画复合而成的"字根",即加上"识别码"。

如:吕:口 口 ⊜ (末笔为"一",2 型,扑打"二")

弄:王 廾 ⑪ (末笔为"丨",2 型,补打"刂")

芦:艹 、 尸 ⊘ (末笔为"丿",2 型,补打"彡")

芮:艹 冂 人 ⑧ (末笔为"、",2 型,补打"氵")

冗:冖 几 ⑼ (末笔为"乙",2 型,补打"巛")

(3) 对于 3 型(杂合型)字,输入完字根之后,补打由 3 个末笔画复合而成的"字根",即加上"识别码"。

如:若:艹 ナ 口 ⊜ (末笔为"一",3 型,补打"三")

载:十 戈 车 ⑪ (末笔为"丨",3 型,补打"刂")

庐:广 、 尸 ⊘ (末笔为"丿",3 型,补打"彡")

逮:彐 氺 辶 ⑧ (末笔为"、",3 型,补打"氵")

屯:一 凵 乙 ⑼ (末笔为"乙",3 型,补打"巛")

6.4.2　使用末笔识别码应注意的事项

在识别末笔时,有如下规定,在使用时应特别注意:

1）对于"义、太、勺"等字中的"单独点"，这些点离字根的距离可远可近，很难确定其是什么字型，为简单起见，干脆把这种"单独点"与其相邻的字根当做是"相连"的关系。那么该字型应属于杂合型(3 型)。

如：义：、义 ③　　　　（末笔为"、"，3 型，识别码为"丷"）

太：大 、③　　　　（末笔为"、"，3 型，识别码为"丷"）

2）所有半包围型与全包围汉字中的末笔，规定取被包围的那一部分笔画结构的末笔。

如：迥：冂 口 辶 ⊜　　　（末笔为"一"，3 型，识别码为"三"）

团：口 十 丿 ⊘　　　（末笔为"丿"，3 型，识别码为"彡"）

3）对于字根"刀、九、力、巴、匕"，因为这些字根的笔顺常常因人而异，当以它们作为某个汉字的最后一个字根，且又不足 4 个字根，需要加识别码时，一律用它们向右下角伸得最长最远的笔画"折"来识别。

如：伦：亻 人 匕 ⊘　　　（末笔为"乙"，识别码为"乙"）

男：田 力 ⑾　　　（末笔为"乙"，识别码为"巛"）

4）"我、戈、成"等汉字应遵从"从上到下"的原则，取"丿"作为末笔。

关于字型有如下规则：

1）凡单笔画与字根相连或带点结构的字型都视为杂合型。

2）字型区分时，也用"能散不连"的原则。如：下、矢、卡、严等。

3）内外型、含字根且相交者、含"辶"字的这三类均属杂合型。如：因、东、进。

4）以下各字为杂合型：尼、式、司、床、死、疗、压、厅、龙、后、处、办、皮。与以上所列各字字型相近的均属杂合型。

5）以下各字为上下型：右、左、看、有、者、布、包、友、冬、灰。与以上所列各字字型相近的均属上下型。

末笔交叉识别码主要是用来区别可重复的两个字根或三个字根的汉字，当然有时字根虽少但可能不重复，也就不必输入识别码了。

6.5 五笔字型编码规则总结

在了解了五笔字型汉字输入的基本原则后，我们把上面的规律总结如下。首先来看一下五笔字型单字拆字取码的五项原则：

1）从形取码，其顺序按书写规则，从左到右，从上到下，从外到内。

2）取码以 130 种基本字根为单位。

3）不足 4 个字根时，输完字根后补打末笔字型交叉识别码。

4）对于等于或超过 4 个字根的汉字，按第一笔代码、第二笔代码、第三笔代码和最末笔代码的顺序最多只取 4 码。

五笔字型编码口诀

五笔字型均直观，依照笔顺把码编；
键名汉字击四下，基本字根需照搬；
一二三末取四码，顺序拆分大优先；
不足四码要注意，末笔字型补后边。

5）单体结构拆分取大优先。

这五项原则可以用方框中的"五笔字型编码口诀"来概括。

将"五笔字型"对各种汉字进行编码输入的规则画成一张逻辑图,就形成了一幅"编码流程图"。该图是"五笔字型"编码的"总路线","五笔字型"编码拆分的各项规则尽在其中,按照这张图进行学习和训练,可以使读者思路清晰。编码流程图如图6-14所示。

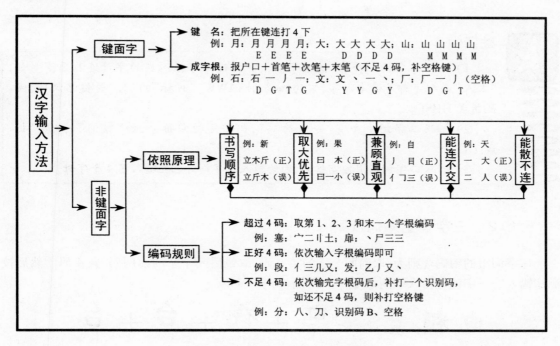

图6-14　"五笔字型"编码流程图

6.6　词组的输入

五笔字型中提供了输入词组的功能。输入词组时不需要进行任何转换,不需要再附加其他信息,可以与字一样用4码来代表一个词组。

6.6.1　二字词的编码规则

二字词在汉语词组中占有相当大的比重。熟练地掌握二字词的输入是提高文章输入速度的重要一环。

二字词在汉语词汇中占有相当大的比重。二字词的取码规则为:分别取该词中第一个字的第一、二个字根代码和第二个字的第一、二个字根代码,组成4码,然后按顺序输入。二字词输入举例如图6-15所示。

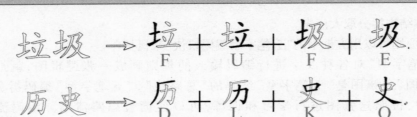

图 6-15　二字词输入举例

注意

　　1）如果二字词中含有"键名字根"，即把键名字根所在的字母连打 2 下。如"工人"两个字都是键名汉字，它的编码为 AAWW，"目标"的"目"是键名汉字，因此拆成 HHSF。

　　2）如果二字词中含有"一级简码"，仍必须把它拆分，如"我们"的"我"拆成 TR。

　　3）输入二字词不用按空格键，因为输入二字词时已经输入了 4 个字母。

6.6.2　三字词组编码规则

　　三字词组的编码规则为：取前两个字的第一码，取最后一个字的前两码，共 4 码。然后按顺序输入。三字词组输入举例如图 6-16 所示。

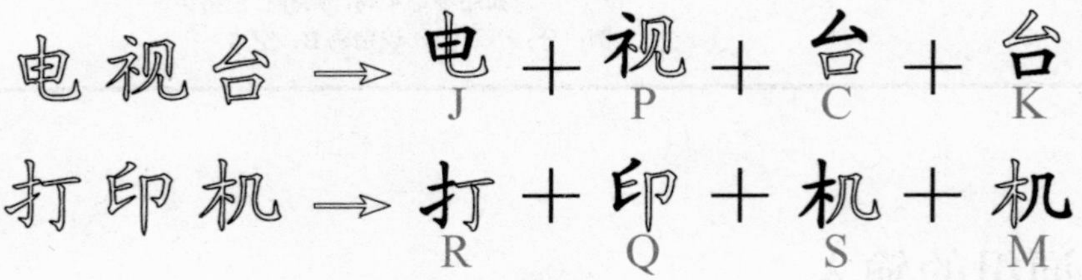

电视台 → 电 + 视 + 台 + 台
　　　　　J　　P　　C　　K

打印机 → 打 + 印 + 机 + 机
　　　　　R　　Q　　S　　M

图 6-16　三字词输入举例

6.6.3　四字词组编码规则

　　四字词组的编码规则为：取每个字的第一码，共为 4 码，再依次输入。四字词组输入举例如图 6-17 所示。

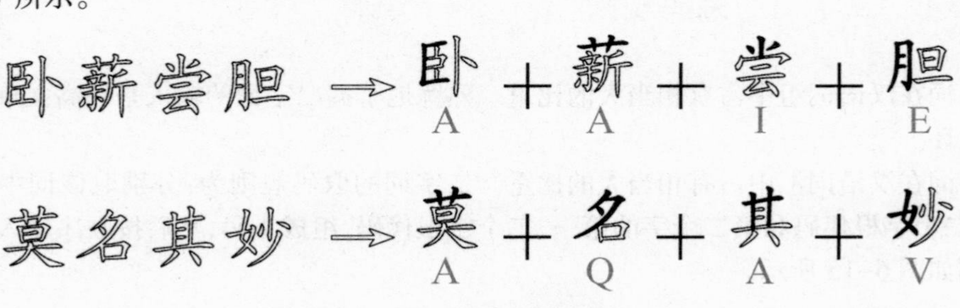

卧薪尝胆 → 卧 + 薪 + 尝 + 胆
　　　　　　A　　A　　I　　E

莫名其妙 → 莫 + 名 + 其 + 妙
　　　　　　A　　Q　　A　　V

图 6-17　四字词输入举例

6.6.4 多字词组编码规则

多字词组是指多于4个字的词组,当词组的字数多于4个时编码规则为:取第一、第二、第三、最末一个字的第一码,共为4码,然后依次输入。多字词组输入举例如图6-18所示。

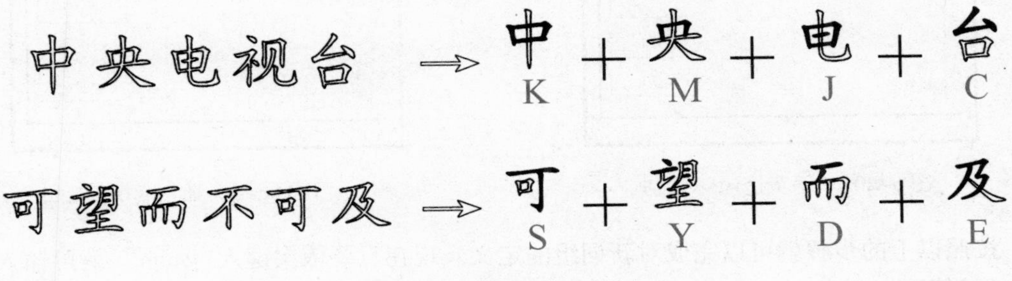

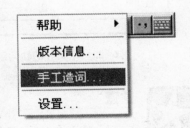

图6-18 多字词输入举例

6.7 造词功能与词库升级

虽然五笔字型输入法的词库里已经有了大量的词汇,但是由于工作或学习的需要,在输入汉字的过程中,有一些用户自己比较常用的词汇或专业词汇词库里却没有。五笔字型输入法针对这种情况设计了"手工造词"功能,这一功能大大方便了用户。

同时,随着五笔字型输入法的不断发展和完善,旧版的五笔字型输入法词库已经远远不能满足用户的使用需求,这就需要对词库进行升级了。在此对五笔字型输入法的造词功能及词库升级这两个问题进行简单介绍。

6.7.1 手工造词

1."手工造词"功能

使用"手工造词"功能定义新词组十分简单,可以按照示例来亲自实践一下。定义词组"一见钟情"的步骤如下:

1)在输入法的状态条上(除软键盘按钮外)单击鼠标右键,会弹出一个快捷菜单,如图6-19所示。

2)选择输入法快捷菜单中的"手工造词",系统将会弹出"手工造词"对话框,单击"造词"选项,选中造词功能,如图6-20所示。

图6-19 输入法快捷菜单

3)把要定义的词组"一见钟情"输入到"词语"栏中,"外码"栏自动提示用户所定义词组的编码为"gmqn",如图6-21所示。用户也可以自己定义词组的编码。

4)单击"添加"按钮,词组就会出现在对话框最下部的"词语列表"框内,如图6-22所示。

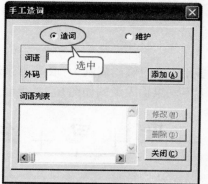

图 6-20　"手工造词"对话框

图 6-21　输入词汇

　　按照以上的步骤就可以完成对新词组的定义。现在只要依次键入"gmqn"，就可输入词组"一见钟情"。

　　定义新词组还有一种比较快捷的方法，即在遇到自己常用的词语时，可直接按下〈Ctrl + ~〉键，当输入法状态条左端第一个按钮字（即中英文切换按钮）变成了词，再将要定义的词语逐字（或词）输入，如"灰蒙蒙的天"，然后再次按下〈Ctrl + ~〉键，随即有一提示框出现，询问"是否将自定义词存入用户词库"，如图 6-23 所示，按〈Enter〉键确认后词就造好了，整个过程双手不需要离开键盘。

图 6-22　定义好的新词组

图 6-23　自定义词组对话框

 注意

　　1）词语输入后，只能按〈Ctrl + ~〉键或按〈Enter〉键来实现造词。2）在用此方法造词过程中，电脑自动给出词组的编码，用户不能改变造词词组编码。

　　2. 修改或清除自定义词组

　　在"手工造词"对话框中，单击"维护"选项，凡是用户自定义的词组都会出现在对话框下部的"词语列表"框内，如图 6-24 所示，这时用户就可以修改或删除词组了。

修改词语的具体步骤如下：

1）打开"手工造词"对话框，选择"维护"选项。

2）在"词语列表"框中选择要修改的词语。

3）单击"修改"按钮，弹出"修改"对话框，如图 6-25 所示。

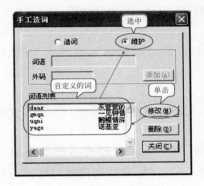

图 6-24 选择"维护"选项

图 6-25 "修改"对话框

4）在对话框的"词语"栏中可以修改词语；在"外码"栏中可以修改这个词组的编码，修改完成后，单击"确定"按钮即可。

删除词语的具体步骤如下：

1）打开"手工造词"对话框，选择"维护"选项。

2）在"词语列表"框中选择要删除的词语。

3）单击"删除"按钮，在弹出的图 6-26 所示对话框中选择"是"按钮，词语就会被删除。

图 6-26 "删除"对话框

6.7.2 五笔字型词库升级

五笔字型输入法具有强大的词组输入功能，词组输入是提高输入速度的重要方法，而词组数量的多少也成为直接关系到输入速度的一个关键。版本比较老的五笔字型输入法面临着词库急需升级的问题。下面简单介绍五笔字型输入法升级后自定义词库如何随之升级这方面的知识。

电脑用得时间长了，输入法词库中就会积累不少的自定义词组，这样才能加快文字输入速度、提高工作效率，因此词库文件要保存好。五笔字型输入法的用户词库不能在其他计算机上使用，重新安装操作系统时原来的词库文件也不能使用。这时，可以手工备份，在版本升级和遇到意外时来恢复它们。

各种五笔字型的词库文件名及所在位置如下：

（1）Office 2000 自带的五笔字型输入法

王码五笔型输入法 86 版词库文件为 winwb86．emb。

王码五笔型输入法 98 版词库文件为 winwb98．emb。

（2）王码五笔字型输入法（包括 WM9801 软件）

王码五笔型输入法 4.5 版词库文件为 wmch45．dat 和 wbxc45．inx。

王码五笔型输入法 98 版词库文件为 wmch. dat 和 wbxcgbk. inx。

（3）标准五笔字型输入法 WB－18030

词库文件为 wmch18. dat 和 wbxc18. inx。

上面三类五笔字型输入法的词库文件在 Windows 98/Me 系统中,在系统目录 Windows \ System 下;在 Windows 2000/NT/XP 系统中,在系统目录 Windows\System32 下。

（4）智能陈桥

智能陈桥词库文件为 userck. txt,所在文件夹为智能陈桥默认安装文件夹 C:\chenhu2 文件夹。

（5）万能五笔

万能五笔词库文件为 wnb. cz,所在文件夹为万能五笔默认安装文件夹 C:\! WNM 文件夹。

（6）极品五笔

极品五笔输入法的词库文件名为 jpwb. emb,在 Windows 98/Me 操作系统中,jpwb. emb 在\ Windows\System 下。Windows 2000/XP 操作系统,jpwb. emb 实际存放的位置与登录系统的用户名相关,一般在\Documents and Settings\你的用户名\Application Data\Microsoft\IME\jpwb 下。

 小技巧

只要记住相应的五笔字型输入法的词库文件的名字,就可以利用 Windows 的"查找"功能找到相应的文件进行备份或维护。

练 习 题

一、填空题

1. 单体结构拆分原则的四句口诀为_____、_____、_____、_____。

2. 键名键共有_____个,输入方法是_____。

3. 成字字根 = _____ + _____ + _____ + _____。

4. 键面上没有的汉字的输入方法是:超过 4 个字根的汉字取该字的_____和_____;正好 4 个字根的汉字按_____输入_____即可;不足 4 个字根的汉字输入_____后补打一个_____,仍不足时补打_____键。

5. 末笔字型交叉识别码是为了区别_____相同、_____不同的汉字而设置的,只适用于_____组成的汉字。

二、简答题

1. 五笔字型单字拆字取码的五项原则是什么?

2. 怎样使用汉字的末笔字型交叉识别码?

三、练习题

1. 难字拆分输入练习

下表是容易拆分错的字,读者先试着自行拆分,然后对照正确的进行总结,反复练习,记住这些难拆字。

A	蒙	APGE	艹冖一豕	萧	AVIJ	艹彐小川	尧	ATGQ	弋丿一儿
	藏	ADNT	艹厂乙丿	甚	ADWN	艹三八乙	巫	AWWI	工人人氵⃝
	茂	ADNT	艹厂乙丿	匹	AQV	匚儿巛⃝			
B	函	BIBK	了⺍凵川⃝	陆	BFMH	阝二山丨⃝	随	BDEP	阝𠂇月辶
	聚	BCTI	耳又丿水	亟	BKCG	了口又一	耳	BGHG	耳一丨一
C	矛	CBT	龴卩丿彡⃝	骤	CBCI	马耳又水	巴	CNHN	巴乙丨乙
	柔	CBTS	龴卩丿木	骋	CMGN	马由一乙	叉	CYI	又丶氵⃝
D	尴	DNJL	𠂇乙刂皿	万	DNV	丆乙巛⃝	碑	DRTF	石白丿十
	尬	DNWJ	𠂇乙人川	尤	DNV	尢乙巛⃝	鄞	DHDB	三丨三阝
	感	DGKN	厂一口心	臧	DNDT	厂乙丆丿			
E	肺	EGMH	月一冂丨	乃	ETN	乃丿乙	腾	EUDC	月䒑大马
	盈	ECLF	乃又皿㊁	貌	EERQ	爫豸白儿	鼐	EHNN	乃目乙乙
	乳	EBNN	爫子乙乙⃝	县	EGCU	月一厶冫⃝	遥	ERMP	爫𠂉山辶
F	考	FTGN	土丿一乙	未	FII	二小氵⃝	击	FMK	土山川⃝
	声	FNR	士尸彡⃝	域	FAKG	土戈口一			
G	曹	GMAJ	一冂龷日	瓦	GNYN	一乙丶乙	夹	GUWI	一䒑人氵⃝
	班	GYTG	王丶丿王	互	GXGD	一彑一㊂	夷	GXWI	一弓人氵⃝
	柬	GLII	一罒小氵⃝	敖	GQTY	龶勹攵丶⃝	末	GSI	一木氵⃝
H	凸	HGMG	丨一冂一	眸	HCRH	目厶𠂉丨	督	HICH	上小又目
	虎	HAMV	虍七几巛⃝	虐	HAAG	虍七匚一	眺	HIQN	目⺀儿乙⃝
	瞬	HEPH	目爫冖丨	瞌	HFCL	目土厶皿	卤	HLQI	⺊囗乂氵⃝
I	满	IAGW	氵艹一人	沛	IGMH	氵一冂丨	汇	IAN	氵匚乙⃝
	派	IREY	氵厂𧘇丶⃝	兆	IQV	⺀儿巛⃝	脊	IWEF	⺀人月㊁
J	临	JTYJ	刂𠂉丶罒	曳	JXE	日匕彡⃝	监	JTYL	刂𠂉丶皿
	禺	JMHY	日冂丨丶						
K	贵	KHGM	口丨一贝	踏	KHIJ	口止水日	鄙	KFLB	口十囗阝
	吃	KTNN	口𠂉乙乙⃝	跋	KHDC	口止犮又			
L	围	LFNH	囗二乙丨	罢	LFC	罒土厶	甲	LHNH	甲丨乙丨
	黑	LFOU	罒土灬冫⃝	辕	LFKE	车土口𧘇	转	LFNY	车二乙丶⃝

M	曲	MAD	冂共㈢	盎	MDLF	冂大皿㈢	赋	MGAH	贝一弋止
	典	MAWU	冂共八	冉	MFD	冂土㈢	贝	MHNY	贝丨乙丶
	丹	MYD	冂丶一	凹	MMGD	冂冂一㈢			
N	书	NNHY	乙乙丨丶	悭	NAGW	忄匚一人	憨	NBTN	乙耳夂心
	丑	NFD	乙土㈢	屉	NANV	尸廿乙㊣	屈	NBMK	尸凵山㊀
O	凿	OGUB	业一丷凵	糠	OYVI	米广彐水	粼	OQAB	米夕二巛
	燎	ODUI	火大丷小	烤	OFTN	火土丿乙	粮	OYVE	米丶彐㇏
P	赛	PFJM	宀二刂贝	农	PEI	宀𧘇丨	寨	PDUI	宀大丷小
	窗	PWTQ	宀八丿夕	宦	PAHH	宀匚丨丨	寓	PJMY	宀日冂丶
	宿	PWDJ	宀亻厂日	穿	PWAT	宀八二丿	冤	PQKY	宀𠂊口丶
Q	乌	QNGD	𠂊乙一㈢	印	QGBH	匚一卩①	卵	QYTY	匚丶丿丶
	鸟	QYNG	𠂊丶乙一	象	QJEU	𠂊囗豕㊂	饭	QNRC	𠂊乙厂又
	免	QKQB	𠂊口儿㊣	匈	QRYI	勹㐅丶丶	怨	QBNU	夕㔾心㊁
	贸	QYVM	匚丶刀贝	桀	QAHS	夕匚丨木	盥	QGIL	匚一水皿
R	鬼	RQCI	白儿厶㊂	牛	RHK	匕丨㊀	拜	RDFH	手三十①
	舞	RLGH	𠂉卌一丨	插	RTFV	扌丿十臼	缺	RMNW	匚山ユ人
	卸	RHBH	匚止卩①	捕	RGEY	扌一月丶	气	RNB	匚乙㊣
	卑	RTFJ	白丿十⑩						
S	甄	SFGN	西土一乙	酸	SGCT	西一厶夂	覃	SJJ	西早H
	瓢	SFIY	西二小丶	酗	SGQB	西一乂凵	榜	SUPY	木立冖方
	核	SYNW	木亠乙人	梅	STXU	木𠂉𢆉㊁	哥	SKSK	丁口丁口
T	片	THGN	丿丨一乙	乘	TUXV	禾丬匕V	升	TAK	丿卅㊀
	垂	TGAF	丿一廿土	秉	TGVI	丿一彐小	乏	TPI	丿之㊂
	身	TMDT	丿冂三丿	熏	TGLO	丿一囚灬	奥	TMOD	丿冂米大
	午	TFJ	𠂉十⑩	粤	TLON	丿口米乙			
U	养	UDYJ	丷𦍌丶刂	敝	UMIT	丷冂小夂	减	UDGT	冫厂一丿
	善	UDUK	丷手丷口	卷	UDBB	丷大㔾㊣	辛	UYGH	辛丶一丨
	美	UGDU	丷王大㊁	单	UJFJ	丷日十⑩	券	UDVB	丷大刀㊣
V	既	VCAQ	彐厶二儿	姬	VAHH	女匚丨丨	隶	VII	彐氺㊂
	鼠	VNUN	臼乙丬乙	舅	VLLB	臼田力㊣	旭	VJD	九日㈢
	臾	VWI	臼人㊂	媾	VFJF	女二刂土	媲	VTLX	女丿口匕

W	传	WFNY	亻二乙丶	舒	WFKB	人干口卩	伞	WUHJ	人丷丨⑪
	似	WNYW	亻乙丶人	追	WNNP	亻コ⊐辶	坐	WWF	人人土㊀
	傅	WGEF	亻一月寸	段	WDMC	亻三几又	舆	WFLW	亻二车八

X	缘	XXEY	纟彑豕⊙	颖	XTDM	匕禾厂贝	弓	XNGN	弓乙一乙
	贯	XFMU	𠃌十贝⑤	疆	XFGG	弓土一一	匕	XTN	匕丿乙
	疑	XTDH	匕广大疋	肆	XTDH	匕广大丨			

Y	卞	YHU	亠卜⑤	扁	YNMA	丶尸门卄	京	YIU	亠小⊙
	永	YNII	丶乙八⑤	夜	YWTY	亠亻夊丶	广	YYGT	广丶一丿
	州	YTYH	丶丿丶丨	赢	YNKY	亠乙口丶			

2. 识别码练习

这部分练习主要是针对初学者对识别码的使用还很陌生而设,练习者可根据正确的汉字拆分原则拆出字根,再按照末笔字型交叉识别码的原则先填好字根与识别码再进行练习。

例:把(扌巴 N)其中"把"字最后一笔为"折",字型为左右型。

卡( ) 坝( ) 邑( ) 亩( ) 尿( ) 宋( ) 论( )
尔( ) 柏( ) 亨( ) 弘( ) 户( ) 茧( ) 备( )
回( ) 泵( ) 卞( ) 场( ) 矿( ) 旷( ) 仅( )
亏( ) 奎( ) 坤( ) 吐( ) 推( ) 驮( ) 孕( )
扒( ) 咕( ) 洼( ) 企( ) 气( ) 垃( ) 兰( )
雷( ) 泪( ) 厘( ) 礼( ) 栗( ) 苗( ) 庙( )
利( ) 粒( ) 隶( ) 揩( ) 连( ) 凉( ) 晾( )
疗( ) 积( ) 压( ) 漏( ) 芦( ) 庐( ) 虏( )
掠( ) 吁( ) 仲( ) 臽( ) 诗( ) 誉( ) 双( )
耶( ) 屑( ) 码( ) 蚂( ) 吗( ) 买( ) 麦( )
枚( ) 伊( ) 仁( ) 刃( ) 秧( ) 捏( ) 冬( )
斗( ) 丹( ) 厅( ) 齐( ) 乞( ) 聂( ) 牛( )
农( ) 弄( ) 奴( ) 犯( ) 坊( ) 疟( ) 仰( )
舀( ) 呕( ) 艺( ) 刊( ) 看( ) 扛( ) 抗( )
扦( ) 闷( ) 浅( ) 羌( ) 巧( ) 蛊( ) 未( )

请在括号内填上识别码字母,然后把这些字输入电脑。

青( ) 钟( ) 予( ) 正( ) 市( ) 问( )
句( ) 看( ) 位( ) 伍( ) 回( ) 里( )
场( ) 吗( ) 住( ) 值( ) 井( ) 判( )
气( ) 把( ) 卷( ) 未( ) 户( ) 孔( )
见( ) 奇( ) 企( ) 告( ) 问( ) 固( )
元( ) 头( ) 午( ) 企( ) 自( ) 访( )

正( ) 兄( ) 付( ) 里( ) 奋( ) 未( )
企( ) 今( ) 谁( ) 走( ) 奇( ) 住( )
忙( ) 市( ) 青( ) 正( ) 见( ) 冬( )
伍( ) 齐( ) 羊( ) 钟( ) 予( ) 气( )
值( ) 井( ) 场( ) 声( ) 苗( ) 尺( )

3. 写出下列词组的五笔字型编码

职 业　　首 先　　强 调　　追 求　　加 强　　平 安
开幕词　　实验室　　年轻人　　计算机　　技术员　　运动员
一见钟情　　社会主义　　程序设计　　相敬如宾　一目了然　家喻户晓
科学工作者　　中国共产党　　人民解放军　　中华人民共和国
西藏自治区　　办公自动化　　五笔字型　　中央人民广播电台
王码电脑公司

简码、重码及容错码

五笔字型输入法是汉字输入法中一种广泛适用的输入方法，它的最大特点除了简便、快速以外，还有就是重码比较少，基本上不用选字，而且字词兼容，不需要换档。

在本章里，主要通过对简码、重码、容错码的介绍，让学习者更快更方便地使用五笔字型输入法。

学习流程

简码的输入

重码

容错码

〈Z〉键的使用

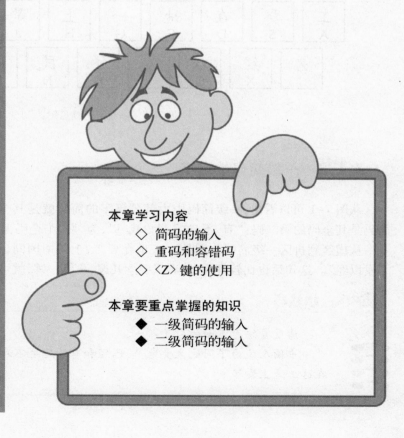

本章学习内容
◇ 简码的输入
◇ 重码和容错码
◇ 〈Z〉键的使用

本章要重点掌握的知识
◆ 一级简码的输入
◆ 二级简码的输入

7.1 **简码的输入**

　　为了提高输入汉字的速度,对常用汉字只取其前一个、两个或三个字根构成简码。因为末笔字型交叉识别码总是在全码的最后位置,所以,简码的设计会方便编码、减少击键次数。简码汉字共分三级。

7.1.1　一级简码的输入

　　一级简码也叫高频字,是用一个字母键和一个空格键作为一汉字的编码。在 25 个键位上,根据键位上字根的形态特征,每键安排了一个常用的汉字作为一级简码。注意一级简码与键名汉字的区别。在 25 个一级简码当中只有“工”和“人”既是键名汉字又是一级简码。图 7-1 为“一级简码键盘图”。在键盘上将各键打一下,再打一下空格键,即可打出 25 个最常用的汉字。

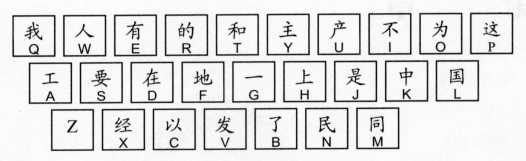

图 7-1　一级简码键盘图

7.1.2　一级简码的记忆

　　从图 7-1 可以看出,一级简码中大部分汉字的简码就是其全码的第一码;下面几个字的简码是其全码的第二码:“有、不、这”;而“我、以、为、发”与全码无关。

　　从横区到折区一级简码分别是:“一地在要工,上是中国同,和的有人我,主产不为这,民了发以经”。这句话也比较押韵,读者只要念几遍,再练一练,就可以记住了。

　　小技巧

　　　　请反复练习下面的句子:
　　　　中国人民为了同地主要地产,已经和有的地主不和了,我是中国的一工人,我在这工地上发了。

7.1.3　二级简码的输入

　　二级简码的输入方法是取这个字的第一、第二个字根代码,再按空格键。25 个键位最多允许有 625 个汉字可用于二级简码。由于二级简码是用单个字全码中的前两个字根的代码作为该字的简码,因此,会遇到一些很常用的字不是二级简码,而有些很不常用的字却是二级简码。二级简码输入举例如图 7-2 所示。

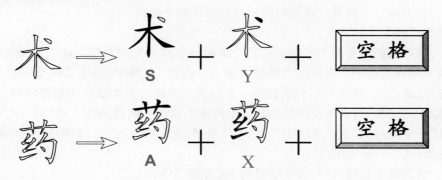

图 7-2　二级简码输入举例

　　五笔字型中二级简码共有 600 多个,其中全码只由二个字根组成的二级简码有 299 个。初学者在记忆时可以忽略不计。二级简码如表 7-1 所示。

表 7-1　二级简码表

	GFDSA	HJKLM	TREWQ	YUIOP	NBVCX
G	五于天末开	下理事画现	玫珠表珍列	玉平不来	与屯妻到互
F	二寺城霜载	直进吉协南	才垢圾夫无	坟增示赤过	志地雪支
D	三夺大厅左	丰百右历面	帮原胡春克	太磁砂灰达	成顾肆友龙
S	本村枯林械	相查可楞机	格析极检构	术样档杰棕	杨李要权楷
A	七革基苛式	牙划或功贡	攻匠菜共区	芳燕东　芝	世节切芭药
H	睛睦睚盯虎	止旧占卤贞	睡睥肯具餐	眩瞳步眯瞎	卢　眼皮此
J	量时晨果虹	早昌蝇曙遇	昨蝗明蛤晚	景暗晃显晕	电最归紧昆
K	呈叶顺呆呀	中虽吕另员	呼听吸只史	嘛嘀吵　喧	叫啊哪吧哟
L	车轩因困轼	四辊加男轴	力斩胃办罗	罚较　辚边	思团轨轻累
M	同财央朵曲	由则迥崭册	几贩骨内风	凡赠峭　迪	岂邮　凤嶷
T	生行知条长	处得各务向	笔物秀答称	入科秒秋管	秘季委么第
R	后持拓打找	年提扣押抽	手折扔失换	扩拉朱搂近	所报扫反批
E	且肝须采肛	肺胆肿肋肌	用遥朋脸胸	及胶腔　爱	甩服妥肥脂
W	全会估休代	个依便佃仙	作伯仍从你	信们偿伙	亿他分公化
Q	钱针然钉氏	外旬名甸负	儿铁角欠多	久匀乐炙锭	包凶争色
Y	主计庆订度	让刘训为高	放诉衣认义	方说就变这	记离良充率
U	闰半关亲并	站间部曾商	产瓣前闪交	六立冰普帝	决闻妆冯北
I	汪法尖洒江	小浊澡渐没	少泊肖兴光	注洋水淡学	沁池当汉涨
O	业灶类灯煤	粘烛炽烟灿	烽煌粗粉炮	米料炒炎迷	断籽娄烃糯
P	定守害宁宽	寂审宫军宙	客宾家空宛	社实宵灾之	官字安　它
N	怀导居　民	收慢避惭届	必怕　愉懈	心习悄屡忱	忆屁恨怪尼
B	卫际承阿陈	耻阳职阵出	降孤阴队隐	防联孙耿辽	也子限取陛
V	姨寻姑杂毁	叟旭如舅妯	九　奶婚	妨嫌录灵巡	刀好妇妈姆
C	骊对参骠戏	骠台劝观	矣牟能难允	驻骅　驼	马邓艰双
X	线结顷　红	引旨强细纲	纱绵级给约	纺弱纱继综	纪弛绿经比

7.1.4　二级简码的记忆

　　熟悉二级简码对快速输入汉字是很重要的,很多二级简码字,多输入一码反而不是所需要的字,只有再输入一码成四码全码时才可以。而多出两码不仅增加了输入的时间,同时也增加了输入的难度,因为后两码很有可能是识别码。

　　二级简码除掉一些空字,还有将近六百个,数量比较多,要想在短时间内熟记,就要采取一些特殊的记忆方法。下面就二级简码的记忆方法做如下介绍。

　　1. 淘汰二根字

　　这种方法就是把只有两个字根组成的二级简码字称为“二根字”,如:“来、加、开、吕、昌”等,这些字只要输入两个字根再加空格就可输入。此类“二根字”共有 299 个,这一部分可忽略,不必死记,输入“二根字”时,只需注意一下输入二字根后是否输入了想要的字,如不是,则要记住所输入的二根字,以免在以后的输入中再发生错误。例如:输入“扛”时,键入“扌(R)”+“工(A)”+空格后为“找”,则记住“找”为二根字,重新再输入“扛”时需加识别码。

　　2. 分类记忆

　　(1) 二级简码中是键名字、成字字根的字(共25个)

　　车　也　用　力　手　方　小　米　由　几　心　马　立
　　大　立　水　之　子　二　三　四　五　七　九　早

　　(2) 称谓词

　　奶　妈　姆　姑　舅　姨　夫　妻

　　(3) 动物名称

　　燕　驼　马　虎　蝗　蛤

　　(4) 按字形分类

　　把字形相近,即有相同偏旁、部首的字分组记忆,如“肖、峭、悄、宵”都有一个“肖”字,放在一起联想记忆,很容易记住。

　　牙　呀　　后　垢　　你　称　　给　蛤　答　　娄　搂　屡　　斩　渐　崭　惭
　　罚　楞　　格　客　　服　报　　各　格　客　　观　现　宽　　占　卤　站　粘
　　宫　官　　定　锭　　军　晕　　长　张　涨　　曾　增　赠　　可　苛　阿　啊
　　必　秘　　注　驻　　职　炽　　约　哟　药　　交　胶　较　　良　恨　限　艰
　　棕　综　　失　铁　　才　财　　比　批　楷　陛　脂　　少　吵　炒　纱　秒　砂
　　忧　怀　　昆　辊　　东　陈　　及　极　级　吸　圾　　轻　烃　　科　料
　　作　昨　　害　瞎　　收　叫　　知　矣　牟　允　充

　　(5) 把二级简码字编成口诀助记

　　春联没空进行列,绿杨屯南争能量。
　　平原离婚保持孤寂烽烟,
　　珍珠暗淡呼吸粗细面粉。
　　怪物早晨遇难部长理事高度增强紧张。
　　画家宾各注册然后决定参与协商实际前景。
　　年轻职称胆敢(审)检查社会学说提纲,

管理方法普及早晚争取得到明显成就。

3. 强记难字

对于那些笔画和字根较多、字型复杂不易归类的字，只有强记，再上机多练习就可达到熟记的目的。这类难字共有 55 个：

率　瓣　澡　煤　降　慢　避　愉　懈　绵　弱　纱　贩　晃　宛　晕　嫌　磁　联

霜　载　用　顾　基　睡　餐　哪　笔　秘　肆　换　曙　最　嘛　喧　爱　偿　遥

悄　互　第　或　毁　菜　曲　向　变

脸　胸　膛　胆　（与身体部位有关）

眼　睛　瞳　眩　（与眼睛有关）

小技巧

　　二级简码数量不少，建议初学者在使用输入法时，先将输入法设置为"逐键提示"，这样经过长时间的使用，哪些字为简码就可以很快掌握了。

从上例可以清楚地看出，应用二级简码的输入，不需要经过繁琐的拆分，只要牢记其前二笔的代码就行了，输入速度显然可以大大提高。

7.1.5　三级简码的输入

三级简码的输入方法是：取这个字的第一、第二、第三个字根的代码，再按空格键。选取时，只要该字的前三个字根能唯一地代表该字，就把它选为三级简码。这类汉字有 4400 个之多。此类汉字输入时不能明显地提高输入速度。因为在打了三码后还必须打一个空格键，也要按四键。但由于省略了最后的字根码或末笔码字型交叉识别码，故对于提高速度来说，还是有一定帮助的。三级简码输入举例如图 7-3 所示。

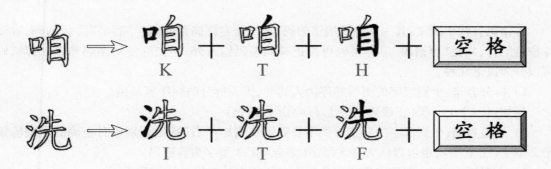

图 7-3　三级简码输入举例

另外，有时同一个汉字可有几种简码。例如"经"，就同时有一、二、三级简码及全码等四个输入码。如：经：(X)；经：(XC)经：(XCA)经：(XCAG)。这就为汉字输入提供了很大的方便。

7.2 重码和容错码

7.2.1 重码

重码就是指几个不同的汉字使用了相同的字根编码。例如：

在输入"去"字时会出现如图7-4所示的选单。

五笔型 fcu 1:去 2:支 3:云 4:运送d 5:支部k

图7-4 重码字

这时可用数字"1"选"去"字，用数字"2"选"支"字，用数字"3"选"云"字。

一个好的编码方案，既要求有较少的击键次数，又要求有较少的重码汉字。这两者之间是相互矛盾的，在五笔字型输入方法中，对重码汉字作了如下处理。

1) 输入重码汉字的编码时，重码字同时显示在提示行，而较常用的那个字排在第一个位置上，如果输入的就是那个比较常用的字，那么只管继续输入别的汉字，这个字会自动跳到正常编辑位置上去；如果输入的是那个不常用的字，则可根据它在屏幕底部提示行中该字的位置号按其相应的数字键，即可使它显示在编辑位置上。

2) 在一些汉字中所出现的重码字中，我们将其不太常用的那个重码字的最后一码一律用24(即L)键代替，作为它的容错码。

7.2.2 容错码

容错码有两个涵义：其一是容易搞错的码，其二是容许搞错的码。"容易"弄错的码，容许你按错的打，叫做"容错码"。容错码可按正确的编码输入外，还允许使用错码输入。容错码可以分为以下几种。

1) 拆分容错：个别汉字的书写顺序因人而异，因而拆分的顺序容易错。

例如：长：丿七、㇂(正确码)长：七丿、㇂(容错码)

2) 字型容错：个别汉字的字型分类不易确定。例如："右"确定识别码时正确的字型应该是2型字(上下型)，也可以认为是3型字(杂合型)，3型字为容错码。

3) 方案版本容错：五笔字型的优化版本与原版本的字根设计有些不同。

4) 定义后缀：即把最后一码修改为24(L)的字。

7.2.3 〈Z〉键的使用

五笔字型的输入编码只用了 A～Y 共 25 个键，〈Z〉键上没有任何字根。但这并不意味着〈Z〉键没有用处。〈Z〉键在五笔字型输入法中，被称为"帮助"键，它能够代替任何一个你还不明确的编码。若在输入汉字时,对某一个汉字的某一个编码不太确定,就可以用〈Z〉键来代替它。当使用了〈Z〉键后,会出现较多的重码,这时就要进行选择。

在五笔字型输入状态下输入汉字时:

1)当不知道字如何拆时,可用〈Z〉代替不会拆的部分;

2)当不知道字根在哪个键位上时,可用〈Z〉代替;

3)当不知道字的"识别码"时,都可以用万能学习键〈Z〉代替不知道的那个字根。而且,一旦用〈Z〉代替,相关字的正确码就会自动在字的后边提示。下面举例说明。

例如:要输入"燃"字,只知道第一个字根"火"与最后一个字根是"灬"当输入 OZZO 时,字根是"火"与最后一个字根是"灬"的字都显示出来。如果要选的字没有在首页显示,可按" + "向后翻页,找到要输入的字,按对应的数字键输入即可

总之,〈Z〉键作为一种帮助键,对初学者认识和记忆字根有一定的帮助。但是对于一个熟练使用者,是不喜欢在重码汉字中进行选择的。所以随着录入水平的提高,使用〈Z〉键的概率也就会变得越来越少。如果使用〈Z〉键查找难字,必须要设置"汉字编码提示"功能。

练 习 题

一、填空题

1. 简码的设计会通过_____、_____来达到提高输入速度的目的。简码汉字共分_____级。

2. 一级简码就是用_____和_____作为一个字的编码,共有__个,也称为_____。

3. 重码是指_____。

二、简答题

1. 二级简码是由什么构成的? 共有多少二级简码?

2. 什么是容错码? 它有什么作用?

3. 什么情况下使用〈Z〉键?〈Z〉键对初学者有什么好处?

三、练习题

1. 背熟一级简码,并上机进行练习。

2. 结合二级简码的记忆方式,练习二级简码的输入。

3. 上机验证〈Z〉键的作用。

8

第 章

汉字输入速度练习

在练习使用五笔字型汉字输入法的过程中，首先要注重练习手指协调性，掌握熟练的指法；其次是牢记基本字根总表及字根在键盘上的分布；第三是熟记常用字的编码（包括键名键及一级简码和部分常用的二级简码）；第四是在连续文本的输入中充分运用词组输入。另外，常用难字的经常性练习也很重要。以下按照速度练习的顺序分类列出了习题，连续文本的练习中标出了文本的字数，学员可边练习边测试速度。

学习流程

简码练习

识别码的练习

词汇练习

自由输入练习

本章学习内容
◇ 手指协调性练习
◇ 简码练习
◇ 识别码的练习
◇ 词汇练习
◇ 自由输入练习

本章要重点练习的知识
◆ 二级简码练习
◆ 识别码练习

8.1　手指协调性练习

习题特点:此题是专为协调手指而设计的,做完此题,你手指的协调性将大大提高。

要求:请输入以下汉字30遍。

相	世	下	东	江		睛	盯	居	吉	楞		档	面	志	职	汉
SH	AN	GH	AI	IA		HG	HS	ND	FK	SL		SI	DM	FN	BK	IC
刀	南	关	偿	炙		或	机	胆	伙	纪		台	杰	芝	历	甩
VN	FM	UD	WI	QO		AK	SM	EJ	WO	XN		CK	SO	AP	DL	EN

8.2　简码练习

8.2.1　二级简码练习

1.二级简码对照练习

下面对五笔字型二级简码进行了分类,读者可以对照简码上面的编码反复练习。

（1）姓氏

AQ	AB	AU	BJ	BE	DB	BO	BG	BI	CB	CN	DX	DR	DA
区	节	燕	阳	阴	顾	耿	卫	孙	邓	马	龙	原	左
DE	DL	DH	FK	FM	FA	FC	GF	HI	HC	HN	IE	IG	II
胡	历	丰	吉	南	载	支	于	步	皮	卢	肖	汪	水
IA	JV	JS	JY	JF	KF	KQ	KK	LP	LG	LT	LQ	MA	MH
江	归	果	景	时	叶	史	吕	边	车	力	罗	曲	由
DN	NG	NU	OV	OY	PK	PS	PN	PV	QR	QG	QN	QI	RH
成	怀	习	娄	米	宫	宁	官	安	铁	钱	包	乐	年
RI	SC	SN	SB	SJ	SS	TP	TB	TM	UB	UG	UC	UM	UL
朱	权	杨	李	查	林	管	季	向	闻	闰	冯	商	曾
WY	WA	WG	XK	X	XN	YJ	YY	YM					
信	代	全	强	经	纪	刘	方	高					

（2）颜色

QC	OW	DO	SP	RI	FO	XA	XV
色	粉	灰	棕	朱	赤	红	绿

（3）近义词与反义词

UE	RG	DA	DK	FM	UX	H	GH	DD	IH	LL	VVV	TJ	RW
前	后	左	右	南	北	上	下	大	小	男	女	得	失

E	FQ	MW	QH	GA	UD	QQ	IT	FJ	BM	BM	TY	DW	TO
有	无	内	外	开	关	多	少	进	出	出	入	春	秋
XK	XU	MA	FH	OE	XL	FW	GV	EP	NV	DW	GD	TO	GD
强	弱	曲	直	粗	细	夫	妻	爱	恨	春	天	秋	天
BE	BJ	JE	JU	XT	XB	IQ	JE	JU	IO	MA	RR	GU	FH
阴	阳	明	暗	张	弛	光	明	暗	淡	曲	折	平	直
GA	YT	WK	PF	BC	TJ	XW	GN	XF	VQ	YB	VQ	GD	F
开	放	保	守	取	得	给	与	结	婚	离	婚	天	地
NH	TY	FC	BM	JH	JQ	KS	VO						
收	入	支	出	早	晚	呆	灵						

　　（4）动植物

HA	CP	CN	DX	MC	AU	JR	JW	JK	KF	OB	JS
虎	驼	马	龙	凤	燕	蝗	蛤	蝇	叶	籽	果

　　（5）数字

G	FG	DG	LH	GG	UY	AG	VT	DJ	DV
一	二	三	四	五	六	七	九	百	肆

　　（6）称呼

TQ	KT	VC	VD	VG	VE	WR	VL	BI	WQ	Q	WB	PX
称	呼	妈	姑	姨	奶	伯	舅	孙	你	我	他	它

　　（7）学习与学科

IP	TU	IP	NU	IP	TG	FB	GJ	DL	KQ	TR	GJ	WX	IP
学	科	学	习	学	生	地	理	历	史	物	理	化	学
SM	SA	TG	TR	WT	OG	DG	QE						
机	械	生	物	作	业	三	角						

　　（8）关联词

KJ	QD	WE	QD	MH	GF	VK	JS	UA	EG	LD	O	RN	C
虽	然	仍	然	由	于	如	果	并	且	因	为	所	以
T	GN	EY	AK										
和	与	及	或										

　　（9）语气词

KC	KX	CT	BN	TC	KY	KA	KV
吧	哟	矣	也	么	嘛	呀	哪

　　（10）地名

AI	UX	FK	SS	TA	DW	BP	PS	JX	JE	XR	BJ	JJ	GU
东	北	吉	林	长	春	辽	宁	昆	明	绵	阳	昌	平

PV　　BJ
安　　阳

（11）货币

QG	WN	QE	LH	WV	HN	XX	CN	DQ	DD	IU	QP
钱	亿	角	四	分	卢	比	马	克	大	洋	锭

以下是按词的形式分类。为了练习二级简码的输入，读者应逐一地输入这些词，从而达到练习记忆二级简码的目的。

EX	OW	WX	UV	GW	GR	DI	BB	HC	AF	OL	OA	EF	ID
脂	粉	化	妆	珍	珠	砂	子	皮	革	烟	煤	肝	尖
AE	OB	EC	OU	DH	NH	QS	BB	DU	QR	AE	VN	NJ	NJ
菜	籽	肥	料	丰	收	钉	子	磁	铁	菜	刀	慢	慢
CC	LV	OM	OM	AB	CE	OS	LM	BD	OC	OD	JN	BB	TP
双	轨	灿	灿	节	能	灯	轴	承	烃	类	电	子	管
G	UR	VS	OU	UF	XD	F	QT	BB	HS	W	HO	OP	W
一	瓣	杂	料	半	顷	地	儿	子	盯	人	眯	迷	人
FR	EW	HU	W	OJ	IQ	XV	KF	IC	PB	T	HF	KD	DP
垢	脸	瞳	人	烛	光	绿	叶	汉	字	和	睦	顺	达
US	EE	VB	DC	GO	PR	WK	VX	OV	QA	WC	Y	LG	OQ
亲	朋	好	友	来	宾	保	姆	娄	氏	公	主	车	炮
IH	GT	PQ	VK	WM	VVV	BR	QT	A	AR	BK	KM	LG	LJ
小	玫	宛	如	仙	女	孤	儿	工	匠	职	员	车	辖
H	UP	GD	BB	BX	GH	NX	VD	GY	TE	IH	AY	HV	HG
上	帝	天	子	陛	下	尼	姑	玉	秀	小	芳	眼	睛
DB	PT	WT	PE	M	FN	GQ	PS	CN	DQ	LN	CB	IH	GU
顾	客	作	家	同	志	列	宁	马	克	思	邓	小	平
HQ	HW	YE	EB	QF	XG	QN	GL	MM	TT	YN	DD	SX	SG
餐	具	衣	服	针	线	包	画	册	笔	记	大	楷	本
FD	IB	SF	PY	TF	PK	GB	QL	FY	F	YM	IW	GX	SH
城	池	村	社	行	宫	屯	甸	坟	地	高	兴	互	相
RS	HL	DM	GY	OY	OH	QN	GA	NY	JS	KT	KE	YR	YU
打	卤	面	玉	米	粘	包	开	心	果	呼	吸	诉	说
WO	FW	H	OF	MF	TL	TH	BG	TG	DS	RB	TW	TM	UE
伙	夫	上	灶	财	务	处	卫	生	厅	报	答	向	前
IT	SS	MI	FH	PI	YE	XY	XI	WL	WT	RV	F	PW	PH
少	林	峭	直	宵	衣	纺	纱	佃	作	扫	地	空	寂
MQ	PO	UI	FV	UW	JN	BL	BL	LC	LC	RO	JC	SH	LN
风	灾	冰	雪	闪	电	阵	阵	轻	轻	搂	紧	相	思
NI	NI	IL	IL	ER	ER	V	KS	JP	HY	LS	HT	FJ	AM
悄	悄	渐	渐	遥	遥	发	呆	晕	眩	困	睡	进	贡

KU	KN	KP	KI	QI	MA	EL	TS	JL	IQ	YV	VB	TQ	NY
啼	叫	喧	吵	乐	曲	肋	条	曙	光	良	好	称	心
TA	JA	IA	II	IG	IG	JH	JD	JY	QC	JT	GD	JF	UJ
长	虹	江	水	汪	汪	早	晨	景	色	昨	天	时	间
TB	YA	G	JI	PU	GM	WB	WU	UG	RH	K	QJ	XF	VQ
季	度	一	晃	实	现	他	们	闰	年	中	旬	结	婚
UB	KR	JM	GC	YO	WX	CV	CW	NO	PW	V	SL	YW	O
闻	听	遇	到	变	化	艰	难	屡	空	发	楞	认	为
I	NB	PD	NR	MB	WY	YS	RB	RM	OL	WS	HH	IS	II
不	敢	害	怕	邮	信	订	报	抽	烟	休	止	洒	水
YK	EB	EN	RT	YB	GA	FH	YX	CL	YU	MR	BB	HH	HI
训	服	甩	手	离	开	直	率	劝	说	贩	子	止	步
BQ	ND	NN	DC	NG	HJ	IO	IR	PA	NY	BK	TQ	QB	RT
隐	居	忆	友	怀	旧	淡	泊	宽	心	职	称	凶	手
VF	RA	AD	SG	N	IF	RK	RL	AW	M	DT	W	SO	BM
寻	找	基	本	民	法	扣	押	共	同	帮	人	杰	出
WA	GE	LT	JG	SU	AA	UO	EY	FL	UM	I	NQ	UO	SJ
代	表	力	量	样	式	普	及	协	商	不	懈	普	查
XX	LU	WV	OD	SW	SJ	GQ	GE	WQ	WU	RE	XW	LW	IF
比	较	分	类	检	查	列	表	你	们	扔	给	办	法
RU	LT	SC	BV	DJ	WV	IJ	LT	JO	FI	BT	II	TP	GJ
拉	力	权	限	百	分	浊	力	显	示	降	水	管	理
YN	FA	YN	VI	JV	SI	WD	YF	YF	AJ	TY	MM	WW	GO
记	载	记	录	归	档	估	计	计	划	入	册	从	来
RJ	FI	RJ	XM	AN	XN	GA	YT	GA	RD	UL	X	FU	LK
提	示	提	纲	世	纪	开	放	开	拓	曾	经	增	加
QU	GA	DF	BC	MU	GN	PJ	RX	XH	NF	AT	DQ	UH	UU
匀	开	夺	取	赠	与	审	批	引	导	攻	克	站	立
I	VY	RC	CF	IV	PN	HE	PG	UN	PG	WV	SR	YC	WV
不	妨	反	对	当	官	肯	定	决	定	分	析	充	分
SM	SQ	ET	W	KG	H	DN	YI	TD	QK	UU	AL	LR	PT
机	构	用	人	呈	上	成	就	知	名	立	功	斩	客
UM	OG	CR	BC	WY	YQ	QW	QG	KW	E	LY	UH	SK	BH
商	业	牟	取	信	义	欠	钱	只	有	罚	站	可	耻
UK	BW	BU	BY	CY	PL	HK	E	EV	FL	NK	VU	VA	XQ
部	队	联	防	驻	军	占	有	妥	协	避	嫌	毁	约
CD	CM	IP	NU	XO	BD	OQ	QO	ES	NH	TN	YY	LP	BF
参	观	学	习	继	承	炮	炙	采	收	秘	方	边	际
VP	PF	TK	WH	AQ	TV	L	BF	K	MD	G	XE	Y	RF
巡	守	各	个	区	委	国	际	中	央	一	级	主	持

VV	TU	EA	TU	AH	EI	AH	TU	FC	RF	UY	NM	WG	WF
妇	科	肛	科	牙	膛	牙	科	支	持	六	届	全	会
EF	OO	LE	IX	EQ	EM	RY	XT	EJ	MW	EK	TR	MW	TU
肝	炎	胃	涨	胸	肌	扩	张	胆	内	肿	物	内	科
K	AX	VO	AP	BS	EU	HM	BB	IV	JV	HA	ME	RRR	SY
中	药	灵	芝	阿	胶	贞	子	当	归	虎	骨	白	术
RR	ON	GA	EI	RT	SY	QH	TU						
折	断	开	膛	手	术	外	科						

2. 二级简码自由输入

通过上面的对照练习,读者对二级简码熟悉程度有所提高,通过下面的自由输入达到熟练掌握二级简码的目的。

以下列出了所有的二级简码共 577 个汉字(不包括一级简码),这也是二级简码的精确数字。熟练掌握二级简码,对提高汉字输入速度非常重要。

要求:将每一小段输入 10 遍。

肝且胆肿钱外理及胶膛爱肛采训阵率充良离记高凤崶二直
进吉协支雪志南列珍表珠全个介保佃化变度订庆计让刘肋
脂肥妥服甩肌换失拥欠角铁儿久匀乐炙锭氏钉然针折手扩
拉朱楼近找打拓持后年提扣押批反扫报所抽称答秀物笔入
科秒秋管长条知行生处得各务第耿辽陈阿承际卫耻阳职

陛取限于也出懈玫玉平来开末于五下理事妆闻决商光兴肖
泊少注洋水淡学江交闪前瓣产六冰普帝并亲关半闻站问部
曾北冯尖法汪小浊公分他亿仙胸脸朋遥用澡渐涨汉当池沁
没炮粉粗煌米料炒炎迷煤灯断灿宛空家宾客社实宵灾之宽
宁害守定寂审宫军它安字官宙区共菜匠攻芳燕东芝式

苛基革七牙或功药芭切节世贡构检极析格术样档杰棕械林
枯村本相查可楞楷权邮顾成面无夫圾垢才坟增示李杨机克
春胡原帮太磁砂灰达左厅大夺三丰百右历龙友肆赤过载霜
城寺么委季秘向义认衣诉放方说变类灶业粘烛炽烟烃娄籽
边曲朵央财由册皮眼卢贞晚蛤明昨景暗晃显晕虹果与现姑

餐具肯睡眩瞳步眯瞎虎盯睦睛止旧占卤此晨时量早昌蝇曙
昆紧归最电通史只吸听呼嘛啼吵喧呀呆顺叶呈虽吕另哟吧
哪啊叫岂员罗办胃斩力罚较边困因轩车四累加男累轻轨思
轴约给级绵张纺弱纱继综红顷结线引旨强细弛纪纲经难能
牟矣驻综戏参对台劝双艰邓马观允能奶九妨嫌录灵巡毁杂

寻 姨 旭 如 舅 姆 妈 妇 好 刀 隐 队 阴 孤 降 防 联 孙 画 互 到 妻 与 愉 伯
必 心 习 悄 屡 忧 居 怀 收 慢 避 惭 尼 怪 恨 敢 亿 届 风 内 骨 贩 几 凡 赠
峭 则 名 甸 色 争 凶 色 负 你 从 仍 伯 作 信 们 偿 伙 代 休 估 会

8.2.2　三级简码练习

下面的三级简码是最常用的三级简码字,读者应反复练习,记住它们的输入方法,其他三级简码在练习中掌握即可。

AMD	YGK	FTX	JGM	UKN	FDM	GJQ	USR	XGU	YGK
英	语	老	师	总	需	更	新	母	语
FHN	PUV	YFJ	YJS	YGE	NNH	PGN	ADW	YFJ	YYQ
起	初	讲	课	请	书	写	其	讲	议
FTG	YAA	UDA	QAJ	WJG	GIP	UWY	YTF	GMF	FFH
考	试	差	错	但	还	准	许	再	填
RFC	SUQ	VCB	UQF	SVE	RND	WTK	WWW	APL	FCL
技	校	即	将	根	据	群	众	劳	动
NXF	WGQ	HKO	GFI	DJD	NTK	WSG	YCE	FCP	FCL
惯	例	点	球	非	属	体	育	运	动
GGI	FUJ	FHA	UDA	GJQ	FDM	RUV	EPC	FTG	CWG
环	境	越	差	更	需	接	受	考	验
PWW	JQR	YFJ	SYP	GHT	TGM	FWM	WIB	GHT	ICK
容	易	讲	述	政	策	规	范	政	治
FHW	SHN	TUJ	LTK	YMF	QEV	AFS	HXF	NTG	RFM
真	想	简	略	调	解	某	些	性	质
WTF	WSK	NGE	UKQ	FQU	FIY	UDG	WQA	IGE	WXM
任	何	情	况	均	求	减	低	清	货

用三级码输入汉字时,每个汉字都需要四笔(前三笔的代码加空格),这样做好像对于提高输入速度无关紧要,但其最大的好处在于输入者无需辨认其末笔码字型交叉识别码,从这个角度来说,三级码对于提高速度还是有很大帮助的。

8.3　常用1000字输入练习

习题特点:这1000字在普通文章中使用率极高,做完该习题,对文章中的单字输入就十分有把握了,要想提高输入速度,必须做好此习题。

要求:请输入下列常用字,每小段输入20遍后,再输入下一段。

注:下列汉字的简码用数字标出,"1"代表一级简码,"2"代表二级简码,依此类推。

的(1)　一(1)　是(1)　在(1)　了(1)　不(1)　和(1)　也(2)　经(2)　力(2)　线(2)　本(2)

电(2) 高(2) 有(1) 大(2) 这(1) 主(1) 中(1) 人(1) 上(1) 为(1) 们(2) 地(1)
个(2) 用(2) 工(1) 时(2) 要(1) 动(3) 国(1) 产(1) 以(1) 我(1) 到(2) 他(2)
会(2) 作(2) 来(2) 分(2) 生(2) 对(2) 于(2) 学(2) 下(2) 级(2) 义(2) 就(2)
年(2) 队(2) 发(1) 成(2) 部(2) 民(1) 可(2) 出(2) 能(2) 方(2) 进(2) 同(1)
行(2) 面(2) 说(2) 种(3) 过(2) 命(4) 度(2) 革(2) 而(3) 多(2) 子(2) 后(2)
自(3) 社(2) 加(2) 小(2) 机(2) 量(3) 长(2) 党(3) 得(2) 实(2) 家(2) 定(2)
争(2) 现(2) 所(2) 二(2) 起(3) 政(3) 三(2) 深(3) 法(2) 表(2) 着(3) 水(2)
理(2) 化(2) 好(2) 十(3) 战(3) 无(2) 农(3) 使(4) 性(3) 路(3) 正(2) 新(3)
前(2) 等(4) 反(2) 体(3) 合(3) 斗(3) 图(3) 把(3) 结(2) 第(2) 里(2) 两(4)

开(2) 论(3) 之(2) 物(2) 从(2) 当(2) 些(3) 还(3) 天(2) 资(4) 事(2) 批(3)
如(2) 应(3) 形(3) 想(3) 帛(3) 心(2) 样(2) 干(4) 关(2) 点(3) 育(3) 重(3)
都(4) 向(2) 变(2) 其(3) 思(3) 与(2) 间(2) 内(2) 去(3) 因(2) 压(3) 员(2)
件(3) 日(4) 利(3) 相(3) 由(3) 气(3) 业(2) 代(2) 全(2) 组(3) 教(2) 果(2)
期(4) 导(2) 平(2) 各(2) 月(4) 毛(3) 然(2) 问(3) 比(2) 或(2) 展(3) 它(2)
最(2) 及(2) 外(2) 没(2) 看(3) 治(3) 提(2) 五(2) 解(3) 意(3) 认(2) 次(3)
系(3) 林(2) 者(3) 米(2) 群(3) 头(2) 只(2) 明(3) 四(2) 道(4) 马(2) 又(2)
文(4) 通(3) 但(3) 条(2) 较(2) 克(2) 公(2) 孔(3) 领(4) 军(2) 流(3) 入(2)
接(3) 席(3) 位(3) 情(3) 运(3) 器(3) 并(2) 习(2) 质(3) 建(4) 教(4) 决(3)
原(2) 油(3) 放(2) 立(2) 题(4) 极(2) 土(4) 特(3) 此(2) 常(4) 石(4) 强(2)

区(2) 验(3) 活(3) 众(3) 很(3) 少(2) 己(4) 根(3) 共(2) 直(2) 团(3) 统(3)
式(2) 转(3) 别(3) 造(4) 切(2) 九(2) 你(2) 西(4) 特(3) 总(3) 料(2) 连(3)
任(3) 志(2) 观(2) 么(2) 七(2) 程(4) 百(2) 报(3) 更(3) 见(3) 必(2) 真(3)
保(2) 热(4) 委(2) 手(2) 改(3) 管(2) 处(2) 己(3) 将(3) 修(3) 支(2) 识(3)
病(3) 象(3) 先(3) 老(3) 光(2) 专(3) 几(2) 什(3) 六(2) 型(4) 具(2) 示(3)
复(3) 安(2) 带(4) 每(3) 东(2) 增(2) 则(2) 完(3) 风(2) 回(3) 南(2) 广(3)
劳(3) 轮(3) 科(2) 北(2) 打(2) 积(3) 车(2) 计(3) 给(2) 节(2) 做(2) 务(2)
被(4) 整(4) 联(2) 步(2) 类(2) 集(3) 号(3) 列(2) 温(3) 装(3) 即(3) 毫(3)
轴(2) 知(2) 研(2) 单(2) 色(3) 坚(3) 据(3) 速(4) 防(3) 史(3) 拉(2) 世(2)
设(3) 达(2) 尔(3) 场(4) 织(3) 历(2) 花(3) 受(3) 求(3) 传(4) 口(4) 断(3)

况(3) 采(2) 精(3) 金(4) 界(3) 品(3) 判(4) 参(2) 层(3) 止(2) 边(2) 清(3)
至(3) 万(3) 确(3) 究(3) 书(3) 低(3) 术(2) 状(3) 厂(2) 须(2) 离(2) 再(3)
目(4) 海(3) 交(2) 权(2) 且(2) 儿(2) 青(3) 才(2) 证(3) 越(3) 际(2) 八(3)
试(3) 规(3) 斯(4) 近(2) 注(2) 办(2) 布(3) 门(3) 铁(2) 需(3) 走(3) 议(3)
县(3) 兵(3) 虫(4) 固(3) 除(3) 般(3) 弓(3) 齿(3) 千(3) 胜(3) 细(2) 影(4)
济(3) 白(4) 格(2) 效(3) 置(4) 推(4) 空(3) 配(3) 刀(2) 叶(2) 率(2) 今(4)
选(4) 养(4) 德(3) 话(3) 查(2) 差(2) 半(2) 敌(3) 始(3) 片(3) 施(3) 响(3)

收(2) 华(3) 觉(4) 备(3) 名(2) 红(2) 续(3) 均(3) 药(2) 标(3) 记(2) 难(2)
存(3) 测(3) 土(4) 身(3) 紧(2) 液(3) 派(3) 准(3) 斤(3) 角(2) 降(2) 维(3)
板(3) 许(3) 破(3) 述(3) 技(3) 消(3) 底(3) 床(3) 田(4) 势(4) 端(4) 感(4)

往(3) 神(3) 便(3) 圆(4) 村(2) 构(2) 照(4) 容(3) 非(3) 搞(3) 亚(3) 磨(4)
族(4) 火(4) 段(3) 算(3) 适(3) 讲(3) 按(3) 值(4) 美(4) 态(3) 黄(3) 易(3)
彪(4) 服(2) 早(2) 班(3) 麦(3) 削(3) 信(2) 排(3) 台(2) 声(3) 该(4) 击(3)
素(3) 张(2) 密(3) 害(2) 候(3) 草(3) 何(3) 树(3) 肥(2) 继(2) 右(2) 属(3)
市(4) 严(3) 径(3) 螺(3) 检(3) 左(2) 页(3) 抗(4) 苏(3) 显(3) 苦(3) 英(3)
快(3) 称(3) 坏(3) 移(3) 约(2) 巴(3) 材(3) 省(3) 黑(3) 武(3) 培(3) 著(3)
河(3) 帝(2) 仅(3) 针(2) 怎(4) 植(4) 京(3) 助(3) 升(3) 王(4) 眼(2) 她(3)
抓(4) 含(4) 苗(3) 副(4) 杂(2) 普(4) 谈(3) 围(4) 食(3) 射(4) 源(3) 例(3)
致(4) 酸(3) 旧(2) 却(3) 充(2) 足(3) 短(3) 划(2) 剂(4) 宣(3) 环(3) 落(3)
首(3) 尺(3) 波(3) 承(2) 粉(2) 践(3) 府(3) 考(3) 刻(3) 靠(4) 够(4) 满(4)

夫(2) 失(2) 住(4) 枝(3) 局(3) 茵(3) 杆(3) 周(3) 护(3) 岩(3) 师(3) 举(3)
曲(2) 春(2) 元(3) 超(3) 负(2) 砂(3) 封(4) 换(2) 太(2) 模(3) 贫(3) 减(3)
阳(2) 包(2) 江(2) 扬(3) 析(2) 亩(3) 木(4) 言(4) 球(3) 朝(3) 医(3) 校(3)
古(4) 呢(3) 稻(3) 宁(2) 听(2) 唯(4) 输(3) 滑(3) 站(2) 另(2) 卫(3) 宇(3)
鼓(4) 刚(3) 写(3) 刘(2) 微(3) 略(3) 范(3) 供(3) 阿(2) 块(3) 某(3) 功(2)
套(3) 友(2) 限(2) 项(3) 余(3) 倒(3) 卷(4) 创(3) 律(4) 雨(4) 让(2) 骨(2)
远(3) 帮(2) 初(3) 皮(2) 播(4) 优(3) 占(2) 促(3) 死(3) 毒(4) 圈(3) 伟(3)
季(2) 训(2) 控(3) 激(3) 找(3) 叫(2) 云(3) 互(2) 跟(3) 裂(4) 粮(3) 母(2)
练(3) 擦(4) 钢(3) 顶(3) 策(3) 双(2) 留(4) 误(3) 粒(3) 础(3) 吸(2) 阻(4)
故(3) 寸(4) 晚(2) 丝(3) 女(3) 焊(3) 攻(2) 株(3) 亲(2) 院(3) 冷(4) 彻(4)

弹(3) 错(3) 散(3) 尼(2) 盾(3) 商(2) 视(3) 艺(3) 灭(3) 版(4) 烈(4) 零(4)
室(3) 轻(2) 血(3) 倍(3) 缺(3) 厘(4) 泵(3) 察(4) 绝(3) 富(3) 城(2) 喷(3)
简(3) 否(3) 柱(3) 李(2) 望(4) 盘(3) 磁(2) 雄(3) 似(3) 困(2) 巩(3) 益(3)
洲(3) 脱(3) 投(3) 送(3) 奴(3) 侧(3) 润(4) 盖(3) 挥(3) 距(3) 触(4) 星(3)
松(3) 获(3) 独(3) 宫(2) 混(3) 纪(3) 座(3) 依(3) 未(3) 突(3) 架(3) 宽(3)
冬(3) 兴(2) 章(3) 湿(3) 侗(4) 纹(3) 执(3) 矿(3) 寨(4) 责(3) 阀(3) 熟(3)
吃(3) 稳(3) 夺(2) 硬(3) 价(3) 努(3) 翻(4) 奇(4) 甲(4) 预(3) 职(2) 评(3)
读(3) 背(3) 协(2) 损(3) 棉(3) 侵(3) 灰(3) 虽(2) 矛(3) 罗(2) 厚(3) 泥(3)
辟(3) 告(4) 卵(3) 箱(3) 掌(4) 氧(3) 思(3) 爱(2) 停(3) 曾(2) 溶(4) 营(3)
终(3) 纲(3) 孟(3) 钱(2) 待(4) 尽(3) 俄(3) 缩(3) 沙(3) 退(3) 陈(2) 讨(3)

奋(3) 械(2) 胞(3) 幼(3) 哪(4) 剥(4) 迫(3) 旋(3) 征(3) 槽(4) 殖(3) 握(3)
担(3) 仍(2) 呀(2) 载(2) 鲜(3) 吧(2) 卡(3) 粗(2) 介(2) 钻(3) 逐(3) 弱(3)

脚(4) 伯(2) 盐(3) 末(2) 阴(2) 丰(2) 编(4) 印(3) 蜂(3) 急(3) 扩(2) 伤(3)

飞(3) 域(4) 露(4) 核(4) 缘(3) 游(4) 振(3) 操(3) 央(2) 伍(3) 甚(4) 迅(3)

辉(4) 异(3) 序(3) 免(4) 纸(3) 夜(3) 乡(3) 久(2) 隶(3) 缸(3) 夹(3) 念(4)

兰(3) 映(3) 沟(3) 乙(3) 吗(3) 儒(3) 杀(3) 汽(3) 磷(3) 艰(2) 晶(3) 插(3)

埃(3) 燃(4) 欢(3) 铁(3) 补(3) 咱(3) 芽(3) 永(3) 瓦(3) 倾(3) 阵(2) 碳(3)

演(3) 威(3) 附(3) 牙(3) 斜(4) 灌(4) 欧(3) 献(3) 顺(3) 猪(4) 洋(2) 腐(4)

请(3) 透(3) 司(3) 危(3) 括(3) 脉(4) 若(3) 尾(3) 束(3) 壮(3) 暴(3) 企(3)

菜(3) 穗(4) 楚(3) 汉(2) 愈(4) 绿(2) 拖(3) 牛(3) 份(3) 染(3) 既(3) 秋(2)

遍(4) 锻(3) 玉(2) 夏(3) 疗(3) 尖(2) 井(3) 费(3) 州(4) 访(3) 吹(3) 荣(3)

铜(4) 沿(3) 替(3) 滚(4) 客(2) 召(3) 早(2) 悟(4) 刺(4) 措(3) 贯(3) 藏(4)

令(3) 隙(4) 曳(3)

8.4 纠错练习

（1）易输入错的字比较练习

习题特点:以下总结了打字员在速度练习过程中常常出错的汉字。学员在练习过程中可记录下自己常常出错的字,然后列出来作专门练习。

要求:请将下列汉字输入20遍。

且具　　刀力　　已己　　变亦　　丫义　　酒洒　　估伏　　物手　　未末

犬太　　尤龙　　万元　　沿尚　　自处　　错昏　　入八　　甲由　　果里

干士　　午年　　平夹　　秉乘　　已巳　　看着　　的和

（2）难字练习

习题特点:以下汉字常用但不易拆分,在输入过程中常常出错,所以在此专门列出,着重练习。该题属经常练习题。

要求:请将下列汉字输入20遍。

甲（LHNH）　　申（JHK）　　重（TGJ）　　干（FGGH）　　午（TFJ）　　朱（RI）

翘（ATGN）　　牛（RHK）　　年（RH）　　知（TD）　　未（FII）　　末（GS）

犬（DGTY）　　尤（DNV）　　龙（DX）　　万（DNV）　　夫（FW）　　元（FQB）

夹（GUW）　　与（GN）　　书（NNH）　　片（THG）　　专（FNY）　　毛（TFN）

世（AN）　　身（TMD）　　事（GK）　　长（TA）　　秉（TGV）　　垂（TGA）

曲（MA）　　州（YTYH）　　严（GOD）　　承（BD）　　永（YNI）　　离（YB）

禹（TKM）　　越（FHA）　　印（QGB）　　乐（QI）　　段（WDM）　　追（WNNP）

股（EMC）　　予（CBJ）　　鸟（QYNG）　　北（UX）　　敝（UMI）　　决（UN）

恭（AWNU）　　曳（JXE）　　鬼（RQC）　　考（FTG）　　貌（EERQ）　　或（AK）

栽（FAS）　　武（GAH）　　食（WYV）　　低（WQA）　　派（IRE）　　辰（DFE）

非（DJD）　　飞（NUI）　　着（UDH）　　每（TXG）　　酒（ISGG）　　抓（RRHY）

其（ADW）　　官（PN）　　帛（RMH）　　啊（KB）　　薄（AIG）　　餐（HQ）

鳝（QGUK）　　瀛（IYNY）　　鬻（XOXH）　　魑（THLG）　　菲（ADJ）　　凹（MMGD）

凸（HGM）　　舞（RLG）　　藏（ADNT）　　曹（GMA）　　乘（TUX）　　戊（DNY）

（3）易混淆的词组与非词组对比练习

习题特点：初学词组输入者，总是希望所有的词组都能用词组输入，但又常常不能如愿，碰到与其他词组重码，若思想上没有引起重视，下一次还会发生错误，这里将常常出错的词组与非词组对比起来练习，以加深印象。

要求：请输入 10 遍，着重记忆。

词组：起初　千万　省略　边疆　招待

非词组：真　实　造　成　活　力　连　续　执　行

8.5　识别码的练习

1. 识别码对照练习

据不完全统计，识别码字有 400 多个，但很多都是不常用的，学习者应重点熟悉特别常用识别码字。识别码字的分类如下。

【横区】

〈G〉键　YWYG　RWYG　WGG　DCG　KCG　WYGG　WFHG　WUG　FHG　FUG　WJJG
　　　　谁　　推　　伍　　码　　吗　　住　　值　　位　　址　　垃　　倡

　　　　RFFG　IUG　TKGG　JGG　WBG　SFHG　SFG　KWYG　SRG　IHG
　　　　挂　　泣　　程　　旺　　仔　　植　　杜　　唯　　柏　　泪

〈F〉键　DSKF　UJFF　DLF　TFKF　WHF　RHF　GEF　ALF　TJF　UFF　AJF
　　　　奇　　童　　奋　　告　　企　　看　　青　　苗　　香　　兰　　昔

　　　　NWYF　YLF　FWYF　QGF　JGF　RGF　QAJF　FLF　JHF　UJF　IMKF
　　　　翟　　亩　　霍　　鱼　　旦　　皇　　昏　　雷　　冒　　音　　尚

　　　　LFHF　SKF　ADF　TFF　BLF
　　　　置　　杏　　苦　　竺　　孟

〈D〉键　GHD　LKD　LDD　JFD　UKD　QKD　THD　YID　AND　TLD　DJFD
　　　　正　　回　　固　　里　　问　　句　　自　　应　　巨　　血　　厘

　　　　YMD　RGD　NHD　YFD　UQVD　AGD　AFD
　　　　庙　　丘　　眉　　庄　　阎　　匡　　甘

【竖区】

〈H〉键　YCEH　TDUH　UDJH　GAJH　QKHH　TJH　WFH　IFH　WKHH　FJH　IMH　QJH
　　　　诵　　辞　　判　　刑　　钟　　利　　什　　汗　　仲　　刊　　汕　　钊

〈J〉键　TFJ　YMHJ　YJJ　UJFJ　AJJ　CBJ　UJJ　UDJ　AUJ　NAJ　YBJ
　　　　午　　市　　齐　　单　　草　　予　　章　　羊　　莘　　异　　亨

　　　　HJJ　JFJ　AJJ
　　　　卓　　旱　　草

〈K〉键　LPK　FMK　JHK　TAK　UFK　RHK　FHFK　FJK　TFK　DMJK　YLK　AAK　UBK　DLK
　　　　连　　击　　申　　升　　斗　　牛　　赶　　井　　千　　厕　　库　　戒　　疗　　犀

【撇区】

〈T〉键　IGT　FNRT　JYT
　　　　浅　　场　　　旷

〈R〉键　FNR　PNTR
　　　　声　　宓

〈E〉键　XTE　QRE　YNE　XDE　ADE
　　　　乡　　勿　　户　　毋　　戎

【捺区】

〈Y〉键　WCY　NTY　YFY　UDY　KCY　TFFY　WFY　FFFY　WGMY　WDY　FMY
　　　　仅　　改　　讨　　状　　叹　　待　　付　　封　　债　　伏　　坝
　　　　TCY　QQYY　WTUY　TFHY　GYIY　RHY　ITDY　INFY
　　　　私　　钓　　佟　　徒　　琼　　扑　　沃　　漏

〈U〉键　FHU　KHU　TUU　YIU　FCU　NUDU　HHU　SFIU　GMU　QIU　TFFU
　　　　走　　足　　冬　　京　　去　　买　　卡　　票　　责　　尔　　等
　　　　MQU　MCU　YXIU　PSU　DDU　UGDU　YHU　SMU　WTU　AQU
　　　　岁　　发　　紊　　宋　　套　　美　　卞　　贾　　余　　艾

〈I〉键　PEI　UDI　FII　NUI　RYI　YSI　NYI　QCI　EPI　LKMI　UYI　GQI
　　　　农　　头　　未　　飞　　斥　　床　　尺　　勾　　逐　　圆　　闵　　歹

【折区】

〈N〉键　VBN　YYN　BNN　WVN　RCN　PYNN　IAN　NYNN　WMN　RYMN
　　　　她　　访　　孔　　仇　　把　　礼　　汇　　忙　　仉　　抗

〈B〉键　RNB　MQB　FQB　KQB　UKQB　UDBB　WYNB　WBB　ANB
　　　　气　　见　　元　　兄　　竞　　卷　　今　　仓　　艺

〈V〉键　FNV　DNV　YNV　NNV
　　　　亏　　万　　亡　　乜

2. 识别码自由练习

识别码是学习五笔字型的难点,常让初学者望而生畏。通过上面的对照练习,读者基本可以掌握识别码的使用方法,通过下面的自由练习可以熟练掌握识别码的使用规律。

(1) 末笔在〈G〉键(一区、左右型)的识别码字

柏 铂 倡 扯 程 骷 杜 肚 饵 洱 杠 咕 泊 挂 佳 润 秸 炯
酒 钧 扛 框 垃 烂 撞 泪 粒 玛 码 蚂 吗 牡 拈 捏 涅 拍
追 粕 栖 泣 蛆 仁 汝 润 晒 仁 谁 坍 贴 吐 推 洼 柱 旺
唯 位 佐 伍 悟 硒 惜 湘 翔 注 铀 油 淦 钥 砧 植 值 址
迨 住 壮 椎 谆 仔 阻 估 佶 仔 情 讧 迈 诘 诓 挂 诩 诣
阽 坩 填 揩 摺 咭 晒 晤 帖 岫 峋 租 犸 猗 怙 恪 悝 愠
沼 沼 泗 浒 泊 洫 沼 浯 淦 湮 湟 弨 轱 轮 略 轱 炻 糊
熠 祜 砝 碓 睢 钍 钕 钲 钴 钼 钿 铒 铕 铜 锖 锔 锫 稃
翊 聃 蛄 蚰 蝗 蛏 蚝 晴 舶 舾 栖 酤 趼 住 佳

(2) 末笔在〈F〉键(一区、上下型)的识别码字

备 尘 旦 笛 翟 奋 告 苟 蛊 圭 昏 霍 眷 看 苦 奎 兰 雷
蕾 咎 冒 孟 苗 亩 奇 企 茄 青 酉 雀 茸 尚 圣 誓 誉 童

妄 吾 昔 香 享 杏 岩 妥 翌 音 盏 孕 誉 备 雀 孛 坠 丕
置 召 仝 金 刍 垡 芏 鑫 芷 筲 荏 茎 茹 茜 莒 茴 荃 茗
苤 荸 董 菖 崔 荅 鎏 茸 銮 宕 宥 妾 孕 挈 甾 杳 娃 旮
昱 肓 骨 沓 耉 告 智 罟 罾 盍 竺 笃 筐 得 笙 笠 筘

(3) 末笔在〈D〉键（一区、混合型）的识别码字

丑 闯 丹 刁 甘 固 肩 巨 句 君 匡 厘 里 眉 庙 丘 冉 壬
戾 舌 延 问 屑 血 阎 本 应 正 庄 自 巨 匐 贰 囝 囟 圄
圃 闩 闫 闾 闻 逶 疴 疰 痂 痦

(4) 末笔在〈H〉键（二区、左右型）的识别码字

拜 拌 剥 辞 悼 汀 拌 拂 杆 秆 汗 剂 钾 奸 试 刑 坤 利
卯 判 刨 扦 汕 什 诵 汀 锌 忻 刑 汹 驯 伴 仰 耶 沂 拥
佣 蛹 汗 钟 仲 到 刚 钉 汕 诎 邝 圳 圻 堉 叩 呷 晰 岬
狎 忻 忤 济 好 嫜 杵 梆 樟 昕 晖 刖 胛 町 刘 钉 钏 蚪
晰 蟑 舡 灿 酐

(5) 末笔在〈J〉键（二区、上下型）的识别码字

岸 卑 草 岔 单 竿 幸 刊 亨 卉 辈 弄 齐 芹 市 羊 予 宰
章 卓 氚 甫 羿 措 罩 午

(6) 末笔在〈K〉键（二区、混合型）的识别码字

厕 弗 戒 巾 井 库 连 疗 牛 千 申 升 匣 痈 瘴 凶 痒 迁

(7) 末笔在〈T〉键（三区、左右型）的识别码字

场 妒 伐 贱 钱 溅 矿 旷 浅 杉 贼 栈 圹 垆 犷 纩 彤 炀
钐 铋

(8) 末笔在〈R〉键（三区、上下型）的识别码字

笺 芦 声 彦 宓 豸 气

(9) 末笔在〈E〉键（三区、混合型）的识别码字

户 庐 戒 缪 每 勿 乡 彦 尹 彐

(10) 末笔在〈Y〉键（四区、左右型）的识别码字

敖 扒 叭 坝 败 钡 狈 触 待 狄 钓 钡 故 吠 伏 付 讣 改
弘 伎 仅 惊 抉 诀 凉 晾 漏 旅 掠 枚 谜 稣 奴 哎 扑 仆
怯 朴 琼 腮 私 酥 汉 讨 徒 蚊 纹 沃 矽 汐 虾 秧 双 债
伏 肘 状 吸 孜 卦 叙 伛 攸 佟 谀 孤 坿 埙 挦 卟 吃 吠
呗 吣 咔 咚 咪 昧 忖 怍 怯 快 怅 沐 汶 嫌 纨 缌 玫 杓
权 杤 椋 飒 砜 砝 砍 猌 畋 外 钦 酊 稞 铽 粬 钹 甸 锊

(11) 末笔在〈U〉键（四区、上下型）的识别码字

哀 艾 泵 卞 茶 愁 臭 等 冬 尔 父 恭 汞 忌 贾 茧 京 卡
恳 哭 栗 罗 买 麦 美 莫 聂 票 泉 忍 杀 矢 宋 粟 岁 套
忘 紊 芯 玄 穴 页 余 责 走 足 爻 佘 祭 衮 芮 菱 苏 蒽
呙 炭 岚 象 尕 奈 县 呆 戻 殳 焱 丕 志 恚 森 蛋 茇 簦
系 雯 亦 云 仄

(12)末笔在〈I〉键(四区、混合型)的识别码字

叉 卞 尺 斥 床 卤 歹 乏 飞 勾 隶 闷 灭 闽 尿 农 囚 去
刃 久 屎 丸 未 闲 圆 去 丈 痔 舟 逐 爪 夭 囱 闵 阌 孓
礻 痣 疋 尬 臾 艮

(13)末笔在〈N〉键(五区、左右型)的识别码字

皑 把 彻 弛 仇 讹 犯 坊 肪 仿 访 幻 汇 讯 幼 抗 孔 礼
忙 扔 倪 讫 巧 鲂 她 泄 配 锈 绣 屹 幼 扎 札 轧 忉 汜
妃 纥 纰 枋 把 桃 桤 祀 矾 钆 钇 纺 钪 钯 虬 虬 蚍 舫

(14)末笔在〈B〉键(五区、上下型)的识别码字

笆 仓 宠 兑 夯 见 筋 今 竟 卷 亢 亏 仑 乞 气 冗 秃 芫
兄 艺 邑 元 皂 兮 穷 艽 艻 芎 艺 茺 旯 晁 雩 雳

(15)末笔在〈V〉键(五区、混合型)的识别码字

疤 厄 虏 匹 万 亡 尤 兆 兀 乇 卮 乜 庀 阋 尻 痔 疣

8.6 词汇练习

提高汉字五笔字型输入速度的窍门除了指法正确、编码熟悉之外,就是对词语的熟练掌握,特别是对二字词的熟练掌握。

8.6.1 二字词特殊输入练习

二字词中有一级简码的,在与其他字组词时,要使用其全码的前两码。二字词中一级简码的汉字拆分如表8-1所示

表8-1 二字词中一级简码的汉字拆分表

一:一一	GG	地:土也	FB	在:ナ丨	DH	要:西女	SV	工:(键名字根)	AA
上:上丨	HH	是:日一	JG	中:口丨	KH	国:囗王	LG	同:冂一	MG
和:禾口	TK	的:白勹	RQ	有:ナ月	DE	人:(键名字根)	WW	我:丿扌	RT
主:丶王	YG	产:立丿	UT	不:一小	GI	为:丶力	YL	这:文辶	YP
民:巳弋	NA	了:了乙	BN	发:乙丿	NT	以:乙丶	NY	经:纟ス	XC

练习以下用一级简码字组成的词

一 GGTM GGTE GGFH GGSV GGAV GGGC GGJG GGXF GGDM
一向 一般 一起 一概 一切 一致 一旦 一贯 一面

地 FBFD FBLT FBAQ FBGA FBTE FBYY FBGJ FBRV FBSR
地震 地图 地区 地形 地盘 地方 地理 地势 地板

在 GMDH DHYW DHPE DHUJ DHDH PUDH DHBK DHGF DHHX
现在 在座 在家 在意 存在 实在 在职 在于 在此

要	GISV	TGSV	KWSV	EDSV	SVFI	SVGX	SVJC	SVHK	SVWY
	还要	重要	只要	须要	要求	要素	要紧	要点	要领
工	AAAD	AAPE	AAOG	AAUQ	AAWF	AAWT	AADG	AAAR	AAAN
	工期	工农	工业	工资	工会	工作	工厂	工匠	工艺
上	HHYJ	HHYE	HHXE	HHWT	HHUP	HHUD	HHTU	HHTF	HHTA
	上课	上衣	上级	上任	上帝	上头	上税	上午	上升
是	JGDJ	GIJG	GFJG	YIJG	MYJG	GIJG			
	是非	还是	于是	就是	凡是	不是			
中	KHMD	KHAI	TDKH	KHTO	KHLG	ADKH	KHQH	KHUU	KHBW
	中央	中东	适中	中秋	中国	其中	中外	中立	中队
国	LGYT	LGLT	LGGK	LGYD	LGYL	LGCW	LGGG	GGLG	LGQH
	国旗	国力	国事	国庆	国库	国难	国王	王国	国外
同	MGJE	MGFN	GIMG	MGUJ	DDMG	MGTF	MGTF	AWMG	MGNY
	同盟	同志	不同	同意	大同	同行	同等	共同	同心
和	TKRN	TKIM	TKGU	UKTK	TKAY	AWTK	IJTK	JETK	TKHF
	和气	和尚	和平	总和	和蔼	共和	温和	暖和	和睦
的	RQDQ	VBRQ	RQFG	HHRQ	WQRQ				
	的确	好的	的士	目的	你的				
有	DEUW	DEPD	DEOV	HKDE	RNDE	DESM	AWDE	FTDE	KWDE
	有益	有害	有数	占有	所有	有机	共有	都有	只有
人	WWPE	WWAA	IFWW	VBWW	WWUT	IUWW	WWKK	WWNA	WWOD
	人家	人工	法人	好人	人道	洋人	人口	人民	人类
我	TRWU	WQTR	TDTR	THTR	TRLG	TRYY			
	我们	你我	敌我	自我	我国	我方			
主	YGYA	YGSV	YGYQ	YGRF	YGXT	YGSC	YGCM	YGQE	YGWS
	主席	主要	主义	主持	主张	主权	主观	主角	主体
产	UTJG	UTSC	UTOG	TGUT	RMUT	FUUT	UDUT	TRUT	DHUT
	产量	产权	产业	生产	投产	增产	减产	特产	破产
不	GIFU	GIJG	GITF	GIFP	GIWJ	GITP	FQGI	GICW	GICE
	不幸	不是	不行	不过	不但	不管	无不	不难	不能
为	YLBN	DNYL	LDYL	WTYL	RNYL	TFYL	WVYL	YLCW	YLHX
	为了	成为	因为	作为	所为	行为	分为	为难	为此
这	YPHX	YPSU	YPWH	YPGH	YPHK	YPJF	YPJG	YPJF	YPLK
	这些	这样	这个	这下	这点	这时	这是	这里	这回

民	NAYG	NAYT	NAIF	NARG	NAUJ	GUNA	NASK	WWNA	PENA
	民主	民族	民法	民兵	民间	平民	民歌	人民	农民
了	BNXF	BNQE	YLBN	BNYN	LFBN	THBN			
	了结	了解	为了	了望	罢了	算了			
发	NTMF	NTGM	NTNA	NHNT	NTDM	NTTF	NTWT	NTJE	NTYC
	发财	发现	发展	收发	发布	发行	发作	发明	发育
以	NYYL	SKNY	TJNY	RNNY	CBNY	CWNY	NYGH	NYGO	NYQK
	以为	可以	得以	所以	予以	难以	以下	以来	以免
经	XCDL	XCIP	XCFP	MFXC	XCCW	XCMA	PYXC	XCGJ	XCAP
	经历	经常	经过	财经	经验	经典	神经	经理	经营经销

8.6.2　词组输入练习

（1）双字词

我们	他们	你们	北方	东方	南方	西方	保守	保护	保证	保险	保卫
保健	保存	保障	保留	保密	报名	报道	报表	报告	报销	报纸	成都
成本	成长	成立	补助	成交	成员	成绩	参观	参加	部分	部长	部队
长征	长度	长期	长城	宾馆	处分	处长	处处	出口	出生	出现	出来
出差	出租	出入	表示	表扬	表现	办事	办公	创作	创造	初步	初中
初级	标准	标点	促进	并且	彩色	布告	打印	厂长	并且	重复	纯洁
不要	不但	不断	大量	大海	大地	帮助	本来	本质	健康	充实	充足
北京	南京	天津	上海	四川	贵州	广州	云南	充分	变动	变化	从此
干部	党派	敌人	道理	分析	代表	夫人	电脑	饭店	地图	分析	固定
动员	对于	繁华	饭店	妨碍	分析	封锁	辅助	公路	共同	故障	观念
广播	规模	大量	道路	动作	发明	干部	种类	公民	固定	观众	广场
规则	代表	常委	电扇	发生	繁荣	访问	废除	分子	富强	负责	高峰
革命	发现	方案	风格	福利	工厂	鼓舞	管理	广大	大批	地址	电视
关键	妇联	干劲	革新	工程	固体	冠军	代替	到达	地质	广泛	大使
代理	电影	而且	反动	方法	广大	分别	改革	官僚	广告	国防	到来
电子	多次	发展	反对	方面	粉碎	改进	工会	构造	关键	国际	调动
动力	读书	多么	儿女	方式	放松	符号	改良	感动	钢笔	高兴	公报
公式	购买	国家	调查	反复	方向	贯彻	非常	风俗	符合	改善	感激
钢铁	高原	根本	奋斗	大型	弟弟	典礼	独立	对待	多少	儿子	方针
非洲	分类	奋斗	疯狂	服务	改造	感觉	工人	关系	国外	大学	当前
登记	弟兄	典型	对方	多数	耳朵	法律	房间	飞机	讽刺	服装	复杂
港口	工业	公分	姑娘	关心	规定	国营	大约	当然	导弹	地方	法院
房屋	否定	概况	感冒	岗位	单位	导演	顾客	关于	规范	工艺	公园
等候	地理	电报	动态	多种	发表	法制	分配	丰富	否认	概括	感情

工资	公共	顾问	观测	光明	规格	果然	大众	号召	合计	红旗	忽然
缓慢	恢复	会议	货币	籍贯	急忙	技巧	监督	艰险	交易	结构	杰出
谨慎	禁止	经过	距离	科长	课题	控制	过来	合理	红色	画报	问答
绘画	机场	集合	急需	技师	继承	监视	经济	就是	具备	开幕	慷慨
渴望	客观	过去	核算	合适	画家	回顾	婚姻	货物	机动	集市	急躁
技术	继续	加速	监狱	简便	奖状	骄傲	结合	解放	经理	就要	具体
开辟	抗拒	可爱	核心	合同	候补	划分	激动	机构	集体	家具	坚持
简单	建成	讲话	接触	解决	紧张	经历	开始	抗议	可耻	合作	后边
户口	化工	回来	混合	机关	集团	家属	简明	建国	接待	解剖	精彩
经受	居然	可贵	肯定	河流	后代	护士	化学	激光	机会	集中	即刻
季度	家庭	坚固	简明	建立	讲究	接近	结论	解释	尽管	精华	经验
居住	和平	后果	互相	化验	激烈	及时	即使	季节	家乡	假如	坚决
简要	建设	校对	结束	经营	局部	开展	考虑	孩子	汉语	怀念	黄河

（2）三字词组

电视机	计算机	代办处	本世纪	百分比	自治区	专利法	印度洋	司令部
司令员	文化部	中纪委	展销会	新华社	手工业	生产力	委员会	没关系
幼儿园	联系人	电气化	工业化	八进制	本报讯	常委会	大部分	自行车
展览会	知识化	研究所	拉萨市	卫生部	团支部	山东省	收录机	俱乐部
广东省	杭州市	吉林省	江西省	成都市	西安市	山西省	济南市	南京市
广州市	银川市	长沙市	安徽省	工商业	革命化	纺织品	电风扇	革命化
操作员	责任制	共青团	辩证法	反革命	工程师	国庆节	积极性	评论员
人民币	委员长	宣传部	自动化	半导体	炊事员	大西洋	电冰箱	副总理
国务院	机器人	建筑物	联合国	普通话	人生观	审计署	世界观	私有制
太平洋	为什么	消费品	怎么样	政治部	座右铭	北冰洋	标准化	存储器
大学生	房租费	甘肃省	机械化	鉴定会	马克思	南昌市	气象台	日用品
沈阳市	事实上	司法部	太阳能	图书馆	小朋友	研究室	有效期	奥运会
北京市	三极管	工业品	规律性	合肥市	教研室	辽宁省	秘书长	南宁市
青海省	陕西省	生产率	书记处	天安门	托儿所	文化宫	洗衣机	医学院
阅览室	招待所	办公室	成品率	代表团	电视台	二进制	缝纫机	工艺品
贵阳市	黑龙江	青年人	农业部	数据库	天津市	文化馆	系列化	营业员
云南省	浙江省	总工会	办公厅	大规模	电影院	发电机	福建省	各单位
贵州省	红领巾	解放军	科学家	劳动者	林业部	莫斯科	年轻人	青少年
上海市	四川省	铁道部	文汇报	运动者	中宣部	专业化	总书记	石家庄
办事处	必要性	出版社	大使馆	常委会	动物园	发动机	福建省	公安部
工作者	国防部	后勤部	同志们	科学院	灵敏度	目的地	无线电	农作物

（3）四字词组

中国人民	中外合资	中国政府	中国银行	中央委员	中华民族	中国青年
社会主义	共产主义	形式主义	国际主义	爱国主义	唯物主义	毫无疑问
唯心主义	资产阶级	资本主义	共产党员	工人阶级	无产阶级	社会实践

130

全国各地	四化建设	社会关系	生产关系	生活水平	生活方式	思想方法
人民政府	人民日报	解放军报	光明日报	农民日报	群众路线	毫无疑义
基本原则	生动活泼	黑龙江省	哈尔滨市	好大喜功	石家庄市	电报挂号
炎黄子孙	公共汽车	国家机关	出租汽车	大公无私	工作人员	通信地址
集成电路	科研成果	参考资料	物质文明	物质财富	好高骛远	一分为二
上层建筑	集成电路	科研成果	百货商店	参考资料	程序设计	精打细算
衣食住行	引进技术	经济管理	劳动模范	精雕细刻	体制改革	文化教育
经济效益	科学研究	联系实际	百货公司	参考消息	夸夸其谈	奋发图强
培训中心	调查研究	国民经济	高等院校	各级党委	冷言冷语	国防大学
了如指掌	临界状态	行政管理	应用技术	知识分子	临危不惧	文明礼貌
领导干部	党政机关	程序设计	国务委员	淋漓尽致	基础理论	综合利用
专用设备	总政治部	专业人员	综上所述	标点符号	程序控制	灵丹妙药
机构改革	计划生育	艰苦奋斗	经济基础	科学管理	通信卫星	农副产品
海外侨胞	另辟蹊径	计算中心	经济特区	科学技术	交通规则	操作系统
生产方式	十六进制	体力劳动	先进事迹	新陈代谢	妙趣横生	企业管理
新华书店	少数民族	社会科学	天气预报	外部设备	名列前茅	优质产品
指导思想	民主党派	名胜古迹	农副产品	平方公里	全心全意	少年儿童
名正言顺	政协委员	内部矛盾	勤工俭学	情报检索	群众观点	少先队员
系统工程	刑事犯罪	中共中央	千方百计	全党全国	明辨是非	煞有介事
组织纪律	操作规程	电话号码	各级领导	明目张胆	广播电台	科技人员
煞费苦心	自始至终	自动控制	自力更生	精神文明	科学分析	劳动人民
总参谋部	总而言之	总结经验	总后勤部	众所周知	冷嘲热讽	

（4）多字词组

喜马拉雅山	常务委员会	新技术革命	发展中国家	四个现代化
新华通讯社	集体所有制	军事委员会	中央电视台	中国科学院
毛泽东思想	民主集中制	为人民服务	西藏自治区	中央书记处
中央委员会	中央政治局	中国共产党	中央办公厅	全民所有制
风马牛不相及	坚持改革开放	百闻不如一见	人民代表大会	
理论联系实际	可望而不可及	内蒙古自治区	历史唯物主义	
宁夏回族自治区	科学技术委员会	中国人民解放军	中华人民共和国	
广西壮族自治区	马克思列宁主义	打破沙锅问到底	中央人民广播电台	
全国人民代表大会	坚持四项基本原则	新疆维吾尔自治区	百尺竿头更进一步	
人民大会堂	政治协商会议	搬起石头砸自己的脚	当一天和尚撞一天钟	

8.7　自由输入练习

（1）连续文本练习与测验

要求：以下短文每段至少打20遍后再打下一段，然后用它来测试录入速度。

（一）

有这样一句话：今日的你是你过去习惯的结果；今日的习惯，将是你明日的命运。改变所有让你不快乐、不成功的习惯模式，你的命运将改变，习惯领域越大，生命将越自由、充满活力，成就也会越大。

成功有时候也并非想象中的那么困难，每天都养成一个好习惯，并坚持下去，也许成功就指日可待了。每天养成一个好习惯很容易，难就难在要坚持下去。这是信念和毅力的结合，所以成功的人那么少，也就不足为奇了。

"一个人要有伟大的成就，必须天天有些小成就。"穷人和富人不仅仅是金钱上的差别。这里有个小故事：一个富人送给穷人一头牛，穷人满怀希望开始奋斗。可牛要吃草，人要吃饭，日子难过。穷人于是把牛卖了，买了几只羊，吃了一只，剩下来的用来生小羊。可小羊迟迟没有生出来，日子又艰难了。穷人把羊卖了，买成了鸡，想让鸡生蛋赚钱为生，但是日子并没有改变，最后穷人把鸡也杀了，穷人的理想彻底崩溃了，这就是穷人的习惯。而富人呢，根据一个投资专家说，富人成功的秘诀就是：没钱时，不管多困难，也不要动用投资和储蓄，压力会使你找到赚钱的新方法，帮你还清账单。这是个好习惯。性格决定了习惯，习惯决定了成功。

有人说，上帝对人类最公平的两件事之一，就是每个人都是一天只有 24 小时。记得小时候曾经念过"一寸光阴一寸金，寸金难买寸光阴"的话，虽然我们并不知道所谓"一寸光阴"到底有多长，但是既然光阴与黄金相比，其价值昂贵也就可想而知了。那么如何利用好。每天这 24 小时，好好管理自己的时间，以求得最大的效用，这无论对个体或集体而言，都是十分必要的。（634 个字）

（二）

史蒂文斯曾经是一名在软件公司干了 8 年的程序员，正当他工作得心应手时，公司却倒闭了，他不得不为生计重新找工作。这时，微软公司招聘程序员，待遇相当不错，史蒂文斯信心十足地去应聘。凭着过硬的专业知识，他轻松过了笔试关，对两天后的面试，史蒂文斯也充满信心。然而，面试时考官的问题却是关于软件未来发展方向方面的，这点他从来没有考虑过，故遭淘汰。

史蒂文斯觉得微软公司对软件产业的理解，令他耳目一新，深受启发，于是他给公司写了一封感谢信。"贵公司花费人力、物力，为我提供笔试、面试机会，虽然落聘，但通过应聘使我大长见识，获益匪浅。感谢你们为之付出的劳动，谢谢！"这封信后来被送到总裁比尔－盖茨手中。3 个月后，微软公司出现职位空缺，史蒂文斯收到了录用通知书。十几年后，凭着出色业绩，史蒂文斯成了微软公司的副总裁。

面试失败后，仍不要放弃，求职者还有起死回生的机会。如对招聘公司的辛勤劳动给予感谢，合情合理，还能反映出与众不同的作风，容易给用人单位留下深刻印象。当公司一旦出现职位空缺，或许首先想到的就是你。（441 个字）

（三）

现代女性个性的成熟大致有以下几个标志：

（1）具有一定的自主能力。凡事既不会过分依赖别人，也不会推卸自己的责任，坚持干自己认为该做的事情。

（2）有自知之明。对自己的才能有实事求是的分析和判断，量力而行，尽力而为。

（3）正视现实。对于周围发生的一切，不以本人的偏见作毫无意义的曲解、猜测。凡属无可争辩的客观事物,即使违反本人的意愿,也能冷静地欣然接受。

（4）具有一定的决断能力。凡认准该做的事情,尽管困难重重,亦会选择一个最好、最适合的方法和时机千方百计地去做。而对于任何不应该做的事情,决不为蝇头小利动心。

（5）善与人相处。客观、冷静地相处共事,不偏听偏信。

（6）具有自我成就感、有较强的事业心,懂得利用自己的一技之长,去开创各种新局面,一旦取得成就,虽不沾沾自喜,却颇有自我成就感,懂得自我欣赏。（347 个字）

（四）

被困在野外的生存之道:

野外活动中意外受伤、汽车抛锚、天气恶劣或迷了路,扫兴事小,酿成悲剧则事大。置身沼泽、山区、热带雨林或荒凉沙漠,都可能发生这些意外。活命之道有 4 个必须解决的基本问题,依次为藏身之处、信号、饮用水、食物。

无论在哪里,应该立刻离开寒冷或炎热的地点,避开风雨。

然后,利用可用之物发出容易引人注意的信号,诸如把颜色与周围环境成强烈对比的衣物挂在比较高的位置或在地上生一堆火冒出浓烟;吹哨子——国际公认的求救信号是每分钟吹 6 下,停一分钟再吹;用镜子反射阳光（在夜间则用电筒发出闪光信号）。发信号前不要到处寻找食物和饮用水,搜索队说不定就在附近:如不及时发出求救信号,可能错过宝贵的获救机会。

找寻饮用水比找寻食物更重要。一般人没有水只能活几天,热天时则更短。找寻或改善藏身之所、发出信号等活动时,体内水分已消耗不少,须予补充。

最后应找食物。成年男子通常至少可捱一周才开始出现严重症状。当然最好能尽快找到食物。必要时试试附近的植物是否可吃。（417 个字）

（2）不连续文本练习与测验

（一）

章猿间睦溃	辨疽闻伍批	乘风蜂得呻	哽忌灭嘏协	洗卢度志专	怕赛疣栈直
玻编流儿燕	鞋备写硝详	小叶谢性胜	蟹演沏消想	懈化霄骁限	霾袄纤氛衔
觅钎蝉嫌鲜	嬉限羡吊员	喇晤买阒务	尤郭纲骏猴	捡渭窝末嘻	析菲侮鞠恶
晓孝桑说箱	始纲像沃唯	纬痦腊哲晰	牺裁萄邢姓	导体醒该稳	问波屋款舞
放闻胃淄慰	纬螺送杏吸	她索损笋雕	隧缩悄统蜕	顿互团次持	捅铜倒象羊

（150 个字）

（二）

岳往竿让塌	舱捷卡生卜	曦绳扌碱篷	王酮妻斑挨	敌簇傲睫叫	瑶证睡谙眤
植培鸦锹控	药维顿咳抠	饺蝴蜗掘绸	匡晕船终渠	稍掩针束冬	者罪但淳飘
改威茸呢磁	匝暮蝎酵捅	破僧逞率床	酚芬冯念痰	炉杠彬痰那	菇勉绍停焉
勉灿哆丐起	媳骗勇良漱	稠溉造汪试	钞参瞻折拆	额部捕稍搏	钵幽窜病埠
埔擎膊悼堡	擦喀款因堑	抗豪号顽函	茵醋财韩涵	皆街话动侥	觅被服览况
竞检漳僧饺	键接阶睫哨	饺波般舰剪	鲤剪研键本	伤喉犄馒嗽	蔓蜗缓促洪
遏绑吃随敖	掇凸细宜悼	撬廉捶评物	魂拆魏虎站	之韶鲍军为	眯油溯耻粘

（210 个字）

（三）

络瀛筑臊熬	遍碧嘿弊摈	茶颁爆渤秉	茛颤垩营隘	弊意癌丙操	森搬睁蝶诞

痒淌刻舱日　遁胯倮倮恃　策喘烃肪哟　霓膜块碧秉　猜掂掘赣肮　促涡烃埂硅
卓澜哩呻屋　架甸氟姻宵　蝇殿蜗夷宫　鳃踪蜒崎抽　殉榴簇阉殉　花瘦幅荫酗
鸦液陶嚣　聋稽吁切蟹　场湘腋娟簇　减数殿轧哑　昨独崃删桓　伲绍橡整衔
猾汽理莹菠　沈器魁瘁秸　痛袄签联烫　阅啼塞屁呼　剃要还瘫蹈　握换渭瘦猴
唯芭花托毛　余囤邬脉湍　臀鸵驮湍蜗　匝眺茹柄汀　柄散嗓秤瑟　经蜂贴嚏醒
石烃婶餐滔　塘螳趄蔬胎　枢就瘦殊嗜　蓄乘论顾芍　痉舍椿蠕助
编睡膛瓣空　罗宛复嫌阁　灾呻凸吁瘁　凛辨泪休砸　蹭韶焉喉琅　纪椿慑陋躁
肮冠辑倮持　迁暇畅韩堤　阁遏痴辊恭　憨蕉屹慑慨　既肋杆限涡　扳朗陆魄蘸
蹲碟枢陈蹈　擎砌娇翘腕　鞘羌怪签揪　罩钦量食焚　款篷芽判炒　扳服阳魄蘸
策乔遣绦等　寨棋汽肤谊　缉漆脯沁繁　阮麻膜骂嘛　蟹馒盲解氓　廖护菠贸缕
癌楼纺戮峻　替护癌垄肪　馏谩蟹峪馒　骡稳错穷酸　据橡磷陵缕　炉渡麓晃喇
邀獭榄嘉翱　恐寇侩硅间　峇筐眶痴蓝　澜缆懒南筋　廓睐锡咐吼　溢箱俊尝铿

（420 个字）

掌握五笔字型输入法，并且想要达到较高的录入速度，只有通过不断地练习和强化记忆。只要按照顺序一步步地学习，就会达到想达到的目的，这样做也会培养持之以恒的毅力。

五笔字型 98 王码输入法

五笔字型 86 版问世以来，在我国汉字输入领域一直占据着主导地位，但通过十多年的应用实践，86 版的五笔字型也显露出了自身的缺点和不足。因此，王永民教授在现行五笔字型科学体系的基础上，从理论到实践，完成了对五笔字型的版本更新，经更新的 98 版五笔字型输入法编码体系更加科学合理、部件规范，编码规则简单明了、好学易用、输入效率高，并且与原五笔字型方案具有良好的兼容性，我们现在正要介绍的就是比 86 版五笔输入法更具有创新性的 98 版王码输入法。

第 章

学习流程

- 98 王码键盘布局
- 98 王码的编码规则
- 简码输入
- 词组输入

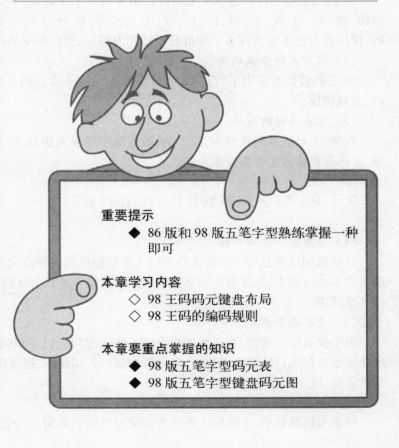

重要提示
◆ 86 版和 98 版五笔字型熟练掌握一种即可

本章学习内容
◇ 98 王码码元键盘布局
◇ 98 王码的编码规则

本章要重点掌握的知识
◆ 98 版五笔字型码元表
◆ 98 版五笔字型键盘码元图

9.1 98 王码简介

五笔字型 98 王码中的 98 版五笔字型,是五笔字型的第二个定型版本。98 王码可以处理国家标准的 6763 个汉字,也可以处理港澳台地区的 13053 个繁体字,以及国际标准大字符集包括中、日、韩三国汉字的 21003 个汉字。98 王码完全依照字形编码,不受汉字读音和方言的限制,重码率低。

五笔字型 98 王码输入法和原有的 86 版输入法在很多方面都存在着差异。本节将对 98 王码的优点及其新增功能作一个简单的介绍。

9.1.1 98 王码的优点

(1)处理多种字集

内码是在计算机内部表示汉字和各种符号的机内编码,但不同的中文系统往往采用不同的内码标准,中国使用国标码(GB 码),中国台湾省使用大五码(BIG5),其他国家和地区还采用 TCA 码、CNS 码、IS 码和 IBN5550 等内码标准。98 规范王码系列软件能够处理多种字集。

98 规范王码的部件选取及笔顺符合国家语言文字规范,86 版中需要"拆分"的许多笔画结构,如"夫、甫、气、羊、母、扩、丘、皮、毛、戊"等,在 98 王码中都不需要拆分了,可以整体编码,使用者再也不会为许多字的拆分而感到困惑了,所以易学易用。

(2)汉字无拆分编码法

98 王码首创并应用了"汉字无拆分编码法",这一方法的应用,使王码的学习变得形象生动、直观快捷。

(3)配备多种输入法

在 98 王码的系列软件中,除了 98 版五笔字型输入法外,还包括王码智能拼音、规范五笔画、王码音形输入法等多种输入法。

9.1.2 98 王码系列软件的新增功能

(1)动态取字造词功能

自动造词功能是为王码智能拼音输入法所提供的一种造词方式,除此之外,用户还可以在编辑文本的过程中,从屏幕中取字造词。用屏幕取字造词方法造出来的词,还可以供其他输入法共享使用。

(2)重码动态调序

为了提高录入速度,王码智能拼音输入法还专门提供了重码动态调序功能。重码动态调序功能即根据用户的输入内容,自动计算字词的使用频率,把使用频率高的字或词调整到重码区的前端,减少翻页。

(3)码表编辑

码表编辑器是 98 王码输入系统为高级用户提供的另一个强有力的实用工具。利用该功能,用户可以对 Windows 中 GBK 字集的 21003 个汉字的五笔字型编码和五笔画编码直接进行编辑修改,还可以建立自己的容错码。

（4）汉字内码转换

98 王码软件克服了许多中文平台软件产品互不兼容、自立标准等缺点,立足于多内码实时转换、动态翻译的新技术。

9.2　98 版基本编码单位——码元

五笔字型 98 版是在 86 版输入法的基础上更新完善的,其基本原理与原版大致相同。在前面的章节里,我们已经详细介绍过了五笔字型输入法的基本原理,所以与此相关的内容将不再介绍。

98 版的基本字根较之于 86 版有所调整,下面从 98 版的基本概念起,对 98 版五笔字型输入法进行讲解。

9.2.1　码元

好像给人起名字一样,编码是给汉字以及笔画结构编制"代码",或命名为"代号"。

汉字是图形文字,笔画繁多,形态多变。如果把所有的汉字分解成较小的块,即使不细分,分解出来的"字根"或"部件"也多达上千种,根本就没有办法将其放在 26 个英文字母键上。

在 98 王码中,汉字是以"码元"为单位输入电脑的。

我们把笔画结构特征相似、笔画形态及笔画多少大致相同的"笔画结构"作为编码的"单元",即编码的"元素",简称"码元"。

例如:字根"卄"和"廾、艹、丗"形态虽略有不同,但有视觉上的相同特征。尽管这 4 个笔画结构属于 4 个不同的字根或部件,但我们认为它们属于同一"码元"。其中"卄"有代表性,使用次数多,叫"主码元",简称"主元";而使用次数少的"廾、艹、丗",则叫"次元"或"副元"。

98 王码确定的"码元",除 5 个单笔画外,"主元"有 150 个,"次元"有 90 个。"主元"与"次元"的关系如下:

（1）同源码元

同源码元是指字源相同的码元。如:

阝（主元）——耳、卩、阝（次元）;水（主元）——氺、冫、氺（次元）。

（2）形似码元

形似码元是指形态相近的码元。如:

艹（主元）——廾、丗、卄（次元）;又（主元）——ス、マ（次元）。

"码元"完全不同于文字学意义上的"字根"或"部件","码元"是属于编码学及信息处理中的概念,两者虽有联系,但绝对不是一回事。

9.2.2　码元顺序与笔顺规范

当把几个码元用于编码时,其码元的顺序应该与汉字的书写顺序保持一致。例如:

待:彳 土 寸 （正确）

　　　彳 寸 土 （错误）

另外,笔画既不能任意切断,也不能重复使用,即在两个码元中出现。例如:

里:曰 土 （正确）

　　田 土 （错误）

一般来说,一个汉字的码元顺序和笔画顺序是一致的。在大多数情况下,码元顺序也与书写汉字时字根或部件的顺序一致,但也有以下两种例外情况:

（1）码元顺序与笔画顺序不一致

编码不是书法,在编码时码元的顺序无法与正确的笔顺完全一致,为了照顾码元的完整性和直观性,有时就无法遵循笔顺规范了。例如:

"围"字的最后一笔是"一",即"囗"的最后一笔,但是当提取"围"字的第一码元"囗"时,却把最后一笔带走了。

（2）码元顺序与汉字部件结构的顺序不一致

码元和字根或部件的确是不同的,例如:

"武"字的码元顺序是:一、七、止、、（编码顺序）

"武"字的规范笔顺是:二、止、、、（书写顺序）

9.3　王码键盘及码元布局

9.3.1　五笔字型键盘设计准则

在五笔字型键盘上,中间一排安排的码元键位实用频率最高,上排次之,下排最低。在每一排上又对称地分为左、右两区,同一区中,依食指向小指的顺序,从中央到两端,各个码元的使用频率依次降低。五笔字型键盘设计时,主要考虑了以下 3 个条件。

1）相容性:使每一键位的码元组合产生的重码最少,重码率控制在 2% 以内。

2）规律性:使各键位或码元的排列井然有序,让读者好学易记。

3）协调性:使双手操作键盘时"顺手",充分发挥各手指的功能,提高录入速度。

9.3.2　98 版五笔字型键盘的布局特点

98 王码共有 145 个码元,将这 145 个码元分 5 个区放在除〈Z〉键以外的 25 个英文字母键上,这样就形成了 98 王码的码元键盘。98 王码键盘分为以下 5 个区:

第一区:主要放置横起笔的码元 32 个,其中包括"王、土、大、木、工"等:

第二区:主要放置竖起笔的码元 23 个,其中包括"目、日、口、田、山"等;

第三区:主要放置撇起笔的码元 34 个,其中包括"禾、白、月、人、金"等;

第四区:主要放置点起笔的码元 27 个,其中包括"言、立、水、火、之"等;

第五区:主要放置折起笔的码元 29 个,其中包括"已、子、女、又、么"等。

键盘分区与 86 版相同,共 5 个区,每个区各有 5 个键位。区号和位号为 1 ~ 5,区位号组合共形成 5×5＝25 个代码,作为各个键位的代号,即编码。

各区的位号都从键盘的中部向两端排列,这样使得双手放在键盘上时,位号的顺序与食指到小指的顺序相一致。王码(五笔字型)键盘如图 9-1 所示。

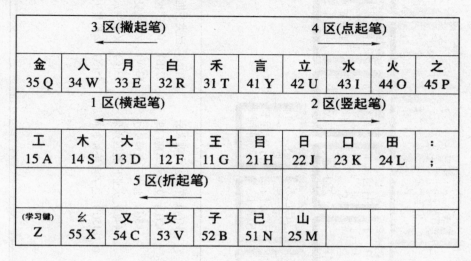

图 9-1　王码(五笔字型)键盘分区表

9.3.3　王码键盘键面符号介绍

王码键盘的各个键面上,有以下几类符号:

(1) 键名

98 版码元键盘分布图如图 9-2 所示。每个键的左上角打头的那个主码元,都是构字能力很强或者有代表性的汉字。这个汉字称为"键名字",简称"键名",一般用黑体字表示。

(2) 主码元

主码元是各键上代表每种汉字结构"特征"的笔画结构。

(3) 次码元

次码元是具有主码元的特征,但不太常用的笔画结构。

9.3.4　码元总表

把码元全部安排在对应的键位上,配上助记词,就构成了表 9-1 所示的码元总表。这张表对于读者熟悉码元和学习编码很重要。

码元总表是用表格的形式概述 98 王码中所有的码元及其分布情况。码元分布规律、码元分区助记歌和码元总表对快速记住码元的区位号是大有帮助的。

码元分布规律、码元分区助记歌和码元总表只是帮助记忆而已,真正记住还要靠大量的练习。实践证明,对于码元,死记硬背绝不是一个好办法,最好的办法是边用边查,即"用、查、用、查"。码元在哪个键上是固定的,查上几遍,用上几次,就会记牢。

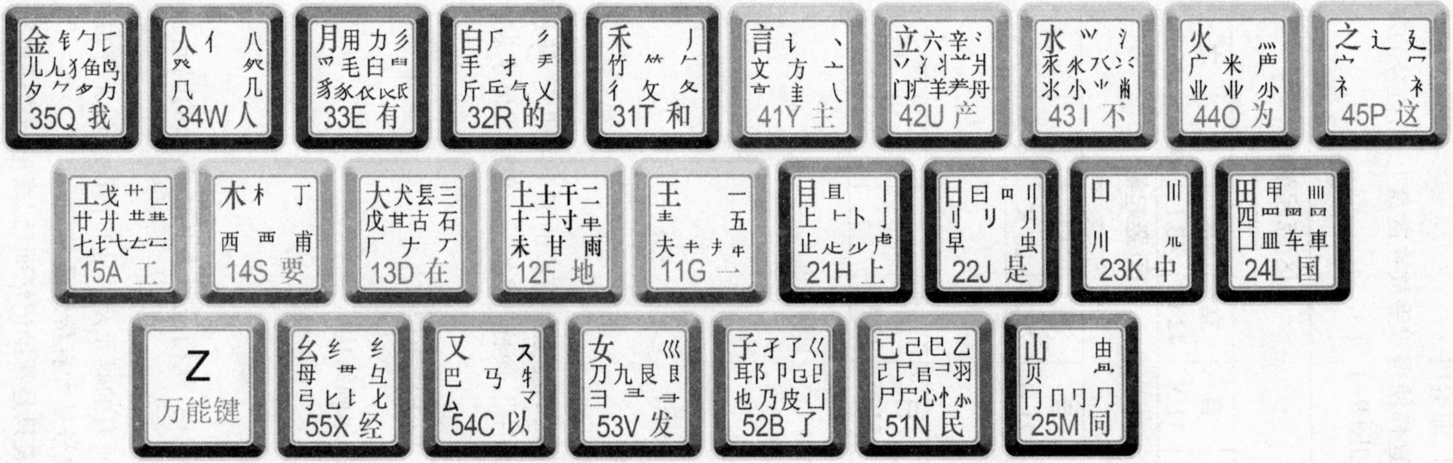

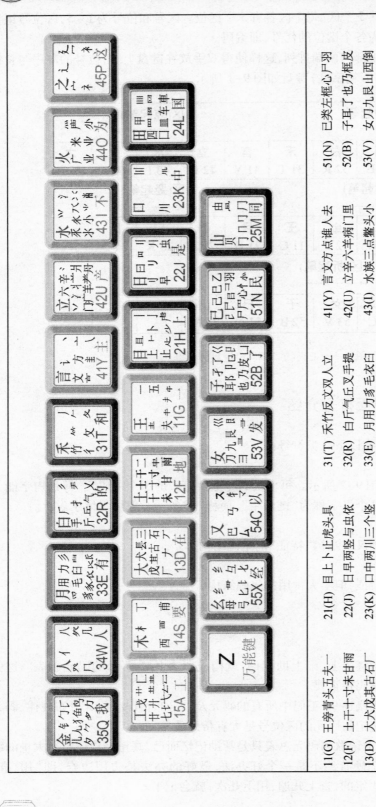

11(G) 王旁青头五夫一	21(H) 目上卜止虎头具	31(T) 禾竹反文双人立	41(Y) 言文方点谁人去	51(N) 已类左框心尸羽
12(F) 土干十寸未甘雨	22(J) 日早两竖与虫依	32(R) 白斤气丘叉手提	42(U) 立辛六羊病门里	52(B) 子耳了也乃框皮
13(D) 大犬戊其古石厂	23(K) 口中两川三个竖	33(E) 月用力豸毛衣臼	43(I) 水族三点鳖头小	53(V) 女刀九艮山西倒
14(S) 木丁西甫一四里	24(L) 田甲方框四车里	34(W) 人八登头单人儿	44(O) 火业广鹿四点米	53(C) 又巴牛厶马矢蹄
15(A) 工戈草头右框七	25(M) 山由贝骨下框集	35(Q) 金夕鸟儿犭边鱼	45(P) 之字宝盖补礻衤	55(X) 幺母贯头弓和匕

五笔字型字根助记词

图9-2　98版五笔字型码元键盘分布图

把码元全部安排在对应的键位上,配上助记词,就构成了表 9-1 所示的码元总表。码元总表列出了 98 王码的所有码元,这张表对于读者熟悉码元和学习编码很重要。

表 9-1 98 王码码元表

分区	区键位	一级简码	键名	码　　元	识别码	助　记　词
1区横起笔	11G	一	王	王主五夫キ夬丰一	⊖	王旁青头五夫一
	12F	地	土	土士二干十寸未甘雨寸串	⊜	土干十寸未甘雨
	13D	在	大	大犬三古厂ナァ镸甚	⊜	大犬戊其古石厂
	14S	要	木	木朩丁西甫覀		木丁西甫一四里
	15A	工	工	工戈艹廾卅芈芏匚戈七ヒ七一七		工戈草头右框七
2区竖起笔	21H	上	目	目上卜止ト卜少广且丨丨	①	目上卜止虎头具
	22J	是	日	日曰早虫四刂刂刂	⑪	日早两竖与虫依
	23K	中	口	口川刂川	⑩	口中两川三个竖
	24L	国	田	田甲皿四口车車四囗皿Ⅲ		田甲方框四车里
	25M	同	山	山由贝皿冂冂冂冂		山由贝骨下框集
3区撇起笔	31T	和	禾	禾竹丿彳夂攵イ	①	禾竹反文双人立
	32R	的	白	白斤气丘乂手扌手ヶ厂	②	白斤气丘叉手提
	33E	有	月	月月用用力毛白豸豕依瓜氏四	③	月用力豸毛衣臼
	34W	人	人	人亻八几癶夊几		人八登头单人几
	35Q	我	金	金钅勹儿夕夕久匚鱼犭鸟力九		金夕鸟儿犭边鱼
4区捺起笔	41Y	主	言	言讠一文方圭言丶ハ	⊙	言文方点谁人去
	42U	产	立	立冫六辛丷冫广门羊羊丷阝丷丷	⊘	立辛六羊病门里
	43I	不	水	水氺八米氺氺丷小丷灬淅	马	水族三点鳖头小
	44O	为	火	火业米广丷业广声灬		火业米广鹿四点米
	45P	这	之	之宀宀廴辶礻衤		之字宝盖补礻衤
5区折起笔	51N	民	已	已己巳己弖目心忄羽尸尸心心乙	⼄	已类左框心尸羽
	52B	了	子	子孑了阝卩凵也乃皮耳巛	⑽	子耳了也乃框皮
	53V	发	女	女刀九艮彐ヨ彐巛	⑾	女刀九艮山西倒
	54C	以	又	又厶巴マス马矢		又巴牛厶马矢蹄
	55X	经	幺	幺纟母弓毋匕匕匕马比		幺母贯头弓和匕
	"乙"代表的各类折笔		顺时针	𠃌乛𠃌𠃌𡿨乙乙乚乚乙𠃊乚	逆时针	乚乚乚乚乚𠃌𠃋乀乀乀

9.3.5 98 王码码元的助记

(1) 快速记忆码元的区位号

1) 区号与首笔代号一致

区号一般与码元第一个笔画的代号一致,例如,码元"禾",它的第一笔画为"撇",其代号为 3,因此它属于第三区的码元。

2) 许多位号与次笔代号一致

在键盘设计中,尽量让码元的位号与第2个笔画的代号一致,例如,码元"禾",它的第二笔画为"横",其代号为1,故将其安排在第一位。对于大部分码元,只要用笔画代码"读"它的前两个笔画,就构成了码元的区位号。

3)单笔画的个数与位号一致

单笔画"一、丨、丿、丶、乙"都在相应区的第一位;

双笔画"二、刂、丷、冫、巛"都在相应区的第二位;

三笔画"三、川、彡、氵、巛"都在相应区的第三位;

四笔画"灬、灬"都在相应区的第四位。

(2)五笔字型码元助记词

为了便于学习和掌握,王永民教授为每一个区的码元编写了一首助记词,助记词的内容如下:

助记词	助记词注释
11(G)王旁青头五夫一	キ、キ、キ为次元,随夫记忆,"青头"是指"キ"
12(F)土干十寸未甘雨	本键寸、キ为次元,与十、干形似
13(D)大犬戊其古石厂	其读作其,次元ア、キ前两笔为13,キ有三之形
14(S)木丁西甫一四里	次元キ为余的下部,随木记忆
15(A)工戈草头右框七	++有4个次元,七的3个次元キ、弋、キ前两笔为15
21(H)目上卜止虎头具	具念具,卜、卜同键,次元少与止同源
22(J)日早两竖与虫依	曰、四为日的次元,川、刂、刂为刂的次元
23(K)口中两川三个竖	几与川同源,故称两个川,川叫三个竖
24(L)田甲方框四车里	车的繁体与甲形似,四、皿为主元,罒、囬为次元
25(M)山由贝骨下框集	下框集,即为向下框的"集合",冂、几、冂为次元
31(T)禾竹反文双人立	攵与夂形似,为次元,单笔撇及宀在31键
32(R)白斤气丘叉手提	厂及厂为撇起2个撇,故在32,扌、キ与手同源
33(E)月用力豸毛衣臼	彡为撇起三个撇,即33,豸音志,К为衣字底
34(W)人八登头单人几	祭头与登头形似,风字框与几形似
35(Q)金夕鸟儿犭边鱼	儿与儿形似,鱼为无尾鱼,鸟为无脚鸟,犭编双码犭①
41(Y)言文方点谁人去	亠、亠前两笔为41,谁字去掉中间的亻,即为讠及主
42(U)立辛六羊病门里	汉字中有两个点的码元大都在此,故为42
43(I)水族三点鳖头小	水有6个与其形似的次元,三点在43,㳇为鳖字头
44(O)火业广鹿四点米	与4个点形似者在44
45(P)之字宝盖补衤礻	衤礻为补码码元,编2个码,衤:衤⊙,礻:礻⊙
51(N)已类左框心尸羽	已类有若干形似码元,巳有2个左框,在コ键上
52(B)子耳了也乃框皮	耳有若干形似码元,2个折笔巛在52
53(V)女刀九臼山西倒	艮艮音gen,彐为向左(西)倒的山
54(C)又巴牛厶马矢蹄	厶读私,牛指牛,马可谓失去蹄子的马
55(X)么母贯头弓和匕	匕有几个次元,纟首2笔为55,易记

小技巧

不管是 86 版五笔还是 98 王码五笔,字根的记忆始终是重点,初学者不妨用下面的方法进行记忆:

1）理解:要理解码元表的含义,能够掌握码元表中的"重点"所在,根据"助记词"去联想,切忌死记硬背;

2）放弃:联想句和助读句只有帮助作用,获得帮助后要立即放弃联想句和助读句,记忆的目标只有一个——记住"记忆句";

3）读音:助读句的读音就是记忆句的"读音",助读句引导我们如何去读记忆句;

4）读抄:进行记忆时,要一边读一边抄写记忆句,并特别留意字根与对应完整汉字的区别;

5）默写:对"五笔字根总表"进行默写,也是加强记忆的一个好方法。

9.3.6　码元的复姓家族——补码码元

98 王码中有一特别之处,就是它有 3 个补码码元。"补码码元"就是在参与编码时要编两个码的码元,也叫"双码码元"。如表 9-2 所示。

表 9-2　补码码元

补码码元	所在键位	主码（第一码）	补码（第二码）
犭	35Q	犭 35Q	①31T
礻	45P	礻 45P	◇41Y
衤	45P	衤 45P	◇42U

注:表中带圆圈的笔画,是"补码"的笔画的表示形式。

可以看出,补码码元与其他码元的不同之处在于,它用两个码来编码,需按两次键。

9.4　98 王码的编码规则

在掌握了 98 王码输入的输入原则后,我们就开始学习使用 98 王码来输入汉字了。凡是码元总表上已有的汉字,都是码元汉字,而码元总表上没有的汉字都是键外字。键外字是由码元对应的字根拼合而成的,因此,我们又将这类汉字称为合体字。

9.4.1　码元汉字的输入

码元中,有的是汉字,有的不是汉字。是汉字的码元可以分为键名码元、成字码元、补码码元 3 种。

（1）键名码元的输入

键名码元就是占据了标准键盘上的 25 个英文字母键的汉字,它是一种特殊类型的汉字,是一些组字频率较高而形体上又有一定代表性的字根。键名码元有以下 25 个。

1 区：王（G）土（F）大（D）木（S） 工（A）

2 区：目（H）日（J）口（K）田（L） 山（M）

3 区：禾（T）白（R）月（E）人（W）金（Q）

4 区：言（Y）立（U）水（I） 火（O）之（P）

5 区：已（N）子（B）女（V）又（C）幺（X）

键名码元的输入法是把码元所在的键连击 4 下。如：

1 区 2 位键名：土　　12　12　12　12　　（按 FFFF 键）

2 区 3 位键名：口　　23　23　23　23　　（按 KKKK 键）

3 区 5 位键名：金　　35　35　35　35　　（按 QQQQ 键）

5 区 4 位键名：又　　54　54　54　54　　（按 CCCC 键）

（2）成字码元的输入

在五笔字型码元键盘的每个键位上，除了一个键名码元外，还有数量不等的其他码元，它们中的一部分本身也成为汉字，这就是成字码元的汉字。

它的输入方法是：首先把码元所在的键打一下（俗称报户口），然后再依次补打它的第一、第二及最末一个单笔画（注意：单笔画所在的键均为每个区的第一个键）。如果该码元的笔画只有两个笔画，即不足四码，则补打空格键。例如：

1 区 3 位的成字码元：石　石　一　丿　一

　　　　　　　　　　　　13　11　31　11　　（DGTG）

3 区 5 位的成字码元：儿　儿　丿　乚

　　　　　　　　　　　　35　31　51　　（QTN）　　（不足 4 码，补打空格键）

成字码元共有 100 多个，其中本身形成汉字的有 66 个，如下所示：

1 区：五夫土士十寸未甘雨犬三戊古石厂木丁西甫七戈（21 个）

2 区：上止早虫川甲四车由贝（10 个）

3 区：斤丘气手用力毛八几夕儿（11 个）

4 区：文方辛六羊门小业广米（10 个）

5 区：心尸羽耳了也乃皮刀九巴母弓匕（14 个）

（3）补码码元的输入

在掌握补码码元的编码规则以后，补码码元的输入就很简单了。

补码码元的编码输入由主码、补码、首笔、末笔 4 个码组成。在输入补码码元时，首先敲一下主码对应的键，然后再补敲一下补码对应的键，再打第一个笔画及最后一个笔画。例如：

依次按 35 31 31 31（QTTT）键可以输入补码码元"犭"；

依次按 45 41 41 41（PYYY）键可以输入补码码元"礻"；

依次按 45 42 41 41（PUYY）键可以输入补码码元"衤"。

9.4.2　合体字的取码规则

98 版王码输入法的合体字取码规则与 86 版总体上是一致的。进行合体字编码时要遵循以下基本规则。

（1）书写顺序

在进行合体字编码时，一般情况下，要求按照正确的书写顺序进行。例如：

朝：十　早　月　（正确，符合规范书写顺序）

　　十　月　早　（错误，未按书写顺序书写）

（2）取大优先

"取大优先"也叫"优先取大"，按"书写顺序"为汉字编码时，不能无限制地采用笔画少的码元，否则汉字将变成单笔画了。

要以"再添一个笔画，便不能构成为笔画更多的码元"为限度，每次都以那个"尽可能大"的，即"尽可能笔画多"的结构特征作为码元编码。例如：

朝：十　日　十　月　（误）

　　十　早　月　　　（正）

（3）兼顾直观

在确认码元时，为了使码元特征明显易辨，有时就要"牺牲""书写顺序"和"取大优先"的原则，形成个别例外的情况。例如：

因：按书写顺序，其码元理应是"冂、大、一"，但这样编码，不但有悖于该字的字源，也不能使码元"口"直观易辨，因此只好违背书写顺序，按"口、大"的顺序编码。

自：按取大优先编码为"十、冖、三"，但这样编码不仅不直观，而且也有悖于该字的字源，只能按"丿、目"编码。

（4）能连不交

当一个字既可以视作"相连"的几个码元，也可视作"相交"的几个码元时，我们认为"相连"的情况是可取的。因为一般来说，"连"比"交"更为直观，更能体现码元的笔画结构特征。例如：

天：一　大　（二者是相连的）　（正）

　　二　人　（二者是相交的）　（误）

（5）能散不连

在前面的内容里已经给大家介绍过，笔画与字根之间、字根与字根之间的关系可以分为"散"的关系、"连"的关系和"交"的关系。相应地，码元之间也有这样的 3 种关系。

但遇到一个汉字的几个码元（都不是单笔画）之间的关系，既能按"散"，又能按"连"的情况，我们规定：只要不是单笔画，一律按"能散不连"判别，即作为散的关系。例如：

午：𠂉　十　（按"散"处理）　（正）

　　丿　干　（按"连"处理）　（误）

9.4.3　合体字的输入

根据码元数量的不同，合体字又可以分为多元字、四元字、三元字和二元字 4 种。下面来分别进行介绍。

（1）多元字的输入

多元字是指有 4 个以上码元的字，其取码方法是："按照笔画的书写顺序将第一、第二、第

三及最末一个码元编码",俗称"一二三末",共编 4 个码。例如:

懦:忄 雨 厂 刂 (51 12 13 22)(NFDJ)

(2)四元字的输入

四元字是指刚好有 4 个码元特征的字。其取码方法是"按照笔画的书写顺序将 4 个码元依次编码"。例如:

段:亻 三 几 又 (34 13 34 54)(WDWC)

(3)二元字和三元字的取码规则

二元字是指有 2 个码元的字;三元字是指有 3 个码元的字。

凡是取不够 4 个码元的汉字编码时,需要追加一个"末笔字型识别码",如还不足 4 个码元,则补打空格键。例如:

"沐"字的码元为"氵、木",其相应的码元编码为"43、14",还需加一个识别码"⊙",最后还要补打空格键。

9.4.4 末笔字型识别码

"识别码"是由"末笔"代号加"字型"代号构成的一个复合附加码。

末笔字型识别码是为了区别码元编码相同、字型不同的汉字而设置的,只适用于不足 4 个码元组成的汉字。我们知道,在五笔字型中,笔画分为 5 种,字型分为 3 种,那么,末笔与字型交叉的可能性就是 5×3=15 种。其识别码如表 9-3 所示。

表 9-3　末笔字型识别码

字型	末笔	横 1	竖 2	撇 3	捺 4	折 5
左右型	1	11(G)⊖	21(H)①	31(T)⊘	41(Y)⊙	51(N)⊘
上下型	2	12(F)⊜	22(J)⑩	32(R)⊘	42(U)⊝	52(B)⫝
杂合型	3	13(D)⊜	23(K)⑩	33(E)⊘	43(I)⊝	53(V)⫝

从上面的表格中大家已经发现,这些带圆圈的笔画为什么可以起到识别码的作用呢?这是因为区位号、笔画数、字型号有以下的一致性:

1)单笔画在各区的第一位,第一位刚好也代表 1 型字。

2)双笔画在各区的第二位,第二位正好代表 2 型字。

3)3 个单笔画在各区的第三位,第三位正好代表 3 型字。

识别码共 15 个符号,输入时,只打圈里边的笔画键就行了。外带圆圈只是为了便于与真正的笔画相区别。下面举例说明。

1)对于 1 型(左右型)字,输入完字根之后,补打 1 个末笔画即等于加了"识别码"。

如:腊:月 廿 日 ⊖ (末笔为"一",1 型,补打"⊖")

蜊:虫 禾 刂 ① (末笔为"丨",1 型,补打"①")

泸:氵 卜 尸 ⊘ (末笔为"丿",1 型,补打"⊘")

谋:讠 二 木 ⊙ (末笔为"、",1 型,补打"⊙")

礼:礻 、 乙 ⊘ (末笔为"乙",1 型,补打"⊘")

2）对于 2 型（上下型）字，输入完字根之后，补打由 2 个末笔画复合而成的"字根"即等于加了"识别码"。

如：娄：米 女 ⊟　　　（末笔为"一"，2 型，扑打"⊟"）

弄：王 廾 ⑪　　　（末笔为"丨"，2 型，补打"⑪"）

参：厶 大 彡 ⑦　　（末笔为"丿"，2 型，补打"⑦"）

象：⺈ 豕 ⊗　　　（末笔为"、"，2 型，补打"⊗"）

号：口 一 乙 ⑩　　（末笔为"乙"，2 型，补打"⑩"）

3）对于 3 型（杂合型）字，输入完字根之后，补打由 3 个末笔画复合而成的"字根"即等于加了"识别码"。

如：同：门 一 口 ⊟　　（末笔为"一"，3 型，补打"⊟"）

乎：丿 丷 十 ⑪　　（末笔为"丨"，3 型，补打"⑪"）

户：、 尸 ⑦　　　（末笔为"丿"，3 型，补打"⑦"）

还：丆 卜 辶 ⑧　　（末笔为"、"，3 型，补打"⑧"）

虎：虍 几 ⑩　　　（末笔为"乙"，3 型，补打"⑩"）

9.5　简码的输入

为了提高输入汉字的速度，我们对常用汉字只取其前一个、两个或三个码元，再加空格键输入，即只取其全码的最前边的一个、两个或三个码，再加打空格键表示输入结束，形成所谓一级、二级、三级简码。

9.5.1　一级简码

根据每一个键位上的码元形态特征，在每个键各安排一个常用的高频汉字，这类字只要键入一个码元代码和一个空格键即可输入。

一级简码共计 25 个，要熟记：

一	11（G）	地	12（F）	在	13（D）	要	14（S）	工	15（A）
上	21（H）	是	22（J）	中	23（K）	国	24（L）	同	25（M）
和	31（T）	的	32（R）	有	33（E）	人	34（W）	我	35（Q）
主	41（Y）	产	42（U）	不	43（I）	为	44（O）	这	45（P）
民	51（N）	了	52（B）	发	53（V）	以	54（C）	经	55（X）

注意

　　在一级简码中，"有、不、这"的一级简码是其全码的第二个码。而"我、为、以、发"的一级简码与其全码无关。

9.5.2　二级简码

二级简码汉字只需键入单字全码的前二个码和一个空格键即可输入。25 个键位代码由两码组合共有 25 × 25 = 625 个汉字。由于部分两个代码的组合没有汉字或者组合得到的汉字不常用,所以,五笔字型输入法实际安排的二级简码字不到 625 个。

下面举例说明二级简码的输入方法。

李:木 子 (14 52 SB)

心:心 丶 (51 41 NY)

还:丆 卜 (13 21 DH)

证:讠 一 (41 11 YG)

二级简码只要击两次键和一次空格键即可键入一个汉字。从一定意义上讲,熟记二级简码是学习五笔字型的捷径。

98 版的二级简码与 86 版有较大不同,表 9-4 是 98 版的二级简码表。

表 9-4 98 版五笔字型二级简码表

	G F D S A	H J K L M	T R E W Q	Y U I O P	N B V C X
G	五于天末开	下理事画现	麦珀表珍万	玉来求亚琛	与击妻到互
F	十寺城某域	直刊吉雷南	才垢协零无	坊增示赤过	志坡雪支坶
D	三夺大厅左	还百右面而	故原历其克	太辜砂矿达	成破肆友龙
S	本票顶林模	相查可枣贾	枚析杉机构	术样档杰枕	札李根权楷
A	七革苦菩式	牙划或苗贡	攻区功共匹	芳蒋东蘑芝	艺节切芭药
H	睛睦非盯瞒	步旧占卤贞	睡睥肯具餐	虔瞳步虚睛	虑 眼眸此
J	量时晨果晓	早昌蝇曙遇	鉴蚯明蛤晚	影暗晃显蛇	电最归坚昆
K	号叶顺呆呀	足虽吕喂员	吃听另只兄	喑咬吵嘛喧	叫啊啸吧哟
L	车团因困轼	四辊回田轴	略斩男界罗	罚较 辘连	思团轨轻累
M	赋财央嵩曲	由则迥崭册	几冈骨内见	丹赠峭赃迪	岂邮 峻幽
T	年等知条长	处得各备身	秩稀务答稳	入冬秒秋乏	乐秀委么每
R	后质拓折找	看提扣押抽	手折拥兵换	搞拉泉扩近	所报扫反指
E	且肚须采肛	毡胆加舆觅	用貌朋办胸	肪胶膛脏边	力服妥肥脂
W	全什估休代	个介保佃仙	八风佣从你	信们偿伙仁	亿他分公化
Q	钱什然钉氏	外旬名甸负	儿勿角欠多	久匀乐炙锭	包迎争色错
Y	证什诚订试	让刘训亩市	放义衣认询	方详就亦亮	记享良充率
U	半斗头亲并	着间部闸端	道交前闪次	六立冰普	闷疗妆痛北
I	光汗尖浦江	小浊溃泗油	少汽肖没沟	济洋水渡党	沁波当汉涨
O	精庄类床席	业烛燥库灿	庭粕粗府底	广粒应炎迷	断籽数庶鹿
P	家守害宁赛	寂审宫军宙	客宾农空宛	社实宵灾之	官字安 它
N	那导居懒异	收慢避惭届	改怕尾恰懈	心习尿屡忱	已敢恨怪尼
B	卫际承阿陈	耻阳职阵出	降孤阴队陶	及联孙耿辽	也子限取陛
V	建寻姑杂既	肃旭如姻妯	九婢姐妗婚	妨嫌录灵退	恳好妇妈姆
C	马对参牺戏	惧 台 观	矣 能难物	叉	予邓艰双牝
X	线结顷缚红	引旨强细贯	乡绅组给约	纺弱纱继综	纪级绍弘比

9.5.3 三级简码

三级简码汉字只需键入单字全码的前三个码和一个空格键即可输入。

三级简码的输入举例如下。

想:木 目 心 (14 21 51 SHN)

得:彳 日 一 (31 22 11 TJG)

我们再对三级简码与四码字的区别作一介绍。从形式上看,三级简码与四码字都是击键 4 次,似乎一样,但实质上两者大不相同,其区别主要表现在以下两方面:

1) 三级简码少分析了最后一个码元,减少了思考的环节及脑力负担。

2) 三级简码的最后一键是拇指按空格键,其他八个手指可以从容变位,有利于迅速投入下一次击键。

对于一级简码汉字,因为只有 25 个,因此要求大家一定要熟记;对于二级或三级简码汉字,不要求大家熟记,这些字只能通过平时不断练习来掌握,这样会大大提高汉字的输入速度。

9.6　词组的输入

中文是以单字为基本单位,由单字可以灵活地组成成千上万的词组,而五笔字型输入方法就完全体现了汉字的这一特点,以单字代码为基础,完全依据字形组成了与单字代码码型一致相容的大量词汇代码。不管多长的词组,一律取等长 4 码,而且单字和词组可以混合输入,其间不用任何换档或其他附加操作。98 版五笔字型采用了与 86 版五笔字型相同的词组输入原理,下面简单介绍一下。

9.6.1　二字词

二字词在汉语的词汇中占相当大的比例,所以在输入二字词时应尽量输入词组,能加快输入速度,提高工作效率。

二字词输入的编码规则是:分别取两个单字的前两个字根代码。例如:

机器:木 几 口 口 ;应输入相应编码 SWKK(14 34 23 23)。

实践:宀 丶 口 止 ;应输入相应编码 PUKH(45 42 23 21)。

汉字:氵 又 宀 子 ;应输入相应编码 ICPB(43 54 45 52)。

我们:丿 扌 亻 门 ;应输入相应编码 TRWU(31 32 34 42)。

9.6.2　三字词组

三字词组输入的编码规则是:分别取前两个字的第一码及第三个字的前两码。例如:

现代化:王 亻 亻 匕 ;相应编码为 GWWX(11 34 34 55)。

太阳能:大 阝 厶 月 ;相应编码为 DBCE(13 52 54 33)。

电视机:曰 礻 木 几 ;相应编码为 JPSW(22 45 14 34)。

纪念品:纟 人 口 口 ;相应编码为 XWKK(55 34 23 23)。

9.6.3　四字词组

四字词组输入的编码规则为:分别取每个字的第一码。例如:

公共场所:八 艹 土 厂 ;相应编码为 WAFR(34 15 12 32)。

眼花缭乱:目 艹 纟 丿;相应编码为 HAXT(21 15 55 31)。

9.6.4　多字词组

多字词的编码规则为:依次取第一、第二、第三和最后一个字的第一码。例如:
发展中国家:乙 尸 口 宀 ;相应编码为 NNKP(51 51 23 45)。
内蒙古自治区:冂 艹 古 匚 ;相应编码为 MADA(25 15 13 15)。

9.6.5　屏幕动态造词

在王码输入软件中,系统为用户提供了 15000 条常用词组,此外,用户还可以使用系统提供的造词功能另造新词,或直接在编辑文本过程中,从屏幕上"取字造词"。对于所有新造的词,系统将自动按取码规则编制出词汇的正确输入码,并自动并入原词库统一使用。具体方法如下:
1)将某段文字输入电脑。
2)通过鼠标的拖动选择想新建词的汉字串。
3)单击输入法状态窗口中"词"的按钮。
4)刚才选取的汉字串就被当做一条新词语存入词库中,以后便可当做词组使用。

9.7　重码、容错码及〈Z〉键的作用

9.7.1　重码

重码就是指几个不同的汉字使用了相同的码元编码。例如:
衣:　　(41 33 42 YEU) 亠　𧘇
哀:　　(41 33 42 YEU) 古　𧘇

输入重码汉字的编码时,重码字同时显示在提示行,而较常用的那个字排在第一个位置上,此时电脑报警发出短暂的"嘟"声,如果所要的那个字刚好处在第 1 个位置上,那么就只管继续输入别的汉字,这个字会自动跳到正常编辑位置上去;如果输入的那个字处在第 2 个位置上,则按数字键〈2〉即可使它显示在编辑位置上。

9.7.2　容错码

所谓容错码就是指容易编错的码或允许编错的码,即容易编错的码允许按错的打。容错码可以分为两种类型:
（1）编码容错
个别汉字的书写顺序因人而异,致使码元的序列也不尽相同,因而容易弄错。

（2）字型容错

　　个别汉字的字型分类不易确定。98 王码提供了一个名为王码码表编辑器的实用工具，用户可以用它来定义一个码字的容错码。

9.7.3　万能学习键〈Z〉

　　在五笔字型输入状态下输入汉字时，如果对某字编码有困难时，或不知道某个码元在哪个键上时，或不知道识别码是什么时，可以用万能学习键〈Z〉代替不知道的那个输入码，相关字的正确码就会自动提示在字的后边。

9.7.4　98 王码五笔字型的中文符号

　　相对于 86 版的五笔字型输入法，98 王码五笔字型的中文字符输入要方便得多，中文标点与键盘符号的对应如表 9-5 所示。

表 9-5　键盘符号与中文标点对应关系

中文标点名称	中文标点	键盘符号	中文标点名称	中文标点	键盘符号
句号	。	.	单引号	'	'
逗号	，	,	单引号	'	'
分号	；	;	左括号	（	(
冒号	：	:	右括号	）	)
问号	？	?	书名号	《	<
感叹号	！	!	书名号	》	>
顿号	、	\	省略号	……	^
双引号	"	"	间隔号	·	@
双引号	"	"	人民币符号	￥	$

练 习 题

一、填空题

　　1. 我们把_____、_____及_____大致相同的"笔画结构"，作为编码的"单元"，即编码的"元素"，简称"_____"。

　　2. 五笔字型键盘设计时，主要考虑了_____、_____、_____3 个条件。

　　3. "识别码"是由"_____"代号加"_____"代号，构成的一个_____。

　　4. 根据_____的不同，合体字又可以分为_____、_____、_____和_____4 种。

　　5. 容错码就是指_____或_____，即_____。容错码可以分为_____类型。

二、简答题

　　1. 98 王码有哪些优点？86 版与 98 版五笔字型有什么异同？

　　2. 98 王码有哪些新增功能？

3. 什么是码元？五笔字型的码元有多少个？怎样才能在键盘上快速准确地找到某一个指定的码元？

4. 98 版五笔字型键盘的设计准则及布局特点是什么？

5. 什么叫键名码元？如何输入键名码元？25 个键名码元是什么？

6. 什么叫成字码元？成字码元是如何输入的？请举例说明。

7. 什么是补码码元？如何输入？

8. 什么是合体字？合体字的取码规则有哪些？如何输入？

9. 什么叫重码？出现重码怎么办？

三、操作题

1. 练习一级简码的输入。

2. 练习二级简码的输入。

3. 按照 98 版王码五笔字型输入法的输入规则，对第 8 章所提供的习题进行输入练习。

附录　五笔字型字根及编码字典

说明： 附录中给出了五笔字型 86 版的字根拆分及编码。编码表中的字母表示该字的编码，前面的小写字母表示该字的简码，也就是说只要输入前面的小写字母就可以打出该字，后面的大写字母输不输入都可以；例如，"吁"字的编码为"kuhH"，只需要输入前面的小写字母"k、u、h"就可以输入"吁"字，后面的大写字母"H"输不输入均可。汉字是按拼音的顺序排序，方便读者的查询。

字	86码	字根	字	86码	字根	字	86码	字根	字	86码	字根	字	86码	字根	字	86码	字根
a			谙	yujG	讠立曰⊟	袄	putD	衤丶亻大	耙	dicN	三小巴乙	**ban**			瓣	urCU	辛厂厶辛
吖	kuhH	口丨丨①	鹌	djng	大曰乙一	媪	vjlG	女曰皿⊟	**bai**			扳	rrcY	扌厂又○	**bang**		
阿	bsKG	阝丁口	鞍	afpV	廿串宀女	夵	tdmJ	丿大山⑪	掰	rwvr	手八刀手	班	gytG	王丶丿王	邦	dtbH	三丿阝①
啊	kbSK	口阝丁口	俺	wdjn	亻大曰乙	傲	wgqt	亻圭勹攵	白	rrrR	白白白白	般	temC	丿舟几又	帮	dtBH	三丿阝丨
锕	qbsK	钅阝丁口	埯	fdjN	土大曰乙	奥	tmoD	丿冂米大	百	djF	丆日⊟	颁	wvdM	八刀丆贝	梆	sdtB	木三丿阝
腌	edjn	月大曰乙	铵	qpvG	钅宀女⊟	骜	gqtc	圭勹攵马	佰	wdjG	亻丆日⊟	斑	gygG	王文王一	浜	irgw	氵斤一八
ai			揞	rujg	扌立曰⊟	澳	itmD	氵丿冂大	柏	srg	木白一	搬	rteC	扌丿舟又	绑	xdtB	纟三丿阝
哎	kaqY	口艹乂○	犴	qtfh	犭丿干①	懊	ntmD	忄丿冂大	伯	wrG	亻白一	阪	brcy	阝厂又丶	榜	supY	木立冖方
哀	yeu	亠衣③	岸	mdfj	山厂干①	鏊	gqtq	圭勹攵金	捭	rrtF	扌白丿十	坂	frcY	土厂又丶	膀	eupY	月立冖方
唉	kctD	口厶亻大	按	rpvG	扌宀女⊟	**ba**			摆	rlfC	扌罒土厶	板	srcY	木厂又丶	蚌	jdhH	虫三丨①
埃	fctD	土厶亻大	案	pvsU	宀女木③	八	wty	八八	败	mty	贝攵丶	版	thgc	丿丨一又	傍	wupY	亻立冖方
挨	rctD	扌厶亻大	胺	epvG	月宀女⊟	巴	cnhN	巴乙丨乙	拜	rdfh	手三十①	钣	qrcY	钅厂又丶	棒	sdwH	木三人丨
锿	qyey	钅亠衣	暗	juJG	日立曰⊟	叭	kwy	口八○	稗	trtf	禾白丿十	舨	terc	丿舟厂又	谤	yupY	讠立冖方
捱	rdff	扌厂土土	黯	lfoj	罒土灬曰	扒	rwy	扌八○				办	lwI	力八③	蒡	aupy	艹立冖方
皑	rmnn	白山乙乙	**ang**			吧	kcN	口巴乙				半	ufK	丷十⑩	磅	dupY	石立冖方
癌	ukkM	疒口口山	肮	eymN	月亠几乙	岜	mcb	山巴⑥				伴	wufH	亻丷十①	镑	qupY	钅立冖方
嗳	kepC	口爫冖又	昂	jqbJ	曰𠂆卩丨	芭	acB	艹巴⑥				扮	rwvN	扌八刀乙	**bao**		
矮	tdtv	丿大禾女	盎	mdlF	门大皿⊟	疤	ucv	疒巴⑥				拌	rufh	扌丷十①	包	qnV	勹巳⑥
蔼	ayjN	艹讠曰乙	**ao**			捌	rklj	扌口力刂				绊	xufH	纟丷十①	孢	bqnN	子勹巳乙
霭	fyjn	雨讠曰乙	凹	mmgd	门门一⊟	笆	tcb	𥫗巴⑥							苞	aqnB	艹勹巳⑥
艾	aqu	艹乂③	坳	fxlN	土幺力乙	粑	ocn	米巴乙							胞	eqnN	月勹巳乙
爱	epDC	爫冖ナ又	敖	gqty	圭勹攵丶	把	rcn	扌巴乙							煲	wkso	亻口木火
砹	daqy	石艹乂○	嗷	kgqt	口圭勹攵	靶	afcN	廿串巴乙							鲍	hwbn	止人凵巳
隘	buwL	阝䒑八皿	廒	ygqT	广圭勹攵	坝	fmy	土贝丶							褒	ywke	亠一口𧘇
嗌	kuwL	口䒑八皿	獒	gqtd	圭勹攵犬	爸	wqcB	八乂巴⑥							雹	fqnB	雨勹巳⑥
媛	vepc	女爫冖又	遨	gqtp	圭勹攵辶	鲅	qgdc	鱼一广又							宝	pgyU	宀王丶③
碍	djgF	石曰一寸	熬	gqto	圭勹攵灬	霸	fafE	雨廿革月							饱	qnqn	饣勹乙巳
嗳	jepC	日爫冖又	翱	rdfn	白大十羽	灞	ifaE	氵雨廿月							保	wksY	亻口木
瑷	gepc	王爫冖又	聱	gqtb	圭勹攵耳										鸨	xfqG	匕十勹一
an			鳌	gqtg	圭勹攵一										堡	wksf	亻口木土
安	pvF	宀女⊟	鏖	ynjq	广コ川金										葆	awkS	艹亻口木
桉	spvG	木宀女⊟													褓	puws	衤丶亻木
庵	ydjn	广大曰乙															

第1列

字	86码	字根
报	rbCY	扌卩又
抱	rqnN	扌勹巳乙
豹	eeqy	爫勹丶
钧	khqy	口止勹丶
鲍	qgqN	鱼一勹巳乙
暴	jawI	日共八水
爆	ojaI	火日共水
剥	vijh	彐氺刂①
薄	aigF	艹氵一寸
刨	qnjh	勹巳刂①
瀑	ijaI	氵日共水
bei		
呗	kmy	口贝丶
陂	bhcY	阝广又丶
卑	rtfj	白丿十①
杯	sgiY	木一小丶
悲	djdn	三刂三心
碑	drtF	石白丿十
鹎	rtfg	白丿十一
北	uxN	丬匕乙
狈	qtmy	犭丿贝丶
邶	uxbH	丬匕阝①
备	tlf	夂田②
背	uxeF	丬匕月
钡	qmy	钅贝丶
倍	wukG	亻立口一
悖	nfpb	忄十宀子
被	puhc	ネ丶广又
惫	tlnU	夂田心③
焙	oukG	火立口一
辈	djdl	三刂三车
碚	dukG	石立口一
蓓	awuk	艹亻立口
褙	puue	ネ丶丬月
鞴	afae	廿早共用
錾	nkuq	尸口辛金
孛	fpbf	十宀子
ben		
奔	dfaJ	大十卅①
贲	famU	十廾贝③
锛	qdfA	钅大十卅
本	sgD	木一⊜
苯	asgF	艹木一⊖
畚	cdlF	厶大田

第2列

字	86码	字根
坌	wvff	八刀土
笨	tsgF	竹木一⊖
夯	dlb	大力⑥
beng		
崩	meeF	山月月②
绷	xeeG	纟月月一
嘣	kmeE	口山月月
甭	gieJ	一小用①
泵	diu	石水③
迸	uapK	丷廾辶Ⅲ
髦	fkun	士口丷乙
蹦	khme	口止山月
bi		
逼	gklp	一口田辶
荜	afpb	艹十宀子
鼻	thlJ	丿目田卄
匕	xtn	匕丿乙
比	xxN	匕匕乙
吡	kxxN	口匕匕乙
妣	vxxN	女匕匕乙
彼	thcY	彳丿又丶
秕	txxN	禾匕匕乙
俾	wrtF	亻白丿十
舭	texX	丿舟匕匕
必	ntE	心丿②
毕	xxfJ	匕匕十①
闭	uftE	门十丿②
庇	yxxV	广匕匕⑩
畀	lgjJ	田一刂①
哔	kxxf	口匕匕十
愍	xxnt	匕匕心丿
荜	axxf	艹匕匕十
陛	bxXF	阝匕匕土
毙	xxgx	匕匕一匕
狴	qtxf	犭丿匕土
铋	qntt	钅心丿丿
婢	vrtF	女白丿十
庳	yrtF	广白丿十
敝	umiT	丷门小攵
萆	artF	艹白丿十
弼	xdjX	弓丿日弓
愎	ntjt	忄夂日攵
箄	txxf	竹匕匕十
滗	ittN	氵竹丿乙
痹	ulgj	疒田一刂
蓖	atlX	艹夂田匕

第3列

字	86码	字根
禅	purF	ネ丶丷十
蹿	khxf	口止匕十
弊	umia	丷门小卄
碧	grdF	王白石②
算	tlgJ	竹田一刂
蘸	aumT	艹丷门攵
壁	nkuf	尸口辛土
嬖	nkuv	尸口辛女
箅	ttlx	竹丿田匕
薛	ankU	艹尸口辛
避	nkuP	尸口辛辶
潷	ithj	氵目川
臂	nkue	尸口辛月
髀	merf	骨白月十
璧	nkuy	尸口辛丶
襞	nkue	尸口辛衣
bian		
边	lpV	力辶⑩
砭	dtpY	石丿辶丶
笾	tlpU	竹力辶③
编	xyna	纟丶尸卝
煸	oyna	火丶尸卝
蝙	jyna	虫丶尸卝
鳊	qgya	鱼一丶卝
鞭	afwQ	廿早亻乂
贬	mtpY	贝丿辶丶
扁	ynma	丶尸冂卝
窆	pwtp	宀八丿辶
匾	ayna	匚丶尸卝
褊	puya	ネ丶尸卝
卞	yhu	丶卜③
汴	iyhY	氵丶卜丶
苄	ayhU	艹丶卜③
便	wgjQ	亻一日乂
变	yoCU	丶小又③
缏	xwgq	纟亻一乂
遍	ynmP	丶尸冂辶
辨	uytU	辛丿辛
辩	uyuH	辛讠辛
辫	uxuH	辛纟辛
biao		
髟	det	镸彡①
彪	hame	虍几彡
标	sfiY	木二小丶

第4列

字	86码	字根
飑	mqqn	几乂乙巳
骠	csFI	马西二小
臕	esfI	月西二小
癓	usfI	疒西二小
镖	qsfI	钅西二小
飘	dddq	犬犬犬乂
飚	mqoO	几乂火火
镳	qyno	钅广灬
表	geU	龶伙③
婊	vgey	女龶伙丶
裱	puge	ネ丶龶伙
鳔	qgsI	鱼一西小
bie		
憋	umin	丷门小心
鳖	umig	丷门小一
别	kljH	口力刂①
蹩	umih	丷门小止
瘪	uthx	疒丿目匕
bin		
宾	prGW	宀斤一八
彬	sseT	木木彡丿
滨	iprW	氵宀斤八
傧	wprW	亻宀斤八
缤	xprW	纟宀斤八
槟	sprW	木宀斤八
镔	qprW	钅宀斤八
濒	ihim	氵止小贝
豳	eemK	豕豕山Ⅲ
摈	rprW	扌宀斤八
殡	gqpW	一夕宀八
膑	eprW	月宀斤八
髌	mepw	骨月宀八
鬓	depw	髟彡宀八
bing		
冰	uiY	冫水丶
兵	rgwU	斤一八③
丙	gmwI	一门人③
邴	gmwb	一门人阝
秉	tgvI	丿一彐小
柄	sgmW	木一门人
炳	ogmW	火一门人
饼	qnuA	饣乙丷廾
禀	ylki	亠口小
并	uaJ	丷廾①
病	ugmW	疒一门人

第5列

字	86码	字根
摒	rnua	扌尸丷卝
扩	uygg	疒、一一
bo		
拨	rntY	扌乙丿丶
波	ihcY	氵广又丶
玻	ghcY	王广又丶
钵	qsgG	钅木一一
馞	qnfb	饣乙十子
啵	kihC	口氵广又
脖	efpB	月十宀子
菠	aihC	艹氵广又
播	rtol	扌丿米田
伯	wrG	亻白一
驳	cqqY	马乂乂丶
帛	rmhJ	白冂丨①
泊	irG	氵白一
勃	fpbL	十宀子力
亳	ypta	亠冖丿七
钹	qdcy	钅ナ又丶
铂	qrg	钅白一
舶	terG	丿舟白一
博	fgeF	十一月寸
渤	ifpL	氵十宀力
鹁	fpbg	十宀子一
搏	rgef	扌一月寸
箔	tirF	竹氵白一
膊	egef	月一月寸
踣	khuk	口止立口
礴	daiF	石艹氵寸
跛	khhc	口止⻊广又
簸	tadc	竹三又
擘	nkur	尸口辛手
檗	nkus	尸口辛木
卜	hhy	卜丨丶
bu		
逋	gehp	一月辶
钸	qdmh	钅ナ门丨
哺	jgey	日一月丶
醭	sgoy	西一业
卟	khy	口卜丶
补	puhY	ネ丶卜丶
哺	kgeY	口一月丶
捕	rgeY	扌一月丶
不	giI	一小③
布	dmhJ	ナ门丨①
步	hiR	止小②
怖	ndmH	忄ナ门丨

字	86码	字根
钚	qgiy	钅一小⊙
部	ukBH	立口阝①
埠	fwnF	土亻コ十
瓿	ukgN	立口一乙
卜	hhy	卜丨丶
ca		
擦	rpwi	扌宀癶小
礤	dawI	石艹人小
cai		
猜	qtge	犭丿龶月
才	ftE	十丿②
材	sftT	木十丿①
财	mftT	贝十丿①
裁	fayE	十戈衣
采	esU	爫木③
彩	eseT	爫木彡①
睬	hesY	目爫木⊙
踩	khes	口止爫木
菜	aeSU	艹爫木③
蔡	awfI	艹癶二小
can		
参	cdER	厶大彡①
骖	ccdE	马厶大彡
餐	hqCE	⌐夕又⺀
残	gqgT	一夕戋①
蚕	gdjU	一大虫③
惭	nlRH	忄车斤①
惨	ncdE	忄厶大彡
黪	lfoe	⿊土灬彡
灿	omH	火山①
粲	hqco	⌐夕又米
cang		
仓	wbb	人㔾⑩
伧	wwbn	亻人㔾乙
沧	iwbn	氵人㔾乙
苍	awbB	艹人㔾⑩
舱	tewB	丿舟人㔾
藏	adnt	艹厂乙丿
cao		
操	rkkS	扌口口木
糙	otfP	米丿土辶
曹	gmaJ	一门艹日
嘈	kgmj	口一门日
漕	igmj	氵一门日
槽	sgmj	木一门日
艚	tegj	丿舟一日
螬	jgmj	虫一门日
艹	aghh	艹一丨丨
草	ajj	艹早①
ce		
册	mmGD	冂冂一㊂
侧	wmjH	亻贝刂①
厕	dmjk	厂贝刂⑩
恻	nmjH	忄贝刂①
测	imjH	氵贝刂①
策	tgmI	⺮一冂小
cen		
岑	mwyn	山人丶乙
涔	imwN	氵山人乙
参	cdER	厶大彡①
ceng		
噌	kulJ	口丷⺍日
层	nfcI	尸二厶③
蹭	khuj	口止丷日
曾	ulJF	丷⺍日
cha		
嗏	kpwI	口宀癶小
叉	cyi	又丶③
杈	scyy	木又丶⊙
插	rtfV	扌丿十臼
馇	qnsG	⺈乙木一
锸	qtfv	钅丿十臼
查	sjGF	木日一一
茬	adhf	艹ナ丨土
茶	awsU	艹人木③
搽	raws	扌艹人木
猹	qtsG	犭丿木一
槎	suda	木丷手工
察	pwfi	宀癶二小
碴	dsjG	石木日一
檫	spwi	木宀癶小
衩	pucY	⻂冫又丶
镲	qpwi	钅宀癶小
汊	icyy	氵又丶⊙
岔	wvmj	八刀山①
姹	vpta	女宀丿七
差	udaF	丷手工
刹	qsjH	乂木刂①
chai		
拆	rryY	扌斤丶⊙
钗	qcyY	钅又丶⊙
侪	wyjH	亻文刂①
柴	hxsU	止匕木③
豺	eefT	⺈彡十丿
虿	dnju	厂乙虫③
chan		
觇	hkmQ	⺊口冂儿
掺	rcdE	扌厶大彡
搀	rqku	扌⺈口⻍
婵	vujF	女丷日十
谗	yqkU	讠⺈口⻍
孱	nbbB	尸子子子
禅	pyuf	礻丶丷十
馋	qnqu	⺈乙⺈⻍
缠	xyjF	纟广日土
蝉	jujf	虫丷日十
廛	yjfF	广日土土
潺	inbb	氵尸子子
蟾	jqdY	虫⺈厂言
躔	khyf	口止广土
产	uTE	立丿②
谄	yqvg	讠⺈臼
铲	qutT	钅立丿①
阐	uujF	门丷日十
蒇	admt	艹厂贝丿
冁	ujfe	丷日十②
忏	ntfh	忄丿十①
颤	ylkm	⊥口口贝
羼	nudd	尸⺷手手
澶	iylg	氵⊥口一
骣	cnbB	马尸子子
chang		
伥	wtaY	亻丿七丶
昌	jjF	日日㊀
娼	vjjG	女日日一
猖	qtjj	犭丿日日
菖	ajjf	艹日日十
阊	ujjd	门日日㊂
鲳	qgjj	鱼一日日
肠	enrT	月乙丿①
苌	ataY	艹丿七丶
尝	ipfC	⺌冖二厶
偿	wiPC	亻⺌冖厶
常	ipkh	⺌冖口丨
徜	timK	彳⺌冂口
嫦	viph	女⺌冖丨
厂	dgt	厂一丿
场	fnrt	土乙丿①
昶	ynij	丶乙ⅹ日
惝	nimK	忄⺌冂口
敞	imkt	⺌冂口攵
氅	imkn	⺌冂口乙
怅	ntaY	忄丿七丶
畅	jhnr	曰丨乙丿
鬯	qobX	乂凵山匕
唱	kjjG	口日日一
chao		
抄	ritT	扌小丿①
怊	nvkG	忄刀口一
钞	qitT	钅小丿①
焯	ohjH	火日十①
超	fhvK	土龰刀口
晁	jiqb	日ⅹ儿
巢	vjsU	巛日木③
朝	fjeG	十早月一
嘲	kfjE	口十早月
潮	ifjE	氵十早月
吵	kiTT	口小丿①
炒	oiTT	火小丿①
绰	xhjH	纟⺊早①
che		
车	lgNH	车一乙丨
砗	dlh	石车①
扯	rhg	扌止⊖
彻	tavn	彳七刀②
坼	fryY	土斤丶⊙
掣	rmhr	⺈冂丨手
撤	rycT	扌⊥厶攵
澈	iyct	氵⊥厶攵
chen		
抻	rjhH	扌日丨①
郴	ssbH	木木阝①
琛	gpwS	王冖八木
嗔	kfhw	口十目八
尘	iff	小土㊀
臣	ahnH	匚丨乙丨
忱	npQN	忄冖儿②
沉	ipmN	氵冖几②
辰	dfeI	厂二⻗③
陈	baIY	阝七小⊙
宸	pdfe	宀厂二⻗
晨	jdFE	日厂二⻗
碜	dcdE	石厶大彡
衬	pufY	⻂寸⊙
龀	hwbx	止人凵匕
趁	fhwe	土龰人彡
榇	susY	木立木⊙
谶	ywwg	讠人人一
cheng		
称	tqIY	禾⺈小⊙
柽	scfg	木又土一
蛏	jcfg	虫又土一
铛	qivG	钅⺌彐一
撑	ripR	扌⺌冖手
瞠	hipF	目⺌冖土
丞	bigF	了八一
成	dnNT	厂乙乙丿
呈	kgF	口王㊀
承	bdII	了三八③
枨	staY	木丿七丶
诚	ydnT	讠厂乙丿
城	fdNT	土厂乙丿
乘	tuxV	禾丬匕
埕	fkgG	土口王一
铖	qdnT	钅厂乙丿
惩	tghn	彳一止心
裎	pukG	⻂丷口王
塍	eudf	月丷大土
酲	sgkg	西一口王
澄	iwgu	氵癶一⺀
橙	swgu	木癶一⺀
逞	kgpD	口王辶㊂
骋	cmgN	马由一乙
秤	tguH	禾一丷丨
chi		
吃	ktnN	口⺈乙②
哧	kfoY	口土灬丶
蚩	bhgj	凵丨一虫
鸱	qayg	⺁七、一
眵	hqqY	目夕夕丶
笞	tckF	⺮厶口十
嗤	kbhj	口凵丨虫
媸	vbhJ	女凵丨虫
痴	utdk	疒大口
螭	jybc	虫文凵厶
魑	rqcc	白儿厶厶
弛	xbN	弓也乙
池	ibN	氵也乙
驰	cbn	马也乙
迟	nypI	尸辶、③
茌	awff	艹亻士㊀

Column group 1

字	86码	字根
持	rfFY	扌土寸⊙
埠	fniH	土尸氺丨
踟	khtk	口止𠂉口
簏	trhm	⺮厂鹿几
尺	nyi	尸八③
侈	wqqY	亻夕夕⊙
齿	hwbJ	止人凵⑪
耻	bhG	耳止⊖
豉	gkuc	一口⺮又
襤	purm	礻⺈厂几
叱	kxn	口匕⊘
斥	ryi	斤丶③
赤	foU	土小⊙
饬	qntl	⺈乙亅力
炽	okWY	火口八⊙
翅	fcnD	十又羽⊜
救	gkit	一口小攵
童	upmk	立冖门口
傺	wwfi	亻⅄二小
瘛	udhn	疒⺕丨心
chong		
充	ycQB	亠厶儿⑧
冲	ukhH	冫口丨①
仲	nkhH	亻口丨①
茺	aycQ	艹亠厶儿
舂	dwvF	三人臼
憧	nujf	忄立日土
艟	teuf	丿舟立十
虫	jhny	虫丨乙⊘
崇	mpfI	山宀二小
宠	pdxB	宀ナ匕⑧
铳	qycQ	钅亠厶儿
chou		
抽	rmG	扌由⊖
瘳	unwe	疒羽人彡
仇	wvn	亻九⊘
俦	wdtf	亻三丨寸
愁	tonu	禾火心⊙
稠	tmfk	禾门土口
筹	tdtf	⺮三丨寸
酬	sgyh	西一丨丨
踌	khdf	口止三寸
雠	wyyY	亻亻讠讠
丑	nfd	乙土三
瞅	htoY	目禾火⊙
臭	thdu	丿目犬⊙
chu		

Column group 2

字	86码	字根
出	bmK	凵山⑪
初	puvN	礻丶刀乙
梧	sffn	木雨二乙
刍	qvf	⺈彐二
除	bwtY	阝人禾⊙
厨	dgkf	厂一口寸
滁	ibwT	氵阝人禾
锄	qegl	钅月一力
蜍	jwtY	虫人禾⊙
雏	qvwY	⺈彐亻⊙
橱	sdgf	木厂一寸
躇	khaj	口止艹日
杵	stfh	木⺧十丨
础	dbmH	石山山丨
储	wyfJ	亻讠土日
楮	sftj	木土丿日
楚	ssnH	木木乙龰
褚	pufj	礻⺀土日
亍	fhk	二丨⑪
处	thI	夂卜③
怵	nsyY	忄木丶⊙
绌	xbmH	纟凵山①
搐	ryxl	扌亠幺田
触	qejy	⺈用虫⊙
憷	nssH	忄木木龰
黜	lfom	罒土灬山
矗	fhfh	十且十且
畜	yxlF	亠幺田
chuai		
搋	rrhm	扌厂⼴几
揣	rmdJ	扌山丆刂
喘	kjbC	口⼭尸刂
踹	khmj	口止山刂
膪	eupk	月立冖口
啜	kccc	口又又又
chuan		
川	kthh	川丿丨丨
氚	rnkj	气乙川⑪
穿	pwat	宀八二丿
传	wfny	亻二乙丶
舡	teaG	丿舟工⊖
船	temk	丿舟几口
遄	mdmP	山丆门辶
椽	sxeY	木彑豖⊙
舛	qahH	夕⺄丨①
喘	kmdJ	口山丆刂
串	kkhK	口口丨⑪

Column group 3

字	86码	字根
钏	qkh	钅川①
chuang		
疮	uwbV	疒人凵⑧
窗	pwtQ	宀八丿夕
床	ysi	广木③
创	wbjH	人凵刂①
怆	nwbN	忄人凵乙
闯	ucd	门马⊜
幢	mhuF	巾丨立土
chui		
吹	kqwY	口⺈人⊙
炊	oqwY	火⺈人⊙
垂	tgaF	丿一廿土
陲	btgf	阝丿一士
捶	rtgf	扌丿一士
棰	stgF	木丿一士
槌	swnP	木亻⊐辶
锤	qtgf	钅丿一士
chun		
春	dwjF	三人日⊖
椿	sdwj	木三人日
蝽	jdwj	虫三人日
纯	xgbN	纟一凵乙
唇	dfek	厂二丮口
莼	axgN	艹纟一乙
淳	iybG	氵亠子⊖
鹑	ybqG	亠子⺈一
醇	sgyb	西一亠子
蠢	dwjj	三人日虫
chuo		
啜	kccc	口又又又
踔	khhj	口止丨早
戳	nwya	羽亻戈
辍	lccc	车又又又
龊	hwbh	止人凵龰
ci		
呲	khxn	口止匕⊘
疵	uhxV	疒止匕⑧
词	yngk	讠乙一口
祠	pynk	礻丶乙口
茈	ahxB	艹止匕⑧
茨	auqw	艹冫⺈人
瓷	uqwn	冫⺈人乙
慈	uxxn	亠幺幺心
辞	tduh	丿古辛①
磁	duXX	石丶幺幺
雌	hxwY	止匕亻⊙

Column group 4

字	86码	字根
鹬	uxxg	兰幺幺一
糍	ouxX	米兰幺幺
此	hxN	止匕⊘
次	uqwY	冫⺈人⊙
刺	gmiJ	一门小刂
赐	mjqR	贝日勹彡
cong		
囱	tlqi	丿囗夕③
葱	aqrn	艹勹⺈心
从	wwY	人人⊙
匆	qryI	勹⺈丶I
骢	ctlN	马厶口心
璁	gtlN	王囗夕心
聪	bukn	耳⺍口心
丛	wwgF	人人一
淙	ipfi	氵宀二小
琮	gpfI	王宀二小
cou		
凑	udwD	冫三人大
楱	sdwd	木三人大
腠	edwD	月三人大
辏	ldwD	车三人大
cu		
粗	oeGG	米月一⊖
徂	tegg	彳月一⊖
殂	gqeG	一夕月一
猝	qtyf	犭丿亠十
促	wkhY	亻口止⊙
蔟	aytD	艹方⼂大
醋	sgaJ	西一廿日
簇	tytD	⺮方⼂大
蹙	dhih	厂上小龰
蹴	khyn	口止亠乙
cuan		
汆	tyiu	丿八水③
撺	rpwh	扌宀八丨
镩	qpwH	钅宀八丨
蹿	khph	口止宀丨
窜	pwkH	宀八口丨
篡	thdc	⺮目大厶
爨	wfmo	亻二门火
cui		
崔	mwyF	山亻圭⊖
催	wmwY	亻山亻圭
摧	rmwY	扌山亻圭

Column group 5

字	86码	字根
榱	sykE	木亠口𧘇
璀	gmwy	王山亻圭
脆	eqdB	月⺈厂已
啐	kywF	口亠人十
悴	nywf	忄亠人十
淬	iywf	氵亠人十
萃	aywF	艹亠人十
毳	tfnn	丿二乙乙
瘁	uywf	疒亠人十
粹	oywF	米亠人十
翠	nywf	羽亠人十
cun		
村	sfY	木寸⊙
皴	cwtc	厶八夂又
存	dhbD	ナ丨子⊜
忖	nfy	忄寸⊙
寸	fghy	寸一丨丶
cuo		
瘥	uuda	疒丷⺷工
搓	rudA	扌丷⺷工
磋	dudA	石丷⺷工
撮	rjbC	扌日耳又
蹉	khua	口止丷工
嵯	mudA	山丷⺷工
痤	uwwF	疒人人土
脞	tdwF	⺧大人土
矬	hlqa	⻖口乂工
脺	ewwF	月人人土
厝	dajD	厂廿日⊜
挫	rwwF	扌人人土
措	rajG	扌廿日⊖
锉	qwwF	钅人人土
错	qajG	钅廿日⊖

Column group 6

字	86码	字根
da		
哒	kdpY	口大辶⊙
耷	dbf	大耳
搭	rawk	扌艹人口
嗒	kawk	口艹人口
褡	puaK	礻丷艹口
达	dpI	大辶③
妲	vjgG	女日一⊖
怛	njgG	忄日一⊖
笪	tjgf	⺮日一
答	twGK	⺮人一口
瘩	uawK	疒艹人口
靼	afjg	廿革日一
鞑	afdp	廿革大辶

字	86码	字根	字	86码	字根	字	86码	字根	字	86码	字根	字	86码	字根	字	86码	字根
打	rsH	扌丁①	氮	rnoO	𠂉乙火火	邓	cbH	又阝①	滇	ifhw	氵十且八	叠	cccg	又又又一	dong		
大	ddDD	大大大大	澹	iqdy	氵ク厂言	凳	wgkm	癶一口几	颠	fhwm	十且八贝	喋	thgs	丿丨一木	东	aiI	七小③
dai			赡	moOY	贝火火⊙	嶝	mwgu	山癶一丷	巅	mfhM	山十且贝	碟	danS	石廿乙木	冬	tuu	夂冫③
呆	ksU	口木③	dang			瞪	hwgu	目癶一丷	癫	ufhm	疒十且贝	蝶	janS	虫廿乙木	咚	ktuy	口夂冫⊙
歹	gqi	一夕③	当	ivF	⺌彐㊁	磴	dwgu	石癶一丷	典	mawU	冂廾八③	蹀	khas	口止廿木	岽	maiU	山七小③
傣	wdwI	亻三人冰	裆	puiv	衤⺌彐	镫	qwgu	钅癶一丷	点	hkoU	⺊口灬③	鲽	qgaS	鱼一廿木	氡	rntu	⺈乙夂冫
代	waY	亻弋⊙	挡	rivG	扌⺌彐㊀	di			碘	dmaW	石冂廾八	ding			鸫	aiqG	七小勹一
岱	wamj	亻弋山⑪	党	ipkQ	⺌冖口儿	低	wqaY	亻𠂉七丶	踮	khyk	口止广口	丁	sgh	丁一丨	董	atgF	艹一丨土
甙	aafd	弋廾二①	谠	yipQ	讠⺌冖儿	羝	udqY	丷⼠七丶	电	jnV	日乙⑥	仃	wsh	亻丁①	懂	natF	忄艹丿土
绐	xckG	纟厶口㊀	凼	ibk	水凵⑩	堤	fjgh	土日一疋	佃	wlG	亻田㊀	叮	ksh	口丁①	动	fclN	二厶力②
迨	ckpD	厶口辶㊂	宕	pdf	宀石㊁	嘀	kumD	口⽴冂古	甸	qlD	勹田㊂	玎	gsh	王丁①	冻	uaiY	冫七小⊙
带	gkpH	一巾冖丨	砀	dnrT	石乙㇒①	滴	iumD	氵⽴冂古	阽	bhkg	阝⺊口㊀	疔	usk	疒丁⑩	侗	wmgk	亻门一口
待	tffy	彳土寸⊙	荡	ainR	艹乙㇒	镝	qumD	钅⽴冂古	坫	fhkg	土⺊口㊀	盯	hsH	目丁①	垌	fmgK	土门一口
怠	cknU	厶口心③	档	siVG	木⺌彐㊀	狄	qtoy	犭丿火⊙	店	yhkD	广⺊口㊂	钉	qsH	钅丁①	峒	mmgk	山门一口
殆	gqcK	一夕厶口	菪	apdf	艹宀石㊁	籴	tyoU	丿八米③	垫	rvyf	扌九丶土	耵	bsh	耳丁①	恫	nmgk	忄门一口
玳	gwaY	王亻弋⊙	dao			迪	mpD	由辶㊂	玷	ghkG	王⺊口㊀	酊	sgsH	西一丁①	栋	saiY	木七小⊙
贷	wamU	亻弋贝③	刀	vnT	刀乙㇒	敌	tdtY	丿古攵⊙	钿	qlg	钅田㊀	顶	sdmY	丁丆贝⊙	洞	imgk	氵门一口
埭	fviY	土彐氺丶	叨	kvn	口刀②	涤	itsY	氵夂木⊙	惦	nyhK	忄广⺊口	鼎	hndN	目乙丅乙	胨	eaiY	月七小⊙
袋	waye	亻弋𠂇衣	忉	nvn	忄刀②	荻	aqto	艹犭丿火	淀	ipgh	氵宀一疋	订	ysH	讠丁①	胴	emgK	月门一口
戴	falw	土弋田八	氘	rnjJ	𠂉乙川⑪	笛	tmf	竹由㊁	奠	usgd	丷西一大	定	pgHU	宀一疋③			
黛	walO	亻弋罒灬	导	nfU	巳寸③	觌	fnuq	十乙冫儿	殿	nawC	尸廾八又	啶	kpgh	口宀一疋			
呔	kdyy	口大丶⊙	岛	qynm	ク丶乙山	嫡	vumD	女⽴冂古	靛	gepH	青月宀疋	腚	epgH	月宀一疋			
骀	cckG	马厶口㊀	倒	wgcJ	亻一厶刂	氐	qayI	𠂉七丶③	癜	unaC	疒尸廾又	碇	dpgh	石宀一疋			
dan			捣	rqym	扌ク丶山	诋	yqay	讠𠂉七丶	簟	tsjJ	竹西早⑪	锭	qpGH	钅宀一疋			
丹	myd	门⺀㊁	祷	pydF	礻三丨寸	邸	qayb	𠂉七丶阝	diao			町	lsh	田丁①			
单	ujfj	丷日十⑪	蹈	khev	口止爫臼	坻	fqaY	土𠂉七丶	刁	ngd	乙一㊂	diu					
担	rjgG	扌日一㊀	到	gcFJ	一厶土刂	底	yqaY	广𠂉七丶	叼	kngG	口乙一㊀	丢	tfcU	丿土厶③			
眈	hpqN	目冖儿②	悼	nhjh	忄⼘早	抵	rqaY	扌𠂉七丶	凋	umfK	冫门土口	铥	qtfc	钅丿土厶			
耽	bpqN	耳冖儿②	盗	uqwl	氵ク人皿	柢	sqaY	木𠂉七丶	貂	eevK	爫⺀刀口						
郸	ujfb	丷日十阝	道	uthp	⺊丿目辶	砥	dqay	石𠂉七丶	碉	dmfK	石门土口						
聃	bmfg	耳门土㊀	稻	tevG	禾爫臼㊀	骶	meqy	冎月𠂉丶	雕	mfky	门土口圭						
殚	gquF	一夕丷十	纛	gxfI	龶口十小	地	fBN	土也②	鲷	qgmK	鱼一门口						
瘅	uujf	疒丷日十	de			弟	uxhT	丷弓丨丿	吊	kmhJ	口冂丨⑪						
箪	tujf	竹丷日十	得	tjGF	彳日一寸	帝	upMH	亠冖冂丨	钓	qqyy	钅勹丶⊙						
儋	wqdY	亻ク厂言	锝	qjgf	钅日一寸	娣	vuxT	女丷弓丿	掉	rhjH	扌⼘早①						
胆	ejGG	月日一㊀	德	tflN	彳十罒心	递	uxhp	丷弓丨辶	铞	qkmh	钅口门丨						
疸	ujgD	疒日一㊂	的	rQYY	白勹丶⊙	第	txHT	竹弓丨丿	铫	qiqN	钅乂儿②						
掸	rujf	扌丷日十	地	fBN	土也②	谛	yuph	讠亠冖丨	die								
旦	jgf	日一㊁	底	yqaY	广𠂉七丶	棣	sviY	木彐氺丶	爹	wqqq	八乂夕夕						
但	wjgG	亻日一㊀	deng			睇	huxT	目丷弓丿	跌	khrW	口止𠂉人						
诞	ythp	讠丿止廴	灯	osH	火丁①	缔	xupH	纟亠冖丨	迭	rwpI	𠂉人辶③						
啖	kooY	口火火⊙	登	wgku	癶一口丷	蒂	aupH	艹亠冖丨	垤	fgcF	土一厶土						
弹	xujF	弓丷日十	噔	kwgu	口癶一丷	碲	duph	石亠冖丨	瓞	rcyw	厂厶丶人						
惮	nujF	忄丷日十	簦	twgu	竹癶一丷				谍	yanS	讠廿乙木						
淡	ioOY	氵火火⊙	蹬	khwu	口止癶丷				堞	fanS	土廿乙木						
萏	aqvf	艹ク⺽㊁	等	tffu	竹土寸③												
蛋	nhjU	乙止虫③	戥	jtga	日丿王戈												

字	86码	字根
硐	dmgK	石门一口
dou		
都	ftjb	土丿日阝
兜	qrnq	𠂊白乙儿
莵	aqrq	艹冂白儿
篼	tqrq	⺮冂白儿
斗	ufk	冫十⑪
抖	rufh	扌冫十①
陡	bfhY	阝土龰丶
蚪	jufh	虫冫十①
豆	gkuF	一口丷㊀
逗	gkup	一口丷辶
痘	ugku	疒一口丷
窦	pwfd	宀八十大
du		
嘟	kftb	口土丿阝
督	hich	上小又目
毒	gxgu	𡈼毋一㇀
读	yfnD	讠十乙大
渎	ifnd	氵十乙大
椟	sfnD	木十乙大
牍	thgd	丿丨一大
犊	trfd	丿扌十大
黩	lfod	𤎸土灬大
髑	melJ	骨月冂虫
独	qtjY	犭丿虫⊙
笃	tcf	⺮马㊀
堵	fftJ	土土丿日
赌	mftj	贝土丿日
睹	hftJ	目土丿日
芏	aff	艹土㊀
妒	vynt	女丶尸①
杜	sfg	木土⊝
肚	efg	月土⊝
度	yaCI	广廿又③
镀	qyaC	钅广廿又
蠹	gkhJ	一口丨虫
duan		
端	umdJ	立山而刂
短	tdgU	𠂉大一丷
段	wdmC	亻三几又
断	onRH	米乙斤①
缎	xwdC	纟亻三又
椴	swdC	木亻三又
煅	owdC	火亻三又
锻	qwdC	钅亻三又
簖	tonr	⺮米乙斤

字	86码	字根
dui		
堆	fwyG	土亻圭㊀
队	bwY	阝人⊙
对	cfY	又寸⊙
兑	ukqb	丷口儿⑩
怼	cfnU	又寸心③
碓	dwyg	石亻圭
憝	ybtn	亠子攵心
dun		
镦	qybT	钅亠子攵
吨	kgbN	口一凵乙
敦	ybtY	亠子攵⊙
墩	fybT	土亠子攵
礅	dybT	石亠子攵
蹲	khuF	口止丷寸
盹	hgbN	目一凵乙
迍	dnkH	𠃌乙口辶
沌	igbN	氵一凵乙
炖	ogbn	火一凵乙
钝	qgbn	钅一凵乙
顿	gbnm	一凵乙贝
遁	rfhp	厂十目辶
duo		
多	qqU	夕夕③
哆	kqqY	口夕夕⊙
裰	pucc	⻂又又又
夺	dfU	大寸②
铎	qcfH	钅又二丨
掇	rccC	扌又又又
踱	khyc	口止广又
朵	msU	几木②
哚	kmsY	口几木⊙
垛	fmsY	土几木⊙
缍	xtgF	纟丿一士
躲	tmds	丿丨三木
剁	msjH	几木刂①
沲	itbN	氵⺶也乙
堕	bdef	阝𠂇月土
舵	tepx	丿舟宀匕
惰	ndaE	忄𠂇工月
跺	khmS	口止几木

字	86码	字根
峨	mtrT	山丿扌丿
锇	qtrt	钅丿扌丿
鹅	trng	丿扌丿一
蛾	jtrT	虫丿扌丿
额	ptkm	宀夂口贝
婀	vbsK	女阝丁口
厄	dbv	厂㔾⑩
呃	kdbN	口厂㔾乙
扼	rdbN	扌厂㔾乙
苊	adbB	艹厂㔾⑩
轭	ldbN	车厂㔾乙
垩	gogf	一业一土
恶	gogn	一业一心
饿	qntT	𠆢乙丿丿
谔	ykkn	讠口口乙
鄂	kkfb	口口二阝
愕	nkkN	忄口口乙
萼	akkn	艹口口乙
遏	jqwp	日勹人辶
腭	ekkN	月口口乙
锷	qkkN	钅口口乙
鹗	kkfg	口口二一
颚	kkfm	口口二贝
噩	gkkk	王口口口
鳄	qgkn	鱼一口乙
ei		
诶	yctD	讠厶⺮大
en		
恩	ldnU	口大心③
蒽	aldn	艹口大心
摁	rldN	扌口大心
er		
儿	qtN	儿丿乙
而	dmjJ	丆冂丨⑪
鸸	dmjg	丆冂丨一
鲕	qgdj	鱼一丆刂
尔	qiu	⺈小③
耳	bghG	耳一丨一
饵	qnbg	𠆢乙耳一
珥	gbg	王耳⊝
铒	qbg	钅耳⊝
二	fgG	二一㊀
佴	wbg	亻耳㊀
贰	afmI	弋二贝③

字	86码	字根
发	ntcY	乙丿又丶
乏	tpi	丿之③
伐	wat	亻戈①
垡	waff	亻戈土
罚	lyJJ	罒讠刂⑪
阀	uwaE	门亻戈
筏	twaR	⺮亻戈
法	ifCY	氵土厶丶
砝	dfcy	石土厶丶
珐	gfcY	王土厶丶
fan		
帆	mhmY	门丨几丶
番	tolF	丿米田㊀
幡	mhtl	门丨丿田
翻	toln	丿米田羽
藩	aitl	艹氵丿田
凡	myI	几丶③
矾	dmyY	石几丶丶
钒	qmyy	钅几丶丶
烦	odmY	火丆贝丶
樊	sqqd	木乂乂大
燔	otoL	火丿米田
繁	txgi	𠂉一一小
蹯	khtl	口止丿田
蘩	atxi	艹𠂉幺小
反	rcI	厂又③
返	rcpI	厂又辶③
犯	qtbN	犭丿㔾乙
泛	itpY	氵丿之丶
饭	qnrC	𠆢乙厂又
范	aibB	艹氵㔾⑩
贩	mrCY	贝厂又⊙
畈	lrcY	田厂又⊙
梵	ssmY	木木几丶
fang		
方	yyGN	方丶一乙
邡	ybh	方阝①
坊	fyn	土方乙
芳	ayB	艹方⑩
枋	syn	木方乙
钫	qyn	钅方乙
防	byN	阝方乙
妨	vyN	女方乙
房	ynyV	、尸方⑩
肪	eyn	月方乙
鲂	qgyn	鱼一方乙

字	86码	字根
仿	wyn	亻方乙
访	yyn	讠方乙
纺	xyN	纟方乙
舫	teyn	丿舟方乙
放	ytY	方攵⊙
fei		
飞	nui	乙丷③
妃	vnn	女己乙
非	djdD	三刂三㊀
啡	kdjD	口三刂三
绯	xdjd	纟三刂三
菲	adjD	艹三刂三
扉	yndd	、尸三三
蜚	djdj	三刂三虫
霏	fdjd	雨三刂三
鲱	qgdd	鱼一三三
肥	ecN	月巴乙
淝	iecN	氵月巴乙
腓	edjD	月三刂三
匪	adjd	匚三刂三
诽	ydjD	讠三刂三
悱	ndjd	忄三刂三
榧	sadd	木匚三三
篚	tadd	⺮匚三三
吠	kdy	口犬丶
废	ynty	广乙丿丶
沸	ixjH	氵弓刂①
狒	qtxJ	犭丿弓刂
肺	egmH	月一门丨
费	xjmU	弓刂贝③
痱	udjd	疒三刂三
镄	qxjM	钅弓刂贝
蒂	agmH	艹一门丨
fen		
分	wvB	八刀⑩
吩	kwvN	口八刀乙
纷	xwvN	纟八刀乙
芬	awvB	艹八刀⑩
氛	rnwV	𠂉乙八刀
酚	sgwV	西一八刀
坟	fyY	土文⊙
汾	iwvN	氵八刀乙
棼	sswV	木木八刀
焚	ssoU	木木火③
鼢	vnuv	白乙丷刀
粉	owVN	米八刀乙

字	86码	字根
份	wwvN	亻八刀乙
奋	dlf	大田㊀
忿	wvnu	八刀心㊄
偾	wfaM	亻十廿贝
愤	nfaM	忄十廿贝
粪	oawu	米廿八㊄
鲼	qgfm	鱼一十贝
瀵	iolW	氵米田八
feng		
丰	dhK	三丨㈣
风	mqI	几乂③
沣	idhH	氵三丨①
枫	smqY	木几乂丶
封	fffy	土土寸丶
疯	umqI	疒几乂③
砜	dmqy	石几乂丶
峰	mtdH	山夂三丨
烽	otDH	火夂三丨
葑	afff	廿土土寸
锋	qtdH	钅夂三丨
蜂	jtdH	虫夂三丨
鄷	dhdb	三丨三阝阝
冯	ucG	冫马㊀
逢	tdhP	夂三丨辶
缝	xtdp	纟夂三丨辶
讽	ymqY	讠几乂丶
唪	kdwH	口三人丨
凤	mcI	几又③
奉	dwfH	三人二丨
俸	wdwh	亻三人丨
fo		
佛	wxjH	亻弓川①
fou		
缶	rmk	𠂉山㈣
否	gikF	一小口㊀
fu		
夫	fwI	二人③
呋	kfwY	口二人丶
肤	efwY	月二人丶
跌	khfW	口止二人
麸	gqfw	圭夕二人
秩	tebg	禾𠕁子㊀
跗	khwf	口止亻寸
孵	qytb	卵丶丿子
敷	geht	一月丨攵
弗	xjk	弓川㈣
伏	wdy	亻犬⑧
凫	qynm	勹丶乙几
孚	ebf	爫子㊀
扶	rfwY	扌二人丶
芙	afwU	廿二人㊄
怫	nxjH	忄弓川①
拂	rxjh	扌弓川丨
服	ebCY	月卩又丶
绂	xdcY	纟ナ又丶
绋	xxjH	纟弓川丨
苻	awfu	廿亻寸㊄
俘	webG	亻爫子㊀
氟	rnxJ	𠂉乙弓川
袚	pydc	衤丶ナ又
罘	lgiU	罒一小㊄
郛	ebbH	爫子阝①
浮	iebG	氵爫子㊀
砩	dxjH	石弓川丨
荸	aebf	廿爫子㊀
蚨	jfwY	虫二人丶
匐	qgkL	勹一口田
桴	sebG	木爫子㊀
涪	iukG	氵立口㊀
符	twfU	竹亻寸㊄
艴	xjqC	弓川勹巴
廥	aebc	廿月卩又
袱	puwd	衤丶亻犬
幅	mhgL	冂丨一田
福	pygL	衤丶一田
蜉	jebG	虫爫子㊀
辐	lgkL	车一口田
幞	mhoY	冂丨业丶
蝠	jgkl	虫一口田
黻	oguc	业一丷又
抚	rfqN	扌二儿乙
甫	gehY	一月丨丶
府	ywfI	广亻寸㊀
拊	rwfY	扌亻寸丶
斧	wqrJ	八乂斤川
俯	wywF	亻广亻寸
釜	wqfU	八乂干㊄
辅	lgey	车一月丶
腑	eywF	月广亻寸
滏	iwqU	氵八乂㊄
腐	ywfw	广亻寸人
黼	oguy	业一丷丶
父	wqu	八乂㊄
讣	yhy	讠卜丶
付	wfy	亻寸丶
妇	vvG	女彐㊀
负	qmU	勹贝㊄
附	bwfY	阝亻寸丶
咐	kwfY	口亻寸丶
阜	wnnf	亻コ十
驸	cwfY	马亻寸丶
复	tjtU	𡕨日夂㊄
赴	fhhI	土止卜③
副	gklJ	一口田刂
莆	agmH	廿一门丨
佛	wxjH	亻弓川①
脯	egeY	月一月丶
傅	wgeF	亻一月寸
富	pgkL	宀一口田
赋	mgaH	贝一弋止
缚	xgeF	纟一月寸
腹	etjT	月𡕨日夂
鲋	qgwF	鱼一亻寸
赙	mgeF	贝一月寸
蝮	jtjt	虫𡕨日夂
鳆	qgtt	鱼一𡕨夂
覆	sttT	西彳𡕨夂
馥	tjtt	禾日𡕨夂
ga		
旮	vjf	九日㊀
伽	wlkG	亻力口㊀
钆	qnn	钅乙乙
尕	idiU	小大小㊄
嘎	kdhA	口厂丨戈
噶	kajN	口廿日乙
尜	eiu	乃小㊄
尬	dnwJ	尢乙人川
gai		
该	yynw	讠丶乙人
陔	bynw	阝丶乙人
垓	fynw	土丶乙人
赅	mynW	贝丶乙人
丐	ghnV	一乙㇉
钙	qghN	钅一卜乙
盖	uglF	丷王皿㊀
溉	ivcQ	氵彐厶儿
戤	ecla	乃又皿戈
概	svcq	木彐厶儿
gan		
干	fggh	干一一丨
甘	afd	廿二㊂
杆	sfh	木干①
肝	efH	月干①
坩	fafg	土廿二㊀
泔	iafG	氵廿二㊀
苷	aafF	廿廿二㊀
柑	safG	木廿二㊀
竿	tfj	竹干⑪
疳	uafD	疒廿二㊂
酐	sgfh	西一干①
尴	dnjl	尢乙丨皿
秆	tfh	禾干①
赶	fhfk	土止干口
敢	nbTY	乙耳攵丶
感	dgkn	厂一口心
澉	inbT	氵乙耳攵
橄	snbT	木乙耳攵
擀	rfjF	扌十早干
旰	jfh	日干①
矸	dfh	石干①
绀	xafG	纟廿二㊀
淦	iqg	氵金
赣	ujtM	立早夂贝
gang		
冈	mqi	冂乂③
刚	mqjH	冂乂刂①
岗	mmqU	山冂乂㊄
纲	xmQY	纟冂乂丶
肛	eaG	月工㊀
缸	rmaG	𠂉山工
钢	qmqY	钅冂乂丶
罡	lghF	罒一止㊀
港	iawn	氵廿八巳
杠	sag	木工㊀
筻	tgjq	竹一日乂
戆	ujtn	立早夂心
gao		
皋	rdfj	白大十⑪
羔	ugoU	丷王灬㊄
高	ymKF	亠门口㊀
槔	srdF	木白大十
睾	tlff	丿罒土十
膏	ypkE	亠冖口月
篙	tymk	竹亠门口
糕	ougo	米丷王灬
杲	jsu	日木㊄
搞	rymK	扌亠门口
缟	xymK	纟亠门口
槁	symk	木亠门口
稿	tymK	禾亠门口
镐	qymK	钅亠门口
藁	ayms	廿亠门木
告	tfkf	丿土口丶
诰	ytfk	讠丿土口
郜	tfkb	丿土口阝
锆	qtfk	钅丿土口
ge		
戈	agnt	戈一乙丿
圪	ftnN	土𠂉乙乙
纥	xtnn	纟𠂉乙乙
疙	utnV	疒𠂉乙㇉
哥	sksK	丁口丁口
胳	etkG	月夂口㊀
袼	putk	衤丶夂口
鸽	wgkg	人一口一
割	pdhj	宀三丨刂
搁	rutK	扌门夂口
歌	sksw	丁口丁人
阁	utkD	门夂口㊂
革	afJ	廿中⑪
格	stKG	木夂口㊀
鬲	gkmh	一口门丨
葛	ajqN	廿日勹乙
隔	bgkH	阝一口丨
嗝	kgkh	口一口丨
塥	fgkH	土一口丨
搿	rwgr	手人一手
膈	egkH	月一口丨
镉	qgkh	钅一口丨
骼	metK	骨夂口
觊	lksk	力口丁口
舸	tesK	丿舟丁口
个	whJ	人丨⑪
各	tkF	夂口㊀
虼	jtnN	虫𠂉乙乙
硌	dtkG	石夂口㊀
铬	qtkG	钅夂口㊀
咯	ktkG	口夂口㊀
gei		
给	xwGK	纟人一口
gen		
根	sveY	木彐㇆丶
跟	khvE	口止彐㇆
艮	veI	彐㇆③
哏	kveY	口彐㇆丶

字	86码	字根	字	86码	字根	字	86码	字根	字	86码	字根	字	86码	字根
亘	gjgF	一曰一⊟	笱	tqkF	竹ク口⊖	瘑	uldD	疒口古⊟	**gui**			虢	efhm	罒寸广儿
艮	vei	彐㇇③	枸	sqCY	木ク厶丶	锢	qldg	钅口古⊖	归	jvG	丩彐⊖	馘	uthg	丷ノ目一
茛	aveU	艹彐㇇③	诟	yrgK	讠厂一口	鲴	qgld	鱼口一古	圭	fff	土土土	果	jsI	日木③
geng			购	mqcY	贝ク厶丶	**gua**			妫	vylY	女丶力	猓	qtjs	⺨ノ日木
夏	gjqI	一曰乂	垢	frGK	土厂一口	瓜	rcyI	厂厶丶③	龟	qjnB	ク日乙⑥	椁	sybG	木亠子
庚	yvwI	广彐人③	够	qkqq	ク口夕夕	刮	tdjh	ノ古刂丨	规	fwmQ	二人门儿	蜾	jjsY	虫日木丶
耕	difJ	三小二川	媾	vfjF	女二川土	胍	ercY	月厂厶丶	皈	rrcy	白厂又	裹	yjse	亠日木⾐
廙	yvwm	广彐人贝	觳	fpgc	土冖一又	鸹	tdqG	ノ古ク一	闺	uffd	门土土	过	fpI	寸辶③
羹	ugod	丷王灬大	遘	fjgp	二川一辶	呱	krcY	口厂厶丶	硅	dffG	石土土⊖	**ha**		
哽	kgjQ	口一曰乂	觏	fjgq	二川一儿	剐	kmwj	口门人刂	瑰	grqC	王白儿厶	蛤	jwGK	虫人一口
埂	fgjQ	土一曰乂	**gu**			寡	pdeV	宀丆月刀	鲑	qgff	鱼一土土	铪	qwgk	钅人一口
绠	xgjQ	纟一曰乂	估	wdG	亻古⊖	卦	ffhy	土土卜丶	宄	pvb	宀九⑥	哈	kwgK	口人一口
耿	boY	耳火③	咕	kdg	口古⊖	诖	yffg	讠土土⊖	轨	lvN	车九	虾	jghy	虫一卜丶
梗	sgjq	木一曰乂	姑	vdG	女古⊖	挂	rffg	扌土土⊖	庋	yfcI	广十又③	**hai**		
鲠	qggq	鱼一一乂	孤	brCY	子厂厶丶	褂	pufh	⻊土卜丨	甄	alvV	匚车九	孩	bynw	子亠乙人
gong			沽	idg	氵古⊖	**guai**			诡	yqdB	讠ク厂⑥	骸	meyW	罒月亠人
工	aaaa	工工工工	轱	ldg	车古⊖	乖	tfuX	ノ十丬匕	癸	wgdU	癶一大③	海	itxU	氵亠母
弓	xngN	弓乙一乙	鸪	dqyg	古ク丶一	拐	rklN	扌口力	鬼	rqcI	白儿厶③	胲	eynw	月亠乙人
公	wcU	八厶③	菇	avdF	艹女古	怪	ncFG	忄又土⊖	晷	jthk	日夂卜口	醢	sgdl	西一ナ皿
功	alN	工力②	菰	abrY	艹子厂丶	掴	rlgy	扌口王丶	簋	tvel	竹彐皿	亥	yntw	亠乙ノ人
攻	atY	工攵③	蛄	jdg	虫古⊖	**guan**			刽	wfcj	人二厶刂	骇	cynw	马亠乙人
供	wawY	亻丷八③	觚	qerY	ク用儿丶	关	udU	丷大③	刿	mqjh	山夕刂丨	害	pdHK	宀三丨口
肱	edcY	月ナ厶③	辜	duj	古辛⑪	观	cmQN	又门儿	柜	sanG	木匚コ⊖	氦	rnyw	气乙亠人
宫	pkKF	宀口口㊀	酤	sgdg	西一古⊖	官	pnHN	宀コ丨コ	炅	jou	日火③	还	gipI	一小辶③
恭	awnu	丷八小	毂	fplC	士冖车又	冠	pfqf	冖二儿寸	贵	khgm	口一一贝	咳	kynw	口亠乙人
蚣	jwcY	虫八厶③	箍	traH	竹扌匚丨	倌	wpnN	亻宀コ	桂	sffG	木土土⊖	嗨	kitu	口氵亠母
躬	tmdx	ノ门三弓	鸹	meqG	罒月ク一	棺	spnN	木宀コ	跪	khqb	口止ク匕	**han**		
龚	dxaW	ナ七丷八	汩	ijg	氵曰	鳏	qgli	鱼一罒小	鳜	qgdw	鱼一厂人	顸	fdmy	干厂贝丶
觥	qeiQ	ク用儿②	诂	ydg	讠古⊖	馆	qnpN	ク乙宀コ	桧	swfC	木人二厶	蚶	jafG	虫廿二⊖
巩	amyY	工几丶③	谷	wwkF	八人口㊀	管	tpNN	竹宀コ	**gun**			酣	sgaf	西一廿二
汞	aiu	工水③	股	emcY	月几又③	贯	xfmU	丩十贝③	衮	uceu	六厶乂衣	憨	nbtn	乙耳攵心
拱	rawY	扌丷八③	牯	trdg	ノ扌古⊖	惯	nxfm	忄丩十贝	绲	xjxX	纟曰匕匕	鼾	thlf	ノ目田干
珙	gawY	王丷八③	骨	meF	罒月	掼	rxfM	扌丩十贝	辊	ljXX	车曰匕匕	邗	fbh	干阝①
共	awU	丷八③	罟	ldf	罒古	涫	ipnN	氵宀コ	滚	iucE	氵六厶衣	含	wynk	人丶乙口
贡	amU	工贝③	钴	qdg	钅古⊖	盥	qgiL	⼳一水皿	磙	ducE	石六厶衣	邯	afbH	廿二阝①
gou			蛊	jlf	虫皿	灌	iakY	氵艹口圭	鲧	qgti	鱼一ノ小	函	bibK	了冫凵丩
勾	qci	ク厶③	鼓	fkuc	士口丷又	鹳	akkg	艹口口一	棍	sjxX	木曰匕匕	晗	jwyk	日人丶口
佝	wqkG	亻ク口⊖	嘏	dnhC	古コ丨又	罐	rmay	缶山艹	**guo**			涵	ibiB	氵了冫凵
沟	iqcY	氵ク厶③	臌	efkc	月士口又	莞	apfq	艹宀二儿	呙	kmwu	口门人③	焓	owyK	火人丶口
钩	qqcY	钅ク厶丶	瞽	fkuh	士口丷目	**guang**			埚	fkmW	土口门人	寒	pfjU	宀二川⺀
缑	xwnD	纟亻ユ大	固	ldd	口古	光	iqB	小儿⑥	郭	ybbH	亠子阝	韩	fjfh	十早二丨
篝	tfjf	竹二川土	故	dty	古攵③	咣	kiqN	口小儿	崞	mybG	山亠子	罕	pwfJ	穴八干⑪
韝	afff	廿串二土	顾	dbDM	厂コア贝	桄	siqn	木小儿	聒	btdG	耳ノ古⊖	喊	kdgt	口厂一攵
峁	mqkG	山ク口⊖	崮	mldF	山口古	胱	eiqN	月小儿	锅	qkmW	钅口门人	汉	icY	氵又③
狗	qtqK	⺨ノク口	梏	stfk	木ノ土口	广	yygt	广丶一	蝈	jlgY	虫口王丶	汗	ifh	氵干①
苟	aqkf	艹ク口	牿	trtk	ノ扌ノ口	犷	qtyt	⺨ノ广	国	lGYI	口王丶③	旱	jfj	日干⑪
构	sqkG	木ク口⊖	雇	ynwy	丶尸亻圭	逛	qtgp	⺨ノ王辶	帼	mhlY	门丨口丶			

字	86码	字根
悍	njfH	忄日干①
捍	rjfH	扌日干①
焊	ojfH	火日干①
菡	abib	艹了水凵
颔	wynm	人、乙贝
撖	rnbt	扌乙耳攵
憾	ndgn	忄厂一心
撼	rdgn	扌厂一心
翰	fjwN	十早人羽
瀚	ifjn	氵十早羽
hang		
杭	symN	木一几乙
绗	xtfh	纟丿二丨
航	teyM	丿舟一几
颃	ymdm	一几厂贝
沆	iymN	氵一几乙
行	tfHH	彳二丨①
hao		
蒿	aymK	艹亠门口
嚆	kayK	口艹亠口
薅	avdf	艹女厂寸
蚝	jtfN	虫丿二乙
毫	yptN	亠冖丿乙
嗥	krdF	口白大十
豪	ypeu	亠冖豕⑨
嚎	kypE	口亠冖豕
壕	fypE	土亠冖豕
濠	iypE	氵亠冖豕
好	vbG	女子一
郝	fobH	土小阝①
号	kgnB	口一乙⑧
昊	jgdU	日一大⑨
浩	itfk	氵丿土口
耗	ditn	三小丿乙
皓	rtfk	白丿土口
颢	jyim	日亠小贝
灏	ijym	氵日亠贝
he		
诃	yskG	讠丁口一
呵	kskG	口丁口一
喝	kjqN	口日勹乙
嗬	kawk	口艹丿口
禾	tttT	禾禾禾禾
合	wgkF	人一口一
何	wskG	亻丁口一
劾	yntl	亠乙丿力
和	tKG	禾口一
河	iskG	氵丁口一
曷	jqwn	日勹人乙
阖	uynW	门一乙人
核	synw	木一乙人
盍	fclf	土厶皿一
荷	awsK	艹亻丁口
涸	ildG	氵口古一
盒	wgkl	人一口皿
菏	aisK	艹氵丁口
颌	wgkm	人一口贝
阂	ufcL	门土厶皿
翮	gkmn	一口门羽
贺	lkmU	力口贝⑨
褐	pujn	衤日乙
鹤	pwyG	⺈亻圭一
壑	hpgF	卜一一土
hei		
黑	lfoU	罒土灬⑨
嘿	klfO	口罒土灬
hen		
痕	uveI	疒彐⺄⑨
很	tveY	彳彐⺄
狠	qtvE	犭丿彐⺄
恨	nvEY	忄彐⺄
heng		
亨	ybj	亠了⑩
哼	kybH	口亠了①
恒	ngjG	忄一日一
桁	stfH	木彳二丨
珩	gtfH	王彳二丨
横	samW	木艹由八
衡	tqdh	彳鱼大丨
hong		
轰	lccU	车又又⑨
哄	kawY	口艹八
叿	qyd	勹言一
烘	oawY	火艹八⑨
薨	alpx	艹罒冖匕
弘	xcy	弓厶
红	xaG	纟工一
宏	pdcU	宀厂厶⑨
闳	udcI	门厂厶
泓	ixcY	氵弓厶
虹	jaG	虫工一
鸿	iaqg	氵工勹一
洪	iawY	氵艹八
荭	axaF	艹纟工
蕻	adaw	艹長共八
黉	ipaW	以冖艹八
hou		
侯	wntD	亻乙ユ大
喉	kwnD	口亻ユ大
猴	qtwD	犭丿亻大
篌	twnD	⺮亻ユ大
糇	ownD	米亻ユ大
瘊	merK	疒月厂口
吼	kbnN	口子乙⑧
厚	djbD	厂日子③
后	rgKD	厂一口③
逅	rgkp	厂一口辶
候	whnD	亻丨ユ大
堠	fwnD	土亻ユ大
鲎	ipqg	以冖鱼一
hu		
鹕	tfkg	丿土口一
乎	tuhK	丿丷丨⑩
呼	ktUH	口丿丷丨
忽	qrnU	勹⺄心⑨
烀	otuH	火丿丷丨
轷	ltuh	车丿丷丨
唿	kqrN	口勹⺄心
惚	nqrN	忄勹⺄心
滹	ihaH	氵虍丨
囫	lqrE	口勹⺄⑨
弧	xrcY	弓厂厶
狐	qtrY	犭丿厂⺄
胡	deG	古月一
壶	fpoG	士冖业一
斛	qeuF	⺈用氺十
湖	ideG	氵古月一
猢	qtde	犭丿古月
葫	adef	艹古月十
煳	odeg	火古月一
糊	odeg	米古月一
醐	sgde	西一古月
觳	fpgc	士冖一又
虎	haMV	虍几⑧
浒	iytf	氵讠亠十
唬	kham	口虍七几
琥	ghaM	王虍七几
互	gxGD	一乛一③
冱	ugxG	冫一乛一
护	rynT	扌、尸①
沪	iynT	氵、尸①
岵	mdg	山古一
戽	ynuf	、尸冫十
祜	pydg	礻、古一
笏	tqrR	⺮勹⺄②
扈	ynkc	、尸口巴
瓠	dfhy	大二乛丶
鹱	qync	勹、乙又
hua		
花	awxB	艹亻匕⑧
哗	kwxF	口亻匕十
华	wxfJ	亻匕十⑩
骅	cwxF	马亻匕十
铧	qwxF	钅亻匕十
猾	qtmE	犭丿冂月
滑	imeG	氵冂月一
画	glBJ	一田凵⑩
划	ajH	戈刂①
化	wxN	亻匕⑧
话	ytdG	讠丿古一
桦	swxF	木亻匕十
砉	dhdf	三丨石十
豁	pdhk	宀三丨口
huai		
槐	srqC	木白儿厶
徊	tlkG	彳口口一
怀	ngIY	忄一小⑨
淮	iwyG	氵亻圭一
踝	khjs	口止日木
坏	fgiY	土一小⑨
划	ajH	戈刂①
huan		
欢	cqwY	又⺈人
獾	qtay	犭丿艹圭
环	ggiY	王一小⑨
桓	sgjg	木一日一
洹	igjg	氵一日一
还	gipI	一小辶⑨
萑	awyf	艹亻圭十
锾	qefc	钅罒二又
寰	plgE	宀罒一衣
缳	xlge	纟罒一衣
纛	delE	镸彡罒衣
缓	xefC	纟罒二又
幻	xnn	幺乙⑧
奂	qmdU	⺈冂大⑨
宦	pahH	宀匚丨丨
换	rqMD	扌⺈冂大
患	kkhn	口口丨心
浣	ipfq	氵宀二儿
涣	iqmD	氵⺈冂大
唤	kqmD	口⺈冂大
痪	uqmD	疒⺈冂大
豢	udeU	丷大豕⑨
焕	oqmD	火⺈冂大
逭	pnhp	宀コ辶
huang		
肓	ynef	亠乙月
荒	aynq	艹亡乙儿
慌	nayQ	忄艹亡儿
皇	rgf	白王一
凰	mrgD	几白王③
隍	brgG	阝白王一
黄	amwU	艹由八⑨
徨	trgG	彳白王一
惶	nrgg	忄白王一
湟	irgg	氵白王一
磺	damW	石艹由八
遑	rgpD	白王辶③
煌	orGG	火白王一
蝗	jrGG	虫白王一
璜	gamw	王艹由八
簧	tamw	⺮艹由八
癀	uamW	疒艹由八
蟥	jamW	虫艹由八
鳇	qgrG	鱼一白王
晃	jiQB	日业儿⑧
幌	mhjq	冂丨日儿
谎	yayQ	讠艹亡儿
恍	niqN	忄业儿⑧
hui		
灰	doU	ナ火⑨
诙	ydoY	讠ナ火

字	86码	字根	字	86码	字根	字	86码	字根	字	86码	字根	字	86码	字根
咴	kdoY	口ナ火○	镟	qqrN	钅勹彡心	箕	tadW	竹艹三八	剂	yjjh	文刂刂丨	颊	guwm	一丷人贝
恢	ndoY	忄ナ火○	剜	awyj	艹亻圭刂	畿	xxaL	幺幺戈田	季	tbF	禾子㊁	甲	lhnh	甲丨乙丨
挥	rplH	扌冖车①	豁	pdhk	宀三丨口	稽	tdnj	禾𠂉乙日	哜	kyjH	口文刂丨	胛	elh	月甲①
虺	gqii	一儿虫②	搔	rfwy	扌雨亻圭	斋	ydjj	文三刂刂	既	vcaQ	彐厶ユ儿	贾	smu	西贝③
晖	jplh	日冖车①	活	itdG	氵丿古㊀	激	iryT	氵白方攵	洎	ithg	氵丿目㊀	钾	qlh	钅甲①
珲	gplH	王冖车①	伙	woY	亻火○	墼	gjff	一曰十土	济	iyjH	氵文刂丨	瘕	unhC	疒コ丨又
辉	iqpl	丷儿冖车	火	oooO	火火火火	及	eyI	乃丶③	继	xoNN	纟米乙乙	价	wwjH	亻人刂丨
徽	tmgt	彳山一攵	钬	qoy	钅火○	吉	fkF	士口㊁	觊	mnmq	山己冂儿	架	lksU	力口木③
麾	yssn	广木木乙	夥	jsqQ	曰木夕夕	岌	meyu	山乃丶③	偈	wjqN	亻曰勹乙	驾	lkcF	力口马㊁
蛔	jlkG	虫口口㊀	货	wxmU	亻七贝③	汲	ieyY	氵乃丶○	寂	phIC	宀上小又	假	wnhC	亻コ丨又
回	lkd	口口㊂	获	aqtD	艹犭丿犬	级	xeYY	纟乃丶○	寄	pdsK	宀大丁口	稼	tpeY	禾宀豕○
洄	ilkG	氵口口㊀	或	akGD	戈口一㊂	即	vcbH	彐厶卩丨	悸	ntbG	忄禾子㊀	嫁	vpeY	女宀豕○
悔	ntxU	忄𠂉母㇀	祸	pykw	礻丶口人	极	seYY	木乃丶○	祭	wfiU	𣥯二小③	**jian**		
茴	alkf	艹口口㊁	惑	akgn	戈口一心	亟	bkcG	了口又一	蓟	aqgj	艹鱼一刂	戋	gggt	戋一一丿
卉	faj	十卄⑪	霍	fwyf	雨亻圭㊁	佶	wfkg	亻士口㊀	暨	vcag	彐厶匚一	奸	vfh	女干①
汇	ian	氵匚乙	镀	qawC	钅艹亻又	急	qvnU	勹彐心③	踖	khnn	口止㇒心	尖	idU	小大③
会	wfCU	人二厶③	喔	kfwy	口雨亻圭	笈	teyu	竹乃丶③	霁	fyjJ	雨文刂刂	坚	jcfF	刂又土㊁
讳	yfnh	讠二乙丨	藿	afwy	艹雨亻圭	疾	utdI	疒丿大③	鲚	qgyj	鱼一文刂	歼	gqtF	一夕丿十
绘	xwfc	纟人二厶	蠖	jawc	虫艹亻又	戢	kbnt	口耳乙丿	稷	tlwT	禾田八夂	间	ujD	门日㊂
荟	awfC	艹人二厶	**ji**			棘	gmii	一冂小小	鲫	qgvb	鱼一彐卩	肩	yned	丶尸月○
桧	swfC	木人二厶	讥	ymn	讠几乙	殛	gqbG	一夕了一	髻	defk	镸彡士口	艰	cvEY	又彐衣○
诲	ytxU	讠𠂉母㇀	击	fmk	二凵⑪	集	wysU	亻圭木③	冀	uxlW	丷匕田八	兼	uvoU	丷彐小③
恚	ffnu	土土心③	叽	kmn	口几乙	嫉	vutD	女疒丿大	骥	cuxW	马丷匕八	监	jtyl	刂㇀丶皿
烩	owfC	火人二厶	饥	qnmN	𠂉乙几乙	楫	skbG	木口耳㊀	藉	adiJ	艹三小曰	笺	tgr	竹戋②
贿	mdeG	贝ナ月㊀	乩	hknN	卜口乙乙	蒺	autD	艹疒丿大	**jia**			菅	apnn	艹宀㇆㇆
秽	tmqY	禾山夕○	圾	feYY	土乃丶○	辑	lkbg	车口耳㊀	加	lkG	力口㊀	湔	iueJ	氵丷月刂
晦	jtxU	日𠂉母㇀	机	smN	木几乙	瘠	uiwE	疒丷人月	夹	guwI	一丷人③	犍	trvP	丿扌彐廴
喙	kxeY	口彑豕○	玑	gmn	王几乙	蕺	akbt	艹口耳丿	佳	wffg	亻土土㊀	缄	xdgT	纟厂一丿
惠	gjhN	一曰丨心	肌	emN	月几乙	籍	tdij	竹三小曰	迦	lkpD	力口辶㊂	搛	ruvo	扌丷彐小
缋	xkhM	纟口丨贝	芨	aeyU	艹乃丶③	几	mtN	几丿乙	枷	slkG	木力口㊀	煎	uejo	丷月刂灬
毁	vaMC	臼工几又	矶	dmn	石几乙	己	nngN	己乙一乙	浃	iguW	氵一丷人	缣	xuvo	纟丷彐小
慧	dhdn	三丨三心	鸡	cqyG	又勹丶一	虮	jmn	虫几乙	珈	glkG	王力口㊀	蒹	auvO	艹丷彐小
蕙	agjN	艹一曰心	咭	kfkg	口士口㊀	挤	ryjH	扌文刂丨	家	peU	宀豕③	鲣	qgjf	鱼一刂土
蟪	jgjn	虫一曰心	迹	yopI	亠小辶③	脊	iweF	丷人月㊁	痂	ulkd	疒力口㊂	鹣	uvog	丷彐小一
hun			剞	dskj	大丁口刂	掎	rdsK	扌大丁口	笳	tlkf	竹力口㊁	鞯	afaB	廿甲艹子
昏	qajf	𠂉七日㊁	唧	kvcb	口彐厶卩	戟	fjaT	十早戈丿	袈	lkyE	力口亠衣	拣	ranw	扌七乙八
荤	aplj	艹冖车⑪	姬	vahH	女匚丨丨	嵴	miwE	山丷人月	葭	anhc	艹コ丨又	槛	smqn	木门儿乙
婚	vqAJ	女𠂉七日	屐	ntfc	尸彳十又	麂	ynjm	广コ刂几	跏	khlk	口止力口	俭	wwgi	亻人一丷
阍	uqaJ	门𠂉七日	积	tkwY	禾口八○	计	yfH	讠十①	嘉	fkuk	士口丷口	柬	gliI	一囗小③
浑	iplH	氵冖车①	笄	tgaj	竹一卄⑪	记	ynN	讠己乙	镓	qpeY	钅宀豕○	茧	aju	艹日虫
馄	qnjx	𠂉乙日匕	基	adWF	艹三八土	伎	wfcy	亻十又○	岬	mlh	山甲①	捡	rwgi	扌人一丷
魂	fcrC	二厶白厶	绩	xgmY	纟主贝○	纪	xnN	纟己乙	郏	guwb	一丷人阝	笕	tmqb	竹门儿②
诨	yplH	讠冖车①	稘	tdnm	禾𠂉乙山	妓	vfcY	女十又○	荚	aguw	艹一丷人	减	udgT	丷厂一丿
混	ijxX	氵日匕匕	犄	trdK	丿扌大口	忌	nnu	己心③	恝	dhvn	三丨刀心	剪	uejv	丷月刂刀
溷	iley	氵囗豕○	缉	xkbG	纟口耳㊀	技	rfcY	扌十又○	戛	dhaR	᠆目戈○	检	swGI	木人一丷
huo			赍	fwwM	十人人贝	芰	afcu	艹十又③	铗	qguw	钅一丷人	践	khga	口止一丿
馀	diwK	三小人口	畸	ldSK	田大丁口	际	bfIY	阝二小○	蛱	jguW	虫一丷人			

字	86码	字根	字	86码	字根	字	86码	字根	字	86码	字根	字	86码	字根	字	86码	字根
睑	hwgi	目人一丷	桨	uqsU	丬夕木⑶	教	ftbt	土丿子攵	僭	mewJ	罒月人丬	鲸	qgyI	鱼一亠小			
硷	dwgi	石人一丷	蒋	auqF	艹丬夕寸	窖	pwtk	宀八丿口	jin			精	ogeG	米丰月㈠			
裥	puuj	衤丷门日	耩	diff	三小二土	醮	sgfb	西一士子	巾	mhk	冂丨⑩	井	fjk	二川⑭			
锏	qujg	钅门日㈠	匠	arK	匚斤⑭	噍	kwyo	口亻圭灬	今	wynb	人丶乙	阱	bfjH	阝二川①			
简	tujF	竹门日㈠	降	btAH	阝夂二丨	醮	sgwo	西一亻灬	斤	rttH	斤丿丿丨	刭	cajh	乛工刂①			
谫	yueV	讠丷门刀	绛	xtah	纟夂二丨	嚼	kelF	口罒乛寸	金	qqqq	金金金金	肼	efjH	月二川①			
戬	goga	一业一戈	酱	uqsg	丬夕西一	jie			津	ivfh	氵彐二丨	颈	cadM	乛工厂贝			
碱	ddgT	石厂一丿	鞿	xkjh	弓口虫丨	阶	bwjH	阝人川①	矜	cbtn	乛卩丿乙	景	jyIU	日亠小⑶			
蹇	uejn	丷月刂羽	糨	oxKJ	米弓口虫	疖	ubk	疒卩⑩	衿	puwn	衤丷人乙	儆	waqt	亻艹勹攵			
窨	pfjy	宀二川言	jiao			皆	xxrF	匕匕白	筋	telb	竹月力⑥	憬	njyI	忄日亠小			
塞	pfjh	宀二川土	艽	avb	艹九⑥	接	ruvG	扌立女㈠	襟	pusI	衤木小	警	aqky	艹勹口言			
见	mqb	门儿⑥	交	uqU	六乂⑶	秸	tfkg	禾士口㈠	仅	wcy	亻又	净	uqvH	丷勹彐丨			
件	wrhH	亻丨丨①	郊	uqbH	六乂阝①	喈	kxxr	口匕匕白	卺	bigb	了卩一口	弪	xcag	弓乛工			
建	vfhp	ヨ二丨廴	姣	vuqY	女六乂丶	嗟	kuda	口丷ナ工	紧	jcXI	刂又幺小	径	tcaG	彳乛工			
剑	wgiJ	人一丷刂	莜	auqu	艹六乂⑶	揭	rjqN	扌日勹乙	堇	akgf	廿一丰	迳	capD	乛工辶			
饯	qngt	钅乙戈丿	骄	ctdj	马丿大川	街	tffh	彳土土丨	谨	yakG	讠廿一㈠	胫	ecaG	月乛工			
偗	warH	亻弋二丨	胶	euQY	月六乂丶	孑	bnhg	子乙丨一	锦	qrmH	钅白门丨	痉	ucaD	疒乛工			
荐	adhB	艹ナ丨孑	椒	shiC	木上小又	节	abJ	艹卩⑮	廑	yakg	广廿一丰	竞	ukqb	立儿口⑥			
贱	mgt	贝戋丿	焦	wyoU	亻圭灬⑶	讦	yfh	讠干①	尽	nyuU	尸丶丶⑶	婧	vgeG	女丰月			
健	wvfP	亻ヨ二廴	蛟	juQY	虫六乂丶	劫	fcln	土厶力⑥	劲	calN	乛工力⑥	竟	ujqB	立日儿⑥			
涧	iujg	氵门日㈠	跤	khuq	口止六乂	杰	soU	木灬⑶	妗	vwyN	女人丶乙	敬	aqkT	艹勹口攵			
舰	temq	丿舟门儿	鲛	qguq	鱼一六乂	诘	yfkG	讠士口㈠	进	fjPK	二川辶⑪	靖	ugeG	立丰月			
渐	ilRH	氵车斤①	蕉	awyO	艹亻圭灬	拮	rfkG	扌士口㈠	近	rpK	斤辶⑭	境	fujQ	土立日儿			
谏	yglI	讠一罒小	礁	dwyO	石亻圭灬	洁	ifkG	氵士口㈠	堇	anyu	艹尸丶丶	獍	qtuq	犭丿立儿			
槛	sjtL	木刂丷皿	鹪	wyog	亻圭灬一	结	xfKG	纟士口㈠	晋	gogj	一业一日	静	geqH	丰月乛丨			
键	tfnp	丿二乙廴	角	qeJ	勹用刂	桀	qahs	夕匚丨木	浸	ivpC	氵彐冖又	镜	qujQ	钅立日儿			
溅	imgt	氵贝戋丿	佼	wuqY	亻六乂丶	婕	vgvH	女一彐丨	烬	onyU	火尸丶⑶				jiong		
腱	evfp	月ヨ二廴	挢	rtdj	扌丿大川	捷	rgvH	扌一彐丨	赆	mnyU	贝尸丶⑶				扃	ynmk	丶尸冂口
践	khgT	口止戋①	疚	qtuQ	犭丿六乂	颉	fkdM	士口厂贝	缙	xgoj	纟一业日				迥	mkpD	冂口辶
鉴	jtyq	刂丶一金	绞	xuqY	纟六乂丶	睫	hgvH	目一彐丨	靳	afrH	廿早斤①				炯	omkG	火冂口㈠
键	qvfp	钅ヨ二廴	饺	qnuq	钅乙六乂	截	fawW	十戈亻圭	禁	ssfI	木木二小				窘	pwvk	宀八彐口
僭	waqj	亻匚儿日	皎	ruqY	白六乂丶	碣	djqN	石日勹乙	觐	akgq	廿一丰儿				炅	jou	日火⑶
箭	tueJ	竹丷月刂	矫	tdtj	丿大丿川	竭	ujqn	立日勹乙	嗪	kssi	口木木小				jiu		
蹇	khvp	口止ヨ廴	脚	efcb	月土厶卩	鲒	qgfk	鱼一士口	jing						纠	xnhH	纟乙丨①
jiang			铰	quqY	钅六乂丶	羯	udjn	⸜⺧日乙	京	yiu	亠小⑶				究	pwvB	宀八九⑥
江	iaG	氵工㈠	搅	ripq	扌冖儿	姐	vegG	女月一㈠	泾	icaG	氵乛工㈠				鸠	vqyg	九勹丶一
姜	ugvF	丷王女	剿	vjsj	巛日木刂	解	qevH	勹用刀丨	经	xCAG	纟乛工㈠				赳	fhnh	土止乙丨
将	uqfY	丬夕寸	敫	ryty	白方攵	介	wjJ	人川⑪	茎	acaF	艹乛工				阄	uqjN	门勹日乙
茳	aiaF	艹氵工	徼	tryT	彳白方攵	戒	aak	戈廾⑩	荆	agaJ	艹一廾刂				啾	ktoY	口禾火丶
浆	uqiU	丬夕水⑶	缴	xryT	纟白方攵	芥	awjJ	艹人川⑪	惊	nyiy	忄亠小丶				揪	rtoY	扌禾火丶
豇	gkua	一口丷工	叫	knHH	口乙丨丨	届	nmD	尸由⑬	旌	yttg	方广丿丰				鬏	deto	镸彡禾火
僵	wglG	亻一田一	轿	ltdj	车丿大川	界	lwjJ	田人川⑪	菁	agef	艹丰月				九	vtN	九丿乙
缰	xglG	纟一田一	较	luQY	车六乂丶	疥	uwjK	疒人川⑩	晶	jjjF	日日日				久	qyI	丿丶
礓	dglG	石一田一				诫	yaah	讠戈廾丨	腈	egeg	月丰月一				灸	qyoU	丿丶火
疆	xfgG	弓土一一				借	wajG	亻廿日㈠	晴	hgEG	目丰月㈠				玖	gqyY	王丿丶
讲	yfjH	讠二川①				蚧	jwjH	虫人川①	粳	ogjQ	米一日乂				韭	djdg	三川三一
奖	uqdU	丬夕大⑶							兢	dqdQ	古儿古儿				酒	isgg	氵西一

字	86码	字根	字	86码	字根	字	86码	字根	字	86码	字根	字	86码	字根
旧	hjG	丨日⊖	钜	qanG	钅匚コ⊖	谲	ycbk	讠マ阝口	忾	nrnN	忄匚乙⑤	稞	tjsy	禾曰木⊙
臼	vthG	白丿丨一	俱	whwY	亻且八⊙	獗	qtdw	犭丿厂人	**kan**			窠	pwjS	宀八曰木
咎	thkF	夂卜口⊜	倨	wndG	亻尸古⊖	蕨	aduW	艹厂䒑人	槛	sjtL	木刂乚皿	颗	jsdM	曰木丆贝
疚	uqyI	疒ク八③	剧	ndjH	尸古刂①	橛	sduW	木厂䒑人	刊	fjh	干刂①	瞌	hfcl	目土厶皿
枢	saqy	木匚丿乀	惧	nhwY	忄且八⊙	爵	elvF	⺥罒ヨ寸	勘	adwl	艹三八力	磕	dfcL	石土厶皿
柏	svg	木白⊖	据	rndG	扌尸古⊖	镢	qduw	钅厂䒑人	龛	wgkx	人一口乚	蝌	jtuF	虫禾丷十
厩	dvcQ	厂ヨム儿	距	khaN	口止匚コ	蹶	khdw	口止厂人	堪	fadN	土艹三乙	髁	mejS	冎月曰木
救	fiyt	十丶丶丶	犋	trhw	丿扌且八	瞿	hhwC	目目亻又	戡	adwa	艹三八戈	壳	fpmB	士冖几⑥
舅	vlLB	臼田力⑧	飓	mqhW	几乂且八	爝	oelF	火⺥罒寸	坎	fqwY	土ク人⊙	咳	kynw	口亠乙人
就	yiDN	亠小丿乙	锯	qndG	钅尸古⊖	攫	rhhC	扌目目又	侃	wkqN	亻口儿乙	可	skD	丁口⊜
僦	wyiN	亻亠小乙	窭	pwoV	宀八米女	**jun**			砍	dqwY	石ク人⊙	岢	mskF	山丁口⊖
鹫	yidg	亠小ﾅ一	屦	ntov	尸彳米女	军	plJ	冖车①	莰	afqw	艹土ク人	渴	ijqN	氵日勹乙
ju			踞	khnd	口止尸古	君	vtkd	ヨ丿口⊜	看	rhf	手目⊖	克	dqB	古儿⑥
居	ndD	尸古⊜	遽	haeP	虍七豕辶	均	fquG	土ク冫⊖	阚	unbT	门乙耳攵	刻	yntJ	亠乙丿刂
拘	rqkG	扌ク口⊖	醵	sghe	西一虍豕	钧	qqug	钅ク冫⊖	瞰	hnbT	目乙耳攵	客	ptKF	宀夂口⊖
狙	qteg	犭丿月一	**juan**			麇	plhC	冖车广又	**kang**			恪	ntkg	忄夂口⊖
苴	aegf	艹月一⊖	娟	vkeG	女口月⊖	菌	altU	艹口禾③	康	yviI	广ヨ氺③	课	yjsY	讠曰木⊙
驹	cqkG	马ク口⊖	捐	rkeG	扌口月⊖	筠	tfqu	⺮土ク冫	慷	nyvI	忄广ヨ氺	氪	rndq	气乙古儿
疽	uegD	疒月一⊜	涓	ikeG	氵口月⊖	麋	ynjt	广コ川禾	糠	oyvi	米广ヨ氺	骒	cjSY	马曰木⊙
掬	rqoY	扌ク米⊙	鹃	keqG	口月ク一	俊	wcwT	亻厶八夂	亢	ymb	亠几⑥	缂	xafh	纟廿革丨
椐	sndG	木尸古⊖	镌	qwye	钅亻圭乃	郡	vtkb	ヨ丿口阝	扛	rag	扌工⊖	嗑	kfcl	口土厶皿
琚	gndG	王尸古⊖	蠲	uwlj	䍏八皿虫	峻	mcwT	山厶八夂	伉	wymN	亻亠几乙	溘	ifcl	氵土厶皿
锯	qnnk	钅尸乙口	卷	udbb	䒑大巳巳	捃	rvtK	扌ヨ丿口	忼	nymN	忄亠几乙	锞	qjsY	钅曰木⊙
裾	pund	衤丶尸古	锩	qudb	钅䒑大巳	浚	icwt	氵厶八夂	抗	rymn	扌亠几乙	**ken**		
睢	hwyG	目亻圭⊖	倦	wudB	亻䒑大巳	骏	ccwt	马厶八夂	闶	uymv	门亠几⑤	肯	heF	止月⊖
鞠	afqO	廿革ク米	桊	udsU	䒑大木③	竣	ucwT	立厶八夂	炕	oymN	火亠几乙	垦	vefF	ヨ𧘇土
鞫	afqy	廿革ク言	狷	qtke	犭丿口月	**ka**			钪	qymn	钅亠几乙	恳	venu	ヨ𧘇心③
局	nnkD	尸乙口⊜	绢	xkeG	纟口月⊖	咔	khhy	口上卜⊙	**kao**			啃	kheG	口止月⊖
桔	sfkG	木士口⊖	眷	udhf	䒑大目⊖	咖	klkG	口力口⊖	尻	nvv	尸九⑧	裉	puve	衤丶ヨ𧘇
菊	aqoU	艹ク米③	郓	sfbH	西土阝①	喀	kptK	口宀夂口	考	ftgN	土丿一乙	**keng**		
橘	scbk	木マ阝口	**jue**			卡	hhu	上卜③	拷	rftN	扌土丿乙	坑	fymN	土亠几乙
咀	kegG	口月一⊖	噘	kduw	口厂䒑人	佧	whhY	亻上卜丶	栲	sftn	木土丿乙	吭	kymN	口亠几乙
沮	iegG	氵月一⊖	撅	rduw	扌厂䒑人	胩	ehHY	月上卜丶	烤	oftN	火土丿乙	铿	qjcF	钅丨又土
举	iwfH	⺍八二丨	孓	byi	了丶③	咯	ktkG	口夂口⊖	铐	qftn	钅土丿乙	**kong**		
矩	tdaN	𠂉大匚コ	决	unWY	冫コ人⊙	**kai**			犒	tryk	丿才亠口	空	pwAF	宀八工⊖
苣	akkf	艹口口⊖	诀	ynwy	讠コ人丶	开	gaK	一廾⑩	靠	tfkd	丿土口三	倥	wpwA	亻宀八工
榉	siwH	木⺍八丨	抉	rnwy	扌コ人丶	揩	rxxr	扌匕匕白	**ke**			崆	mpwA	山宀八工
椇	tdas	𠂉大匚木	珏	ggyY	王王丶⊙	锎	quga	钅门一廾	蚵	jskG	虫丁口⊖	箜	tpwA	⺮宀八工
龃	hwbg	止人凵一	绝	xqcN	纟ク巴⑧	凯	mnmN	山己几乙	坷	fskG	土丁口⊖	恐	amyn	工几丶心
蹰	khty	口止丶丶	倔	wnbM	亻尸凵山	剀	mnjH	山己刂①	苛	asKF	艹丁口⊖	孔	bnn	子乙⑤
句	qkd	ク口⊜	崛	mnbm	山尸凵山	垲	fmnN	土山己乙	柯	sskG	木丁口⊖	控	rpwA	扌宀八工
巨	and	匚コ⊜	掘	rnbm	扌尸凵山	恺	nmnN	忄山己乙	珂	gskG	王丁口⊖	**kou**		
讵	yang	讠匚コ⊖	橛	sqeH	木ク用①	铠	qmnN	钅山己乙	科	tuFH	禾丷十①	抠	raqY	扌匚乂⊙
拒	ranG	扌匚コ⊖	觖	qenW	ク用⺄人	慨	nvcQ	忄ヨム儿	轲	lskG	车丁口⊖	芤	abnB	艹子乙⑥
苣	aanF	艹匚コ⊖	厥	dubw	厂䒑凵人	蒈	axxr	艹匕匕白	疴	uskd	疒丁口⊜	眍	haqY	目匚乂⊙
具	hwU	且八③	劂	dubJ	厂䒑凵刂	楷	sxXR	木匕匕白	钶	qskG	钅丁口⊖	口	kkkk	口口口口
炬	oanG	火匚コ⊖				锴	qxxR	钅匕匕白	棵	sjsY	木曰木⊙	叩	kbh	口卩①
									颏	yntm	亠乙丿贝			

字	86码	字根	字	86码	字根	字	86码	字根	字	86码	字根	字	86码	字根
扣	rkG	扌口⊖	纩	xyt	纟广⊙	**kuo**			览	jtyq	刂丿⺆儿	勒	aflN	廿甲力乙
寇	pfqc	宀二儿又	况	ukqN	冫口儿乙	括	rtdG	扌丿古⊖	揽	rjtQ	扌刂丿儿	鳓	qgal	鱼一廿力
筘	trkF	⺮扌口⊖	旷	jyt	日广⊙	扩	ryT	扌广⊙	缆	xjtQ	纟刂丿儿	了	bNH	了乙丨
蔻	apfl	廿宀二又	矿	dyt	石广⊙	栝	stdG	木丿古⊖	榄	sjtq	木刂丿儿	**lei**		
ku			贶	mkqN	贝口儿乙	蛞	jtdg	虫丿古⊖	榄	sjtq	木刂丿儿	雷	flf	雨田⊖
刳	dfnj	大二乙刂	框	sagg	木匚王⊖	廓	yybB	广亠子阝	漤	issv	氵木木女	嫘	vlxI	女田幺小
枯	sdG	木古⊖	眶	hagG	目匚王⊖	阔	uitD	门氵丿古	罱	lfmF	罒十门十	缧	xlxi	纟田幺小
哭	kkdu	口口犬⊙	**kui**			**la**			懒	ngkm	忄一口贝	檑	sflG	木雨田⊖
堀	fnbm	土尸凵山	亏	fnv	二乙⑧	垃	fug	土立⊖	烂	oufg	火丷二⊖	镭	qflG	钅雨田⊖
窟	pwnM	宀八尸山	岿	mjvF	山刂彐⊖	拉	ruG	扌立⊖	滥	ijtL	氵刂丿皿	羸	ynky	亠乙口丶
骷	medg	⺼月古⊖	悝	njfg	忄日土⊖	啦	kruG	口扌立⊖	**lang**			耒	dii	三小氵
苦	adf	廿古⊖	盔	dolF	ナ火皿⊖	遢	vlqP	巛口乂辶	啷	kyvB	口彐阝	诔	ydiy	讠三小⊙
库	ylk	广车⑪	窥	pwfq	宀八二儿	旯	jvb	日九⑧	郎	yvcb	彐厶阝	垒	cccf	厶厶厶土
绔	xdfN	纟大二乙	奎	dfff	大土土⊖	砬	dug	石立⊖	狼	qtyE	犭丿丶⺄	蕾	aflf	廿雨田⊖
酷	sgtk	西一丿口	逵	fwfp	土八土辶	喇	kgkJ	口一口刂	廊	yyvB	广彐阝	磊	dddF	石石石⊖
裤	puyl	衤丶广车	馗	vuth	九⺌丿目	剌	gkij	一口小刂	琅	gyvE	王丶⺄	儡	wllL	亻田田田
kua			喹	kdfF	口大土土	蜡	jajG	虫廿日⊖	榔	syvB	木丶阝	肋	elN	月力⊙
夸	dfnB	大二乙⑧	揆	rwgd	扌癶一大	瘌	ugkj	疒一口刂	稂	tyvE	禾丶⺄	泪	ihg	氵目⊖
侉	wdfn	亻大二乙	葵	awgD	廿癶一大	腊	eajG	月廿日⊖	锒	qyve	钅丶⺄	类	odU	米大⊙
垮	fdfn	土大二乙	暌	jwgd	日癶一大	辣	ugkI	辛一口小	螂	jyvB	虫丶阝	累	lxIU	田幺小⊙
挎	rdfn	扌大二乙	魁	rqcf	白儿厶十	**lai**			朗	yvcb	丶彐厶月	酹	sgeF	西一⺍寸
跨	khdN	口止大乙	睽	hwgd	目癶一大	来	goI	一米氵	阆	uyvE	门丶⺄	擂	rflG	扌雨田⊖
胯	edfN	月大二乙	蝰	jdff	虫大土土	崃	mgoY	山一米⊙	浪	iyvE	氵丶⺄	嘞	kafL	口廿甲力
kuai			夔	uhtT	⺌止丿夂	徕	tgoY	彳一米⊙	蒗	aiye	廿氵丶⺄	**leng**		
蒯	aeej	廿月月刂	傀	wrqC	亻白儿厶	涞	igoY	氵一米⊙	**lao**			塄	flyN	土罒方乙
块	fnwY	土⼯人⊙	跬	khff	口止土土	莱	agoU	廿一米⊙	捞	rapL	扌廿冖力	棱	sfwT	木土八夂
快	nnwY	忄⼯人⊙	匮	akhM	匚口丨贝	铼	qgoY	钅一米⊙	劳	bplB	⺋冖力⑧	楞	slYN	木罒方乙
侩	wwfc	亻人二厶	喟	kleG	口田月⊖	赉	gomU	一米贝⊙	牢	prhJ	宀丨丿丨	冷	uwyc	冫人丶⺇
郐	wfcb	人二厶阝	愦	nkhm	忄口丨贝	睐	hgoY	目一米⊙	唠	kapL	口廿冖力	愣	nlyN	忄罒方乙
哙	kwfc	口人二厶	愧	nrqC	忄白儿厶	赖	gkim	一口小贝	崂	mapL	山廿冖力	**li**		
狯	qtwc	犭丿人厶	溃	ikhM	氵口丨贝	濑	igkm	氵一口贝	痨	uapL	疒廿冖力	厘	djfd	厂日土⊖
脍	ewfC	月人二厶	蒉	akhm	廿口丨贝	癞	ugkm	疒一口贝	铹	qapL	钅廿冖力	梨	tjsU	禾刂木⊙
筷	tnnW	⺮忄乙人	馈	qnkM	勹乙口贝	籁	tgkm	⺮一口贝	醪	sgne	西一羽彡	狸	qtjf	犭丿日土
kuan			篑	tkhm	⺮口丨贝	**lan**			老	ftxB	土丿匕⑧	离	ybMC	文凵冂厶
宽	paMQ	宀廿门儿	聩	bkhM	耳口丨贝	兰	uff	丷二⊖	佬	wftX	亻土丿匕	莉	atjJ	廿禾刂⑪
髋	mepq	⻣月宀儿	**kun**			岚	mmqu	山几乂⊙	姥	vftX	女土丿匕	骊	cgMY	马一冂丶
款	ffiW	士二小人	坤	fjhh	土日丨丨	拦	rufG	扌丷二⊖	栳	sftx	木土丿匕	犁	tjrH	禾刂丨⑪
kuang			昆	jxXB	日比匕⑧	栏	sufG	木丷二⊖	铑	qftx	钅土丿匕	喱	kdjf	口厂日土
匡	agd	匚王⊖	琨	gjxX	王日比匕	婪	ssvF	木木女⊖	涝	iapL	氵廿冖力	鹂	gmyg	一冂丶一
诓	yagg	讠匚王⊖	锟	qjxX	钅日比匕	阑	ugli	门一⺊小	烙	otkG	火夂口⊖	漓	iybc	氵文凵厶
哐	kagG	口匚王⊖	髡	degq	镸彡一儿	蓝	ajtL	廿刂丿皿	耢	dial	三小冖力	缡	xybC	纟文凵厶
筐	tagF	⺮匚王⊖	醌	sgjx	西一日比	谰	yugI	讠门一小	酪	sgtk	西一夂口	蓠	aybc	廿文凵厶
狂	qtgG	犭丿王⊖	鲲	qgjx	鱼一日比	澜	iugI	氵门一小	**le**			蜊	jtjH	虫禾刂⑪
诳	yqtG	讠犭丿王	悃	nlsY	忄口木⊙	褴	pujl	衤刂丿皿	仂	wln	亻力乙	嫠	fitV	二小攵女
夼	dkj	大川⑪	捆	rlsY	扌口木⊙	斓	yugI	文门一小	乐	qiI	⺄小氵	璃	gybC	王文凵厶
邝	ybh	广阝⑪	阃	ulsI	门口木氵	篮	tjtl	⺮刂丿皿	叻	kln	口力乙	黎	tqtI	禾勹丿氺
圹	fyt	土广⊙	困	lsI	口木氵	镧	qugi	钅门一小	泐	iblN	氵阝力乙	篱	tybC	⺮文凵厶

字	86码	字根	字	86码	字根	字	86码	字根	字	86码	字根	字	86码	字根	字	86码	字根
罹	lnwY	罒忄亻圭	笠	tuf	⺮立㊀	粱	ivwo	氵刀八米	啉	kssY	口木木㊀	呤	kwyc	口人丶マ		long	
藜	atqI	艹禾勹氺	粒	oug	米立㊀	墚	fivS	土氵刀木	淋	issY	氵木木㊀		liu		龙	dxV	ナヒ㊅
熬	tqto	禾勹丿灬	粝	oddN	米厂厂乙	踉	khye	口止丶㇏	琳	gssY	王木木㊀	溜	iqyl	氵𠃌丶田	咙	kdxN	口ナヒ乙
蟊	xejJ	乚豕虫虫	蛎	jddN	虫厂厂乙	两	gmww	一门人人	粼	oqab	米夕㔾阝	熘	oqyl	火𠃌丶田	泷	idxN	氵ナヒ乙
礼	pynn	礻丶乙乙	傈	wssY	亻西木㊀	魉	rqcw	白儿厶人	嶙	moqH	山米夕丨	刘	yjH	文刂①	茏	adxB	艹ナヒ㉝
李	sbF	木子㊀	痢	utjK	疒禾刂⑩	亮	ypmB	亠冖几㉝	遴	oqaP	米夕㔾辶	浏	iyjh	氵文刂①	栊	sdxN	木ナヒ乙
里	jfd	曰土㊂	罱	lyf	罒言㊀	谅	yyiY	讠亠口小	辚	loQH	车米夕丨	流	iycQ	氵㇇厶儿	珑	gdxN	王ナヒ乙
俚	wjfG	亻曰土㊀	跞	khqi	口止厂小	辆	lgmW	车一门人	霖	fssU	雨木木㊂	留	qyvl	𠃌丶刀田	胧	edxN	月ナヒ乙
哩	kjfG	口曰土㊀	雳	fdlb	雨厂力⑩	晾	jyiy	日亠口小	磷	doqH	石米夕丨	琉	gycQ	王㇇厶儿	砻	dxdF	ナヒ石㊀
娌	vjfg	女曰土㊀	溧	issy	氵西木㊀	量	jgJF	曰一曰土	鳞	qgoH	鱼一米丨	硫	dycQ	石㇇厶儿	笼	tdxB	⺮ナヒ㉝
逦	gmyp	一门丶辶	篥	tssU	⺮西木㊂		liao		麟	ynjh	广⺋丨丨	旒	ytyq	方𠂉㇇儿	聋	dxbF	ナヒ耳㊀
理	gjFG	王曰土㊀		lian		潦	idui	氵大丷小	凛	uyll	冫亠口小	遛	qyvp	𠃌丶刀辶	隆	btgG	阝夂一一
锂	qjfG	钅曰土㊀	奁	daqU	大匚乂㊂	辽	bpK	了辶⑩	廪	yyli	广亠口小	馏	qnql	饣乙𠃌田	癃	ubtg	疒阝夂一
鲤	qgjf	鱼一曰土	连	lpk	车辶⑩	疗	ubk	疒了⑩	懔	nyll	忄亠口小	骝	cqyl	马𠃌丶田	窿	pwbG	宀八阝一
澧	imaU	氵门卄丷	帘	pwmH	宀八门丨	聊	bqtB	耳卩丿卩	檩	syli	木亠口小	榴	sqyL	木𠃌丶田	陇	bdxN	阝ナヒ乙
醴	sgmu	西一门丷	怜	nwyc	忄人丶マ	僚	wduI	亻大丷小	吝	ykf	文口㊀	瘤	uqyl	疒𠃌丶田	垄	dxfF	ナヒ土㊀
鳢	qgmu	鱼一门丷	涟	ilpY	氵车辶㊀	寮	pnwE	宀羽人彡	赁	wtfm	亻丿士贝	镏	qqyl	钅𠃌丶田	垅	fdxN	土ナヒ乙
力	ltN	力丿乙	莲	alpU	艹车辶㊂	廖	ynwE	广羽人彡	蔺	auwY	艹门亻圭	鎏	iycq	氵㇇厶金	拢	rdxN	扌ナヒ乙
历	dlV	厂力㊅	联	buDY	耳丷大㊀	嘹	kdui	口大丷小	膦	eoqH	月米夕丨	柳	sqtB	木𠃌丿卩		lou	
厉	ddnV	厂厂乙㊅	裢	pulP	衤丶车辶	寮	pduI	宀大丷小	躏	khay	口止艹圭	绺	xthK	纟夂卜口	娄	ovF	米女㊀
立	uuUU	立立立立	廉	yuvo	广丷彐小	撩	rduI	扌大丷小		ling		镠	qycq	钅㇇厶儿	喽	kovG	口米女㊀
吏	gkqI	一口乂㊂	鲢	qglp	鱼一车辶	獠	qtdi	犭丿大小	伶	wwyc	亻人丶マ	六	uyGY	六丶一㇇	蒌	aovf	艹米女㊀
丽	gmyY	一门丶丶	濂	iyuO	氵广丷小	燎	odui	火大丷小	灵	voU	彐火㊂	鹨	nweg	羽人乇一	楼	sovG	木米女㊀
利	tjh	禾刂①	臁	eyuO	月广丷小	镣	qdui	钅大丷小	囹	lwyC	囗人丶マ				耧	dioV	三小米女
励	ddnl	厂厂乙力	镰	qyuo	钅广丷小	鹩	dujg	大丷曰一	岭	mwyc	山人丶マ						
呖	kdlN	口厂力乙	蠊	jyuO	虫广丷小	钌	qbh	钅了①	泠	iwyc	氵人丶マ						
坜	fdlN	土厂力乙	敛	wgit	人一丷夂	蓼	anwE	艹羽人彡	苓	awyc	艹人丶マ						
沥	idlN	氵厂力乙	脸	ewGI	月人一丷	料	ouFH	米丶十①	柃	swyc	木人丶マ						
苈	adlB	艹厂力乙	裣	puwi	衤丶人丷	撂	rltK	扌田夂口	玲	gwyC	王人丶マ						
例	wgqJ	亻一夕刂	蔹	awgt	艹人一夂		lie		瓴	wycn	人丶マ乙						
戾	yndI	丶尸犬㊂	练	xanW	纟七乙八	咧	kgqJ	口一夕刂	凌	ufwT	冫土八夂						
枥	sdlN	木厂力乙	炼	oanw	火七乙八	列	gqJH	一夕刂①	铃	qwyc	钅人丶マ						
疠	udnv	疒丁乙㊅	恋	yonU	亠小心㊂	劣	itlB	小丿力⑩	陵	bfwT	阝土八夂						
隶	vii	彐氺㊂	殓	gqwI	一夕人丷	冽	ugqJ	冫一夕刂	棂	svoY	木彐火㊀						
俐	wtjH	亻禾刂①	链	qlpY	钅车辶㊀	洌	igqJ	氵一夕刂	绫	xfwT	纟土八夂						
俪	wgmy	亻一门丶	楝	sglI	木一罒小	埒	fefY	土爫寸㊀	羚	udwc	丷𦍌人マ						
栎	sqiY	木厂小㊀	潋	iwgt	氵人一夂	烈	gqjo	一夕刂灬	翎	wycn	人丶マ羽						
疬	udlV	疒厂力㊅		liang		捩	rynd	扌丶尸犬	聆	bwyc	耳人丶マ						
荔	allL	艹力力力	冫	uyg	冫丶一	猎	qtaJ	犭丿艹曰	菱	afwt	艹土八夂						
轹	lqiY	车厂小㊀	俩	wgmW	亻一门人	裂	gqje	一夕刂衣	蛉	jwyc	虫人丶マ						
郦	gmyb	一门丶阝	靓	gemQ	丰月门儿	趔	fhgj	土止一刂	零	fwyc	雨人丶マ						
栗	ssu	西木㊂	凉	uyiy	冫亠口小	躐	khvn	口止巛乙	龄	hwbc	止人凵マ						
猁	qttJ	犭丿禾刂	梁	ivwS	氵刀八木	鬣	devn	镸彡巛乙	鲮	qgft	鱼一土夂						
砺	dddN	石厂厂乙					lin		酃	fkkB	雨口口阝						
砾	dqiY	石厂小㊀				邻	wycb	人丶マ阝	领	wycm	人丶マ贝						
苙	awuf	艹亻立㊀				林	ssY	木木㊀	令	wycU	人丶マ㊂						
唳	kynd	口丶尸犬				临	jtyJ	刂丨一①									

字	86码	字根	字	86码	字根	字	86码	字根	字	86码	字根	字	86码	字根	字	86码	字根
蝼	jovG	虫米女⊖	鹭	khtg	口止夂一	荦	aprH	艹⼆丿丨	迈	dnpV	厂乙辶	**ma**			峁	mqtB	山厂⼐
髅	meoV	冂月米女	簏	ssyx	木木广匕	骆	ctkG	马夂口⊖	麦	gtu	龶夂	妈	vcG	女马⊖	铆	qqtB	钅厂⼐
嵝	movG	山米女⊖	氇	tfnj	丿二乙日	珞	gtkG	王夂口⊖	卖	fnud	十乙冫大	麻	yssI	广木木③	茂	adnT	艹厂乙①
搂	roVG	扌米女⊖	**luan**			落	aitK	艹氵夂口	脉	eyni	月丶乙八	蟆	jajd	虫艹日大	冒	jhf	曰目⊖
篓	tovF	竹米女⊖	娈	yovF	亠小女	摞	rlxI	扌田幺小	**man**			马	cnNG	马乙乙一	贸	qyvM	厂丶刀贝
陋	bgmN	阝一门乙	孪	yobF	亠小子	漯	ilxI	氵田幺小	颟	agmm	艹一门贝	犸	qtcg	犭丿马⊖	耄	ftxn	土丿匕乙
漏	infy	氵尸雨⊙	峦	yomJ	亠小山①	雒	tkwy	夂口亻圭	蛮	yojU	亠小虫③	玛	gcg	王马⊖	袤	ycbe	亠マ⼐⾐
瘘	uovD	疒米女⊖	挛	yorJ	亠小手①	**lü**			馒	qnjc	夂乙日又	码	dcg	石马⊖	帽	mhjH	门丨曰目
镂	qovG	钅米女⊖	栾	yosU	亠小木③	滤	ihaN	氵广七心	瞒	hagw	目艹一人	蚂	jcg	虫马⊖	瑁	gjhg	王曰目⊖
偻	wovG	亻米女⊖	鸾	yoqG	亠小勹一	驴	cynT	马丶尸①	鞔	afqq	廿革勹儿	骂	kkcF	口口马⊖	瞀	cbth	マ⼐目丨
lu			銮	yomw	亠小门人	闾	ukkd	门口口	满	iagw	氵艹一人	吗	kcg	口马⊖	貌	eerq	爫豸白儿
露	fkhk	雨口止口	滦	iyos	氵亠小木	榈	sukK	木门口口	螨	jagw	虫艹一人	嘛	kySS	口广木木	懋	scbn	木マ⼐心
噜	kqgJ	口鱼一日	鸾	yoqf	亠小金	吕	kkF	口口⊖	曼	jlcU	日罒又③	**mai**			**me**		
撸	rqgJ	扌鱼一日	卵	qytY	厂丶丶丿	侣	wkkG	亻口口⊖	谩	yjlC	讠日罒又	埋	fjfG	土日土⊖	么	tcU	丿厶③
卢	hnE	卜尸⊘	乱	tdnN	丿古乙乙	旅	ytey	方⼂丿农	墁	fjlC	土日罒又	霾	feef	雨⼂豸土	麽	yssc	广木木厶
庐	yyne	广丶尸⊘	**lüe**			稆	tkkG	禾口口⊖	幔	mhjc	门丨日又	买	nudu	乙冫大③	**mei**		
芦	aynr	艹丶尸⊙	掠	ryiy	扌亠小⊙	铝	qkkG	钅口口⊖	慢	njLC	忄日罒又	荬	anud	艹乙冫大	没	imCY	氵几又⊙
垆	fhnt	土卜尸①	略	ltkG	田夂口⊖	屡	noVD	尸米女	漫	ijlc	氵日罒又	劢	dnlN	厂乙力②	枚	sty	木攵⊙
泸	ihnT	氵卜尸①	锊	qefy	钅爫寸⊙	缕	xovG	纟米女⊖	缦	xjlC	纟日罒又	**mao**			玫	gtY	王攵⊙
炉	oynT	火丶尸①	**lun**			膂	ytee	方⼂氏月	蔓	ajlC	艹日罒又	猫	qtal	犭丿艹田	眉	nhd	尸目⊖
栌	shnt	木卜尸①	抡	rwxN	扌人匕乙	褛	puoV	礻米女	熳	ojlC	火日罒又	毛	tfnV	丿二乙	莓	atxU	艹⼂母
胪	ehnt	月卜尸①	仑	wxb	人匕⊙	履	nttT	尸彳夂	镘	qjlC	钅日罒又	矛	cbtR	マ⼐丿	梅	stxU	木⼂母
轳	lhnt	车卜尸①	伦	wwxN	亻人匕乙	律	tvfh	彳彐二丨	**mang**			耗	trtn	三丨丿乙	媒	vafS	女廿二木
鸬	hnqG	卜尸勹一	囵	lwxV	囗人匕	虑	hanI	广七心	邙	ynbH	亠乙阝①	茅	acbt	艹マ⼐丿	嵋	mnhG	山尸目⊖
舻	tehN	丿舟卜尸	沦	iwxN	氵人匕乙	率	yxIF	亠幺小十	忙	nynn	忄亠乙乙	旄	yttn	方⼂丿乙	湄	inhG	氵尸目⊖
颅	hndm	卜尸厂贝	纶	xwxN	纟人匕乙	绿	xvIY	纟彐水⊙	芒	aynB	艹亠乙⊙	锚	qalG	钅艹田⊖	猸	qtnh	犭丿尸目
卤	hlQI	卜口乂③	轮	lwxN	车人匕乙	氯	rnvI	仁乙彐水	盲	ynhF	亠乙目⊖	髦	detn	镸彡丿乙	楣	snhG	木尸目⊖
虏	halv	广七力	论	ywxN	讠人匕乙	捋	refy	扌爫寸⊙	茫	aiyN	艹氵亠乙	蟊	cbtj	マ⼐丿虫	煤	oaFS	火廿二木
掳	rhaL	扌广七力	**luo**						硭	dayN	石艹亠乙	卯	qtbh	厂丿⼐①	酶	sgtu	西一⼂
鲁	qgjF	鱼一日	罗	lqU	罒夕③				莽	adaJ	艹犬廾①	昴	jqtB	日丿⼐	镅	qnhG	钅尸目⊖
橹	sqgJ	木鱼一日	猡	qtlq	犭丿罒夕				漭	iada	氵艹犬廾	泖	iqtB	氵丿⼐	鹛	nhqG	尸目勹一
镥	qqgJ	钅鱼一日	萝	alqU	艹罒夕③				蟒	jada	虫艹犬廾	茆	aqtb	艹厂⼐	霉	ftxu	雨⼂母
陆	bfmH	阝二山①	逻	lqpI	罒夕辶③				氓	ynna	亠乙匕七				每	txgU	丿母⊖
录	viU	彐水③	椤	slqY	木罒夕⊙										美	ugdu	丷王大
赂	mtkG	贝夂口⊖	锣	qlqY	钅罒夕⊙										浼	iqkQ	氵丿口儿
渌	iviY	氵彐水⊙	箩	tlqU	竹罒夕③										镁	qugD	钅丷王大
禄	pyvI	礻丶彐水	骡	clxI	马田幺小										妹	vfiY	女二小⊙
碌	dviY	石彐水⊙	镙	qlxI	钅田幺小										昧	jfiY	日二小⊙
路	khtK	口止夂口	螺	jlxI	虫田幺小										袂	punW	礻㇇人
漉	iynx	氵广彐匕	倮	wjsY	亻日木⊙										媚	vnhG	女尸目⊖
戮	nweA	羽人彡戈	裸	pujs	礻日木										寐	pnhi	宀乙丨小
辘	lynX	车广彐匕	瘰	ulxI	疒田幺小										魅	rqci	白儿厶小
潞	ikhk	氵口止口	蠃	ynky	亠乙口⊙										**men**		
璐	gkhk	王口止口	泺	iqiY	氵丿小⊙										门	uyhN	门丶乙
簏	tynx	竹广彐匕	洛	itkG	氵夂口⊖										扪	run	扌门乙
			络	xtkG	纟夂口⊖										钔	qun	钅门乙
															闷	uni	门心③

字	86码	字根	字	86码	字根	字	86码	字根	字	86码	字根	字	86码	字根
焖	ounY	火门心⊙	幂	pjdH	⌒曰大丨	珉	gnaN	王巳七⊘	莫	ajdU	艹曰大⊕	纳	xmwY	纟门人丶
懑	iagn	氵艹一心	谧	yntl	讠心丿皿	缗	xnaJ	纟巳七曰	寞	pajD	宀艹曰大	肭	emwY	月门人丶
们	wuN	亻门⊘	噾	kpnM	口宀心山	皿	lhnG	皿丨乙一	漠	iajD	氵艹曰大	娜	vvfB	女刀二阝
meng			蜜	pntj	宀心丿虫	闵	uyi	门文③	蓦	ajdc	艹曰大马	衲	pumw	礻⑪门人
虻	jynN	虫一乙⊘	*mian*			抿	rnaN	扌巳七⊘	貊	eedJ	⺥豸丆日	钠	qmwY	钅门人丶
萌	ajeF	艹日月⊖	眠	hnaN	目巳七⊘	泯	inaN	氵巳七⊘	墨	lfof	黑土灬土	捺	rdfi	扌大二小
盟	jelF	日月皿⊖	绵	xrMH	纟白门丨	闽	uji	门虫③	瘼	uajd	疒艹曰大	呐	kmwY	口门人丶
甍	alpn	艹皿冖乙	棉	srmH	木白门丨	悯	nuyY	忄门文丶	镆	qajd	钅艹曰大	*nai*		
瞢	alph	艹皿冖目	免	qkqB	ク口儿⊗	敏	txgt	⺊一⺈攵	默	lfod	黑土灬犬	乃	etn	乃丿乙
朦	eapE	月艹冖豕	沔	ighN	氵一丨乙	愍	natn	巳七攵心	貘	eeaD	⺥豸艹大	奶	veN	女乃⊘
檬	sapE	木艹冖豕	勉	qkql	ク口儿力	鳘	txgg	⺊一——	耱	diyD	三小广石	艿	aeb	艹乃⊗
礞	dapE	石艹冖豕	眄	hghN	目一丨乙	*ming*			*mou*			氖	rneV	⺀乙乃⑳
艨	teae	丿舟艹豕	娩	vqkQ	女ク口儿	名	qkF	夕口F	蛑	jcrH	虫厶⺀丨	奈	dfiU	大二小③
勐	bllN	子皿力⊘	冕	jqkq	曰ク口儿	明	jeG	日月一	蝥	cbtj	⺗卩丿虫	柰	sfiu	木二小③
猛	qtbl	犭丿子皿	涵	idmD	氵丆门三	鸣	kqyG	口勹丶一	哞	kcrH	口厶⺀丨	耐	dmjf	丆门刂寸
蒙	apgE	艹冖一豕	缅	xdmd	纟丆门三	茗	aqkf	艹夕口f	牟	crHJ	厶⺀丨⑩	萘	adfi	艹大二小
锰	qblG	钅子皿一	腼	edmd	月丆门三	冥	pjuU	冖曰六U	侔	wcrH	亻厶⺀丨	鼐	ehnN	乃目乙⊘
艋	tebl	丿舟子皿	面	dmJD	丆门刂三	铭	qqkG	钅夕口一	眸	hcrH	目厶⺀丨	*nan*		
蜢	jblG	虫子皿一	湎	ikjN	氵口刂乙	溟	ipju	氵冖曰六	谋	yafS	讠艹二木	囡	lvd	口女⊖
懵	nalH	忄艹皿目	*miao*			暝	jpju	日冖曰六	鍪	cbtq	⺗卩丿金	男	llB	田力⊗
蠓	japE	虫艹冖豕	喵	kalG	口艹田一	瞑	hpjU	目冖曰六	某	afsU	艹二木U	南	fmUF	十门丷十
孟	blf	子皿⊖	苗	alf	艹田⊖	螟	jpjU	虫冖曰六	*mu*			难	cwYG	又亻圭一
梦	ssqU	木木夕U	描	ralG	扌艹田一	酩	sgqk	西一夕口	母	xguI	口一⺀③	喃	kfmF	口十门十
mi			瞄	halG	目艹田一	命	wgkb	人一口卩	毪	tfnh	丿二乙丨	楠	sfmF	木十门十
祢	pyqI	礻丶ク小	鹋	alqg	艹田勹一	*miu*			亩	ylf	亠田⊖	赧	fobc	土小⑧又
弥	xqiY	弓ク小丶	杪	sitT	木小丿丿	谬	ynwe	讠羽人彡	牡	trfg	丿才土一	腩	efmF	月十门十
迷	opI	米辶③	眇	hitT	目小丿丿	缪	xnwE	纟羽人彡	姆	vxGU	女口一U	蝻	jfmF	虫十门十
猕	qtxi	犭丿弓小	秒	tiTT	禾小丿丿	*mo*			拇	rxgU	扌口一U	*nang*		
谜	yopy	讠米辶丶	森	iiiu	水水水U	貉	eetk	⺥豸夂口	木	ssss	木木木木	嚷	kgke	口一口衣
醚	sgoP	西一米辶	渺	ihit	氵目小丿	摸	rajd	扌艹曰大	仫	wtcy	亻丿厶丶	囊	gkhE	一口丨衣
糜	ysso	广木木米	缈	xhiT	纟目小丿	谟	yajD	讠艹曰大	目	hhhh	目目目目	馕	qnge	⺈乙一衣
縻	yssi	广木木小	藐	aeeQ	艹⺥爫儿	嫫	vajd	女艹曰大	沐	isy	氵丿木丶	曩	jykE	日一口衣
麋	ynjo	广コ丨米	邈	eerp	⺥爫白辶	馍	qnad	⺈乙艹大	坶	fxgU	土口一U	攮	rgke	扌一口衣
靡	yssd	广木木三	妙	vitT	女小丿丿	摹	ajdr	艹曰大手	牧	trtY	丿才攵丶	*nao*		
蘼	aysd	艹广木三	庙	ymd	广由⊖	模	sajD	木艹曰大	苜	ahf	艹目⊖	孬	givb	一小女子
米	oyTY	米丶丿八	*mie*			膜	eajd	月艹曰大	募	ajdL	艹曰大力	呶	kvcY	口女又丶
芈	gjgh	一丨一丨	咩	kudH	口丷三丨	摩	yssr	广木木手	墓	ajdf	艹曰大土	挠	ratq	扌七⺈儿
弭	xbg	弓耳⊖	灭	goi	一火③	磨	yssd	广木木石	幕	ajdh	艹曰大丨	硇	dtlQ	石丿囗乂
籹	oty	米攵丿	篾	tldt	竹⑳廾丿	蘑	aysD	艹广木石	睦	hfwF	目土八土	铙	qatQ	钅七⺈儿
脒	eoy	月米丶	蔑	aldt	艹⑳廾丿	魔	yssc	广木木厶	慕	ajdn	艹曰大⺗	猱	qtcs	犭丿マ木
眯	hoY	目米丶	蠛	jalT	虫艹廾丿	抹	rgsY	扌一木丶	暮	ajdj	艹曰大日	蛲	jatq	虫七⺈儿
汨	ijg	氵日⊖	*min*			末	gsI	一木③	穆	triE	禾白小彡	垴	fybh	土文凵丨
宓	pntr	宀心丿丶	黾	kjnB	口曰乙⊗	殁	gqmc	一夕几又	*na*			恼	nybH	忄文凵丨
泌	intT	氵心丿丿	民	nAV	巳七⑳	沫	igsY	氵一木丶	拿	wgkr	人一口手	脑	eybH	月文凵丨
觅	emqB	⺍冂儿⊘	岷	mnaN	山巳七⊘	茉	agsU	艹一木U	镎	qwgr	钅人一手	瑙	gvtq	王巛丿乂
秘	tnTT	禾心丿丿	玟	gyy	王文⊙	陌	bdjG	阝丆日一	哪	kvFB	口刀二阝	闹	uymH	门丶门丨
密	pntM	宀心丿山	苠	anaB	艹巳七⊗	秣	tgsY	禾一木丶	那	vfbH	刀二阝①	淖	ihjH	氵⺊早①

字	86码	字根	字	86码	字根	字	86码	字根	字	86码	字根	字	86码	字根
ne			酿	sgye	西一丶㇏	哝	kpeY	口冖⻌⊙	沤	iaqY	氵匚乂⊙	胖	eufH	月丷十丨
讷	ymwY	讠冂人⊙	niao			浓	ipeY	氵冖⻌⊙	pa			pao		
呢	knxN	口尸匕乙	鸟	qyng	勹丶乙一	脓	epeY	月冖⻌⊙	钯	qcn	钅巴乙	抛	rvlN	扌九力乙
nei			茑	aqyg	艹勹丶一	弄	gaj	王廾⑪	趴	khwY	口止八⊙	脬	eebG	月爫子一
内	mwI	冂人③	袅	qyne	勹丶乙⻓	nou			啪	krrG	口扌白一	刨	qnjh	勹巳刂丨
馁	qneV	夂乙⺩女	嬲	llvL	田力女力	耨	didF	三小厂寸	葩	arcB	艹白巴⑵	咆	kqnN	口勹巳乙
nen			尿	nii	尸水③	nu			杷	scn	木巴乙	庖	yqnV	广勹巳⑨
嫩	vgkT	女一口攵	脲	eniY	月尸水⊙	奴	vcy	女又⊙	爬	rhyc	厂八⺅巴	狍	qtqn	犭丿勹巳
neng			nie			孥	vcbf	女又子	耙	dicN	三小巴乙	炮	oqNN	火勹巳乙
能	ceXX	厶月匕匕	乜	nnv	乙乙⑧	驽	vccf	女又马	琶	ggcB	王王巴⑵	袍	puqN	衤勹巳乙
ni			捏	rjfg	扌日土一	努	vclB	女又力⑵	筢	trcB	竹扌巴⑵	匏	dfnn	大二乙巳
妮	vnxN	女尸匕乙	陧	bjfG	阝日土一	弩	vcxB	女又弓⑵	帕	mhrG	冂丨白一	跑	khqN	口止勹巳
尼	nxV	尸匕⑨	涅	ijfg	氵日土一	胬	vcmw	女又冂人	怕	nrG	忄白一	泡	iqnN	氵勹巳乙
坭	fnxN	土尸匕乙	聂	bccu	耳又又	怒	vcnU	女又心	pai			疱	uqnV	疒勹巳⑨
怩	nnxN	忄尸匕乙	臬	thsU	丿目木	nuan			拍	rrg	扌白一	pei		
泥	inxN	氵尸匕乙	啮	khwb	口止人凵	暖	jefG	日爫二又	俳	wdjd	亻三刂三	呸	kgiG	口一小一
倪	wvqN	亻臼儿乙	嗫	kbcC	口耳又又	nue			徘	tdjd	彳三刂三	胚	egiG	月一小一
铌	qnxN	钅尸匕乙	镊	qbcC	钅耳又又	虐	haaG	虍七匚一	排	rdjD	扌三刂三	醅	sguk	西一立口
猊	qtvq	犭丿臼儿	镍	qthS	钅丿目木	疟	uagd	疒匚一③	牌	thgf	丿丨一十	陪	bukG	阝立口
霓	fvqB	雨臼儿⑵	颞	bccm	耳又又贝	nuo			哌	kreY	口⺁⺄⊙	培	fukG	土立口
鲵	qgvq	鱼一臼儿	蹑	khbC	口止耳又	挪	rvfB	扌刀二阝	派	ireY	氵⺁⺄⊙	赔	mukG	贝立口
伲	wnxN	亻尸匕乙	孽	awnb	艹亻子	傩	wcwy	亻又亻⻳	湃	irdF	氵手三十	锫	qukg	钅立口
你	wqIY	亻⺈小⊙	蘖	awns	艹亻木	诺	yadK	讠艹ナ口	蒎	airE	艹氵⺁⻌	裴	djde	三刂三衣
拟	rnyW	扌乙丶人	nin			喏	kadk	口艹ナ口	pan			沛	igmh	氵一冂丨
旎	ytnx	方⺁丿尸匕	您	wqin	亻⺈小心	搦	rxuU	扌弓⑵冫	潘	itol	氵丿米田	佩	wmgH	亻几一丨
昵	jnxN	日尸匕乙	ning			锘	qadK	钅艹ナ口	攀	sqqR	木乂乂手	帔	mhhc	冂丨⺁又
逆	ubtP	丷屮丿辶	宁	psJ	宀丁⑪	懦	nfdj	忄雨⺈刂	爿	nhde	乙丨三⻌	旆	ytgH	方⽅一丨
匿	aadk	匚艹ナ口	咛	kpsH	口宀丁丨	糯	ofdJ	米雨⺈刂	盘	telF	丿舟皿	配	sgnN	西一己乙
溺	ixuU	氵弓⑵冫	拧	rpsH	扌宀丁丨	nü			磐	temd	丿舟几石	辔	xlxK	纟车纟口
睨	hvqN	目臼儿乙	狞	qtpS	犭丿宀丁	女	vvvV	女女女女	蹒	khaw	口止艹人	霈	figH	雨氵一丨
腻	eafM	月弋二贝	柠	spsH	木宀丁丨	钕	qvg	钅女一	蟠	jtol	虫丿米田	pen		
nian			聍	bpsH	耳宀丁丨	恧	dmjn	厂冂儿心	判	udjh	丷ナ刂丨	喷	kfaM	口十廾贝
拈	rhkg	扌⺊口一	凝	uxtH	冫匕⻗止	衄	tlnf	丿皿乙土	泮	iufH	氵丷十丨	盆	wvlF	八刀皿
年	rhFK	⺈丨十⑪	佞	wfvG	亻二女一	o			叛	udrc	丷ナ厂又	湓	iwvl	氵八刀皿
鲇	qghk	鱼一⺊口	泞	ipsH	氵宀丁丨	噢	ktmd	口丿冂大	盼	hwvN	目八刀乙	peng		
鲶	qgwn	鱼一人心	甯	pneJ	宀心用⑪	哦	ktrT	口丿扌丿	畔	lufH	田丷十丨	怦	nguH	忄一丷丨
黏	twik	禾人氺口	niu			ou			袢	puuF	衤丷十	抨	rguh	扌一丷丨
捻	rwyn	扌人丶心	拗	rxlN	扌幺力乙	讴	yaqY	讠匚乂⊙	襻	pusr	衤丷木手	砰	dguH	石一丷丨
辇	fwfl	二人二车	妞	vnfG	女乙土一	欧	aqqW	匚乂⺈人	pang			烹	yboU	亠了小
撵	rfwl	扌二人车	牛	rhk	⺧丨⑩	殴	aqmC	匚乂几又	彷	tyn	彳方乙	嘭	kfke	口士口彡
碾	dnaE	石尸艹⻓	忸	nnfG	忄乙土一	瓯	aqgn	匚乂一乙	乓	rgyU	斤一丶	朋	eeG	月月一
廿	aghG	廿一丨一	扭	rnfG	扌乙土一	鸥	aqqg	匚乂勹一	滂	iupY	氵丷宀方	堋	feeG	土月月
念	wynn	人丶乙心	纽	xnfG	纟乙土一	呕	kaqy	口匚乂⊙	庞	ydxV	广广匕⑨	彭	fkue	士口丷彡
埝	fwyn	土人丶心	钮	qnfG	钅乙土一	偶	wjmY	亻日冂丶	逄	tahP	夂匚丨辶	棚	seeG	木月月
蔫	agho	艹一止灬	nong			耦	dijY	三小日丶	旁	upyB	丷宀方⑵	硼	deeG	石月月
niang			农	pei	冖⻌③	藕	adiy	艹三小丶	螃	jupY	虫丷宀方	蓬	atdp	艹夂三辶
娘	vyvE	女丶彐⻓	侬	wpeY	亻冖⻌⊙	怄	naqY	忄匚乂⊙	磅	diuy	三小丷方	鹏	eeqG	月月勹一

字	86码	字根	字	86码	字根	字	86码	字根	字	86码	字根	字	86码	字根	字	86码	字根
澎	ifke	氵士口彡	謦	nkuy	尸口辛言	凭	wtfm	亻丿士几	谱	yuoJ	讠业日	蜞	jadW	虫廿三八
篷	ttdp	竹夂三辶	**pian**			坪	fguH	土一业丨	醅	tfnj	丿二乙日	蕲	aujr	廿丷日斤
膨	efkE	月士口彡	片	thgN	丿丨一乙	苹	aguH	廿一业丨	锫	quoJ	钅业日	鳍	qgfj	鱼一士日
蟛	jfke	虫士口彡	偏	wyna	亻丶尸廿	屏	nuaK	尸业廾⑪	蹼	khoY	口止业丶	麒	ynjw	广刂八
捧	rdwH	扌三人丨	犏	trya	丿扌丶廿	枰	sguH	木一业丨	曝	jjaI	日日业水	乞	tnb	丿乙②
碰	duoG	石业业一	篇	tyna	竹丶尸廿	瓶	uagN	业廾一乙	瀑	ijaI	氵日业水	企	whf	人止
pi			翩	ynmn	丶尸门羽	萍	aigh	廿氵一丨	**qi**			屺	mnn	山己乙
辟	nkuH	尸口辛①	骈	cuAH	马业廾①	鲆	qggH	鱼一一丨	七	agN	七一乙	岂	mnB	山己②
丕	gigf	一小一	胼	euaH	月业廾①	**po**			沏	iavN	氵七刀	芑	anb	廿己②
批	rxXN	扌匕匕	蹁	khya	口止丶廿	钋	qhy	钅卜	妻	gvHV	一ヨ丨女	启	ynkD	丶尸口
纰	xxxn	纟匕匕	谝	yyna	讠丶尸廿	坡	fhcY	土广又	柒	iasU	氵七木	杞	snn	木己乙
邳	gigb	一小一阝	骗	cyna	马丶尸廿	泼	inty	氵乙丿	凄	ugvv	冫一ヨ女	起	fhnV	土止乛②
坯	fgig	土一小一	**piao**			颇	hcdM	广又丆贝	栖	ssg	木西一	绮	xdsK	纟大丁口
披	rhcY	扌广又	剽	sfij	西二小刂	婆	ihcv	氵广又女	榿	smnn	木山己	气	rnb	乞乙②
砒	dxxN	石匕匕	漂	isfI	氵西二小	鄱	tolb	丿米田阝	戚	dhiT	厂上小丿	讫	ytnn	讠丿乙
铍	qhcY	钅广又	缥	xsfI	纟西二小	皤	rtol	白丿米田	萋	agvV	廿一ヨ女	汔	itnN	氵丿乙
劈	nkuv	尸口辛刀	飘	sfiq	西二小乂	叵	akd	匚口	期	adwe	廿三八月	迄	tnpV	丿乙辶
噼	knkU	口尸口辛	螵	jsfI	虫西二小	钷	qakG	钅匚口	欺	adww	廿三八人	弃	ycaJ	亠厶廾⑪
霹	fnkU	雨尸口辛	瓢	sfiy	西二小丶	笸	takf	竹匚口	槭	sdht	木厂上丨	汽	irnN	氵乞乙
皮	hcI	广又③	孵	gqeb	乛夕子子	迫	rpd	白辶	漆	iswI	氵木人水	泣	iug	氵立一
枇	sxxn	木匕匕	瞟	hsfI	目西二小	珀	grg	王白一	蹊	khed	口止爫大	契	dhvG	三丨刀大
毗	lxxN	田匕匕	票	sfiu	西二小	破	dhcY	石广又	亓	fjj	二刂①	砌	davN	石七刀
疲	uhcI	疒广又	嘌	ksfI	口西二小	粕	org	米白一	祁	pybH	ネ阝①	荠	ayjj	廿文刂
蚍	jxxn	虫匕匕	嫖	vsfI	女西二小	魄	rrqc	白白儿厶	齐	yjj	文刂	葺	akbF	廿口耳
郫	rtfB	白丿十阝	**pie**			**pou**			圻	frh	土斤①	碛	dgmY	石丰贝
陴	brtF	阝白丿十	氕	rntr	乞乙丿	剖	ukjH	立口刂①	岐	mfcY	山十又	器	kkdK	口口犬口
啤	krtF	口白丿十	撇	rumt	扌丷门攵	掊	rukG	扌立口	芪	aqaB	廿匚七	憩	tdtn	丿古丿心
埤	frtF	土白丿十	瞥	umih	丷门小目	裒	yveu	亠臼衣	其	adwU	廿三八	**qia**		
琵	ggxX	王王匕匕	苤	agiG	廿一小一	**pu**			奇	dskf	大丁口	袷	puwk	ネ人口
脾	ertF	月白丿十	**pin**			脯	egeY	月一月丶	歧	hfcY	止十又	掐	rqvG	扌勹臼
黑	lfco	四土厶灬	拚	rcaH	扌厶廾①	仆	why	亻卜	祈	pyrH	ネ斤①	葜	adhd	廿三大
蜱	jrtF	虫白丿十	姘	vuaH	女业廾①	扑	rhy	扌卜	耆	ftxj	土丿匕日	恰	nwgk	忄人一口
貔	eetx	豸丿匕	拼	ruaH	扌业廾①	铺	qgeY	钅一月丶	脐	eyjH	月文刂①	洽	iwgK	氵人一口
鼙	fkuf	士口业十	贫	wvmU	八刀贝	噗	koGY	口业一丶	颀	rdmY	斤丆贝丶	髂	mepK	罒月宀口
匹	aqv	匚儿	嫔	vprW	女广斤八	匍	qgey	勹一月丶	崎	mdsK	山大丁口	**qian**		
庀	yxv	广匕	频	hidM	止小厂贝	莆	ageY	廿一月丶	淇	iadw	氵廿三八	千	tfk	丿十
仳	wxxN	亻匕匕	颦	hidf	止小丆十	菩	aukF	廿立口	畦	lffG	田土土一	仟	wtfH	亻丿十
圮	fnn	土己乙	品	kkkF	口口口	葡	aqgY	廿勹一丶	萁	aadw	廿廿三八	阡	btfH	阝丿十
痞	ugiK	疒一小口	榀	skkK	木口口口	蒲	aigy	廿氵一丶	骐	cadw	马廿三八	扦	rtfh	扌丿十
擗	rnkU	扌尸口辛	牝	trxN	丿扌匕	璞	gogy	王业一丶	骑	cdsK	马大丁口	芊	atfJ	廿丿十
癖	unkU	疒尸口辛	聘	bmgN	耳由一乙	濮	iwoY	氵亻业丶	棋	sadW	木廿三八	迁	tfpK	丿十辶
屁	nxxV	尸匕匕	**ping**			朴	shy	木卜	琦	gdsK	王大丁口	金	wgif	人一丷
淠	ilgj	氵田一刂	娉	vmgn	女由一乙	圃	lgey	囗一月丶	琪	gadW	王廿三八	岍	mgah	山一廾
媲	vtlX	女丿田匕	乒	rgtR	斤一丿②	埔	fgey	土一月丶	祺	pyaW	ネ丶廿八	钎	qtfH	钅丿十
睥	hrTF	目白丿十	俜	wmgn	亻由一乙	浦	igey	氵一月丶	蛴	jyjH	虫文刂①	牵	dprH	大冖丨
僻	wnkU	亻尸口辛	平	guHK	一业丨	普	uoGJ	业一日	旗	ytaW	方丿廿八	悭	njcF	忄又土
甓	nkun	尸口辛乙	评	yguH	讠一业丨	溥	igef	氵一月寸	綦	adwi	廿三八小	铅	qmkG	钅几口

字	86码	字根	字	86码	字根	字	86码	字根	字	86码	字根	字	86码	字根
谦	yuvO	讠丷彐灬	禭	puxJ	衤乀弓虫	衾	wyne	人乀乙衣	莬	apnF	艹宀乙十	衢	thhh	彳目目丨
签	twgi	竹人一丷	炝	owbN	火人巳⑵	芩	awyn	艹人⺄乙	笻	tabJ	竹工阝①	蠼	jhhc	虫目目又
寋	pfjc	宀二刂马	**qiao**			芹	arj	艹斤①	琼	gyiy	王亠小	取	bcY	耳又〇
搴	pfjr	宀二刂手	峤	mtdj	山丿大川	秦	dwtU	三人禾③	**qiu**			娶	bcvF	耳又女
褰	pfje	宀二刂衣	悄	niEG	忄丷月⊖	琴	ggwN	王王人乙	湫	itoy	氵禾火〇	颥	hwby	止人凵丨
前	ueJJ	丷月刂①	硗	datq	石七丿儿	禽	wybC	人文凵厶	丘	rgd	斤一⊖	去	fcu	土厶③
虔	hayI	广七文③	蹺	khaq	口止七儿	勤	akgl	廿口丰力	邱	rgbH	斤一阝①	阒	uhdI	门目犬③
钱	qgT	钅戋①	噍	kdwt	口三人禾	漆	idwT	氵三人禾	秋	toY	禾火〇	觑	haoq	广七业儿
钳	qafG	钅廿二⊖	敲	ymkc	亠门口又	噙	kwyc	口人文厶	蚯	jrgg	虫斤一一	趣	fhbC	土止耳又
乾	fjtN	十早乞乙	锹	qtoY	钅禾火〇	擒	rwyc	扌人文厶	鳅	qgto	鱼一禾火	**quan**		
捐	ryne	扌丶尸月	橇	stfN	木丿二乙	檎	swyc	木人文厶	囚	lwi	囗人③	惓	ncwT	忄厶八夂
箝	traf	竹扌廿二	缲	xkkS	纟口口木	螓	jdwt	虫三人禾	犰	qtvn	犭丿九⑵	圈	ludB	囗丷大巳
潜	ifwJ	氵二人曰	乔	tdjJ	丿大川①	锓	qvpC	钅彐冖又	求	fiyI	十丶丶③	全	wgF	人王⊖
黔	lfon	罒土灬乙	侨	wtdJ	亻丿大川	寝	puvc	宀丬彐又	虬	jnn	虫乙⑵	权	scY	木又〇
浅	igt	氵戋①	荞	atdj	艹丿大川	吣	kny	口心丶	泅	ilwY	氵囗人〇	诠	ywgG	讠人王⊖
肷	eqwY	月⺈人〇	桥	stdJ	木丿大川	沁	inY	氵心〇	酋	usgf	丷西一⊖	泉	riu	白水③
慊	nuvO	忄丷彐灬	谯	ywyo	讠亻圭〇	撳	rqqW	扌钅⺈人	逑	fiyp	十丶丶辶	荃	awgf	艹人王⊖
遣	khgp	口丨一辶	憔	nwyo	忄亻圭〇	**qing**			球	gfiY	王十丶〇	拳	udrJ	丷大手①
谴	ykhp	讠口丨辶	轿	aftj	廿革丿川	青	gef	龶月⊖	赇	mfiY	贝十丶〇	轻	lwgg	车人王⊖
缱	xkhp	纟口丨辶	樵	swyo	木亻圭〇	氢	rncA	𠂉乙⺀工	巯	cayQ	乙工一儿	痊	uwgD	疒人王⊖
欠	qwU	⺈人③	瞧	hwyO	目亻圭〇	轻	lcAG	车⺀工⊖	道	usgp	丷西一辶	铨	qwgG	钅人王⊖
茨	aqwU	艹⺈人③	巧	agnn	工一乙⑵	倾	wxdM	亻匕⺹贝	裘	fiye	十丶丶衣	筌	twgf	竹人王⊖
茜	asf	艹西⊖	愀	ntoY	忄禾火〇	卿	qtvb	⌐丿彐卩	蝤	jusG	虫丷西一	蜷	judb	虫丷大巳
倩	wgeg	亻丰月⊖	俏	wieG	亻丷月⊖	圊	lged	囗龶月⊖	鼽	thlv	丿目田九	醛	sgag	西一艹王
辁	lrfF	车斤土⊖	诮	yieG	讠丷月⊖	清	igeG	氵龶月⊖	糗	othd	米丿目犬	鬈	deuB	镸彡丷巳
嵌	mafW	山廿二人	峭	miG	山丷月⊖	蜻	jgeg	虫龶月⊖	**qu**			颧	akkM	艹口口贝
椠	lrsU	车斤木③	窍	pwan	宀八工乙	鲭	qgge	鱼一龶月	瞿	hhwy	目目亻圭	犬	dgty	犬一丿〇
歉	uvow	丷彐小人	翘	atgn	七丿一羽	情	ngeG	忄龶月⊖	区	aqI	匚乂③	吠	ldy	田犬〇
qiang			撬	rtfn	扌丿二乙	晴	jgeG	日龶月⊖	曲	maD	冂丗⊖	绻	xudb	纟丷大巳
呛	kwbN	口人巳⑵	鞘	afie	廿革丷月	氰	rnge	𠂉乙龶月	岖	maqY	山匚乂〇	劝	clN	又力⑵
强	xkJY	弓口虫〇	**qie**			擎	aqkr	艹勹口手	诎	ybmh	讠凵山①	券	udvB	丷大刀⑵
抢	rwbN	扌人巳⑵	趄	fheG	土止月一	檠	aqks	艹勹口木	驱	caqY	马匚乂〇	**que**		
羌	udnb	丷⺹乙⑵	切	avN	七刀⑵	黥	lfoi	罒土灬小	屈	nbmK	尸凵山⑾	炔	onwY	火⺈人〇
戕	nhda	乙丿戈	茄	alkf	艹力口⊖	尚	amkF	丷冂口⊖	祛	pyfc	礻丶土厶	缺	rmnW	𠂉山⺈人
戗	wbaT	人巳戈①	且	egD	月一⊖	顷	xdMY	匕⺹贝〇	蛆	jegg	虫月一⊖	瘸	ulkw	疒力口人
枪	swbN	木人巳⑵	妾	uvf	立女⊖	请	ygeG	讠龶月⊖	躯	tmdq	丿门三乂	却	fcbH	土厶卩①
跄	khwb	口止人巳	怯	nfcy	忄土厶〇	警	fnmy	士尸几言	蛐	jmaG	虫冂丗一	悫	fpmn	士冖几心
腔	epwA	月宀八工	窃	pwav	宀八七刀	庆	ydI	广大③	趋	fhqv	土止⺈彐	雀	iwyf	小亻圭
蜣	judn	虫丷⺹乙	挈	dhvr	三丨刀手	箐	tgeF	竹龶月⊖	麴	fwwo	十人人米	确	dqeH	石⺈用①
锖	qgeg	钅丰月⊖	惬	nagW	忄匚一人	磬	fnmd	士尸几石	黢	lfot	罒土夂	阕	uwgd	门癶一大
锵	quqf	钅丬夕寸	箧	tagw	竹匚一人	馨	fnmm	士尸几山	劬	qklN	勹口力⑵	阙	uubW	门丷山人
镪	qxkJ	钅弓口虫	锲	qdhD	钅三丨大	**qiong**			渠	ians	氵匚口木	鹊	ajqG	艹日勹一
墙	ffuk	土土丷口	郄	qdcB	乂ナ厶阝	銎	amyq	工几丶金	蕖	aias	艹氵匚木	榷	spwy	木冖亻圭
嫱	vfuk	女土丷口	**qin**			邛	abh	工阝①	磲	dias	石氵匚木	**qun**		
蔷	afuK	艹土丷口	亲	usU	立木③	穷	pwlB	宀八力⑵	氍	hhwn	目目亻乙	逡	cwtP	厶八夂辶
樯	sfuK	木土丷口	侵	wvpC	亻彐冖又	穹	pwxB	宀八弓⑵	癯	uhhY	疒目目〇	裙	puvk	衤丶彐口
羟	udca	丷⺹乙工	钦	qqwY	钅⺈人〇	穸	pwxB	宀八弓⑵	瘫	uhhY	疒目目圭	群	vtkD	彐丿口羊

列 1

字	86码	字根
ran		
蚺	jmfG	虫门土㊀
然	qdOU	夕犬灬㊂
髯	demF	镸彡门土
燃	oqdo	火夕犬灬
冉	mfd	门土㊂
苒	amfF	艹门土㊀
染	ivsU	氵九木㊃
rang		
襄	pyye	衤一二匕
瓤	ykky	一口口匕
穰	tykE	禾一口𧘇
嚷	kykE	口一口𧘇
壤	fykE	土一口𧘇
攘	rykE	扌一口𧘇
让	yhG	讠上㊀
rao		
荛	aatQ	艹七丿儿
饶	qnaQ	饣乙七儿
桡	satQ	木七丿儿
扰	rdnN	扌才乙㊁
娆	vatQ	女七丿儿
绕	xatQ	纟七丿儿
re		
惹	adkn	艹ナ口心
热	rvyo	扌九丶灬
ren		
人	wwww	人人人人
仁	wfg	亻二㊀
壬	tfd	丿士㊂
忍	vynu	刀丶心㊂
荏	awtf	艹亻丿士
稔	twyn	禾人丶心
刃	vyi	刀丶㊂
认	ywY	讠人㊀
仞	wvyY	亻刀丶㊀
任	wtfG	亻丿士㊀
纫	xvyY	纟刀丶㊀
妊	vtfG	女丿士㊀
轫	lvyY	车刀丶㊀
韧	fnhy	二乙丨丶
饪	qntf	饣乙丿士
衽	putf	衤丶丿士
reng		
扔	reN	扌乃㊁
仍	weN	亻乃㊁
ri		

列 2

字	86码	字根
日	jjjj	日日日日
rong		
戎	ade	戈ナ㊂
肜	eet	月彡①
狨	qtad	犭丿戈ナ
绒	xadT	纟戈ナ丿
茸	abf	艹耳㊀
荣	apsU	艹冖木㊃
容	pwwK	宀八人口
蝾	maps	山艹冖木
溶	ipwk	氵宀八口
蓉	apwK	艹宀八口
榕	spwk	木宀八口
熔	opwK	火宀八口
蝾	japs	虫艹冖木
融	gkmJ	一口门虫
冗	pmb	冖几㊁
rou		
柔	cbts	矛𠃌丿木
揉	rcbs	扌矛𠃌木
糅	ocbS	米矛𠃌木
蹂	khcs	口止矛木
鞣	afcs	廿𠁥矛木
肉	mwwI	门人人㊂
ru		
如	vkG	女口㊀
茹	avkF	艹女口㊀
铷	qvkG	钅女口㊀
儒	wfdJ	亻雨丆刂
孺	bfdJ	子雨丆刂
濡	ifdJ	氵雨丆刂
薷	afdj	艹雨丆刂
襦	pufj	衤而雨刂
蠕	jfdj	虫雨丆刂
颥	fdmm	雨丆门贝
汝	ivg	氵女㊀
乳	ebnN	孚子乙㊁
辱	dfef	厂二𠃌寸
入	tyI	丿㇏㊂
洳	ivkg	氵女口㊀
缛	xdff	纟厂二寸
ruan		
阮	bfqN	阝二儿㊁
朊	efqN	月二儿㊂

列 3

字	86码	字根
软	lqwY	车⺈人㊀
rui		
蕤	aetg	艹豕丿㇐
蕊	annN	艹心心心
芮	amwu	艹门人㊂
枘	smwY	木门人㊀
蚋	jmwY	虫门人㊀
锐	qukQ	钅丷口儿
瑞	gmdJ	王山丆刂
run		
闰	ugD	门王㊂
润	iugg	氵门王㊀
ruo		
若	adkF	艹ナ口㊀
偌	wadK	亻艹ナ口
弱	xuXU	弓冫弓冫
箬	tadk	𥫗艹ナ口
sa		
仨	wdg	亻三㊀
撒	raeT	扌艹月攵
洒	isG	氵西㊀
卅	gkk	一川⑪
飒	umqy	立几乂㊀
脎	eqSY	月乂木㊀
萨	abuT	艹阝立丿
sai		
塞	pfjf	宀二刂土
腮	elny	月田心㊀
噻	kpfF	口宀二土
鳃	qglN	鱼一田心
赛	pfjm	宀二刂贝
san		
三	dgGG	三一一一
叁	cddF	厶大三㊀
毵	cden	厶大彡乙
伞	wuhJ	人丷丨⑪
糁	ocdE	米厶大彡
馓	qnat	饣乙艹攵
sang		
桑	cccs	又又又木
嗓	kccS	口又又木
搡	rccs	扌又又木
磉	dccS	石又又木
颡	cccm	又又又贝
丧	fueU	土丷㇏㊃
sao		
搔	rcyj	扌又丶虫

列 4

字	86码	字根
骚	ccyj	马又丶虫
缫	xvjS	纟巛曰木
臊	ekks	月口口木
鳋	qgcj	鱼一又虫
扫	rvG	扌彐㊀
嫂	vvhC	女臼丨又
埽	fvpH	土彐冖丨
瘙	ucyJ	疒又丶虫
se		
色	qcB	⺈巴㉒
涩	ivyH	氵刀丶止
嗇	fulk	土丷口口
铯	qqcn	钅⺈巴乙
瑟	ggnT	王王心丿
穑	tfuk	禾土丷口
sen		
森	sssU	木木木㊃
seng		
僧	wulJ	亻丷罒日
sha		
杀	qsu	乂木㊂
沙	iitT	氵小丿①
纱	xiTT	纟小丿①
砂	diTT	石小丿①
莎	aiit	艹氵小丿
铩	qqsY	钅乂木㊀
痧	uiiT	疒氵小丿
裟	iite	氵小丿𧘇
鲨	iitg	氵小丿㇐
傻	wtlt	亻丿口夂
啥	kwfk	口人干口
歃	tfvW	丿十臼人
煞	qvtO	⺈彐丿灬
霎	fuvF	雨立女㊀
厦	ddhT	厂丆目攵
shai		
筛	tjgh	𥫗刂一丨
晒	jsg	日西㊀
醯	sggy	西一一丶
shan		
山	mmmM	山山山山
删	mmgj	门门一刂
杉	set	木彡①
芟	amcU	艹几又㊃
姗	vmmG	女门门一

列 5

字	86码	字根
骟	cynn	马丶尸羽
鄯	udub	丷手丷阝
缮	xudK	纟丷手口
嬗	vylg	女亠口一
擅	rylG	扌亠口一
膳	eudk	月丷手口
赡	mqdY	贝⺈厂言
蟮	judk	虫丷手口
鳝	qguk	鱼一丷口
栅	smmG	木门门一
shang		
裳	ipke	⺌冖口衣
垧	ftmK	土丿门口
尚	imkf	⺌冂口㊀
伤	wtlN	亻丿力㊁
殇	gqtr	一夕𠂉𠃌
商	umWK	立冂八口
觞	qetr	⺈用𠂉𠃌
墒	fumK	土立冂口
熵	oumK	火立冂口
响	jtmK	日丿门口
赏	ipkm	⺌冖口贝
上	hHGG	上丨一一
绱	ximK	纟⺌冂口
shao		

列 6

字	86码	字根
钐	qet	钅彡①
埏	fthP	土丿止㇋
珊	gmmG	王门门一
舢	temh	丿舟山①
跚	khmg	口止门一
煽	oynn	火丶尸羽
潸	isse	氵木木月
膻	eylG	月亠口一
闪	uwI	门人㊂
陕	bguW	阝一丷人
讪	ymh	讠山①
汕	imh	氵山①
疝	umk	疒山口
苫	ahkF	艹卜口㊀
扇	ynnd	丶尸羽㊂
善	uduk	丷手丷口
杓	sqyy	木勹丶㊀
捎	rieG	扌⺌月㊀
梢	sieG	木⺌月㊀
烧	oatQ	火七丿儿
稍	tieG	禾⺌月㊀
筲	tief	𥫗⺌月㊀

字	86码	字根
艄	teie	丿舟ⅤⅠ月
勺	qyi	勹、③
芍	aqyU	艹勹、③
韶	ujvK	立日刀口口
少	itR	小丿②
劭	vklN	刀口力②
邵	vkbH	刀口阝①
绍	xvkG	纟刀口⊖
哨	kieG	口⺌月⊖
潲	itiE	氵禾⺌月
she		
奢	dftJ	大土丿日
猞	qtwk	犭丿人口
赊	mwfI	贝人二小
畬	wfil	人二小田
舌	tdd	丿古⊜
佘	wfiu	人二小③
蛇	jpxN	虫宀匕②
舍	wfkF	人干口⊖
库	dlk	厂车⑩
设	ymcY	讠几又⊙
社	pyFG	礻、土⊖
射	tmdf	丿门三寸
涉	ihiT	氵止小丿
赦	fotY	土小攵⊙
慑	nbcC	忄耳又又
摄	rbcc	扌耳又又
滠	ibcC	氵耳又又
麝	ynjf	广⊐川寸
shen		
甚	aadn	艹三八乙
申	jhk	曰丨⑩
伸	wjhH	亻曰丨①
身	tmdT	丿门三丿
呻	kjhH	口曰丨①
绅	xjhH	纟曰丨①
诜	ytfq	讠丿土儿
娠	vdfE	女厂二⺇
砷	djhH	石曰丨①
深	ipwS	氵冖八木
神	pyjH	礻、曰丨
沈	ipqN	氵冖儿②
审	pjhJ	宀曰丨⑩
哂	ksg	口西⊖
矧	tdxh	⺕大弓丨
谂	ywyn	讠人、心
婶	vpjH	女宀曰丨
渖	ipjH	氵宀曰丨
肾	jceF	川又月⊖
甚	adwn	艹三八乙
椹	sadn	木艹三乙
渗	icdE	氵厶大彡
慎	nfhW	忄十且八
sheng		
升	tak	丿廾⑩
生	tgD	丿キ⊜
声	fnr	士尸②
牲	trtg	丿才丿キ
晟	jdnT	曰丁乙丿
盛	dnnl	厂乙乙皿
嵊	mtuQ	山禾丬匕
胜	etgG	月丿キ
笙	ttgf	竹丿キ
甥	tgll	丿キ田力
绳	xkjn	纟口曰乙
省	ithF	小丿目
眚	tghf	丿キ目
圣	cff	又土⊖
剩	tuxj	禾丬匕刂
shi		
匙	jghx	日一⺊匕
尸	nngt	尸乙一丿
失	rwI	𠂉人③
师	jgmH	刂一门丨
虱	ntjI	乙丿虫③
诗	yffY	讠土寸⊙
施	ytbN	方⊢也②
狮	qtjh	犭丿刂丨
湿	ijoG	氵日业一
著	aftj	艹土丿日
鲥	qgnJ	鱼一乙日
十	fgh	十一丨
石	dgtg	石一丿一
时	jfY	日寸⊙
识	ykwY	讠口八⊙
实	puDU	宀ソ大③
拾	rwgk	扌人一口
炻	odg	火石⊖
蚀	qnjY	⺈乙虫⊙
食	wyvE	人、彐⑤
埘	fjfy	土日寸⊙
莳	ajfu	艹日寸③
鲥	qgjf	鱼一日寸
史	kqI	口乂③
矢	tdu	⺧大③
豕	egtY	豕一八丿
使	wgkq	亻一口乂
始	vckG	女厶口⊖
驶	ckqY	马口乂⊙
屎	noi	尸米③
士	fghg	士一一
世	anV	廿乙③
仕	wfg	亻士⊖
市	ymhj	亠门丨⑩
示	fiU	二小③
式	aaD	弋工⊜
事	gkVH	一口彐丨
侍	wffY	亻土寸⊙
势	rvyl	扌九、力
视	pymQ	礻、冂儿
试	yaaG	讠弋工⊖
饰	qnth	⺈乙一丨
室	pgcF	宀一厶土
特	nffY	牛土寸⊙
拭	raaG	扌弋工⊖
是	jGHU	日一止③
柿	symh	木亠门丨
贳	anmU	廿乙贝③
适	tdpD	丿古辶⊜
舐	tdqa	丿古⺈七
轼	laAG	车弋工⊖
逝	rrpK	扌斤辶K
铈	qymh	钅亠门丨
弑	qsaA	乂木弋工
谥	yuwL	讠丷八皿
释	tocH	丿米又丨
嗜	kftj	口土丿日
筮	tawW	竹工人人
誓	rryf	扌斤言
噬	ktaW	口竹工人
螫	fotj	土小攵虫
似	wnyW	亻乙、人
shou		
收	nhTY	乙丨攵⊙
手	rtgH	手丿一丨
守	pfU	宀寸③
首	uthF	丷丿目
艏	teuH	丿舟丷目
寿	dtfU	三丿寸③
受	epcU	⺈冖又③
狩	qtpf	犭丿宀寸
兽	ulgK	丷田一口
售	wykF	亻圭口⊖
授	repC	扌⺈冖又
绶	xepC	纟⺈冖又
瘦	uvhC	疒白丨又
shu		
书	nnhY	乙乙丨、
殳	mcu	几又③
抒	rcbH	扌マ凵丨
纾	xcbH	纟マ凵丨
叔	hicY	上小又⊙
枢	saqY	木匚乂⊙
姝	vriY	女⺧小⊙
倏	whtd	亻丨夂犬
殊	gqrI	一夕⺧小
梳	sycQ	木⊥厶⺹
淑	ihic	氵上小又
菽	ahiC	艹上小又
疏	nhyQ	乙止⊥⺹
舒	wfkb	人干口卩
摅	rhan	扌广七心
毹	wgen	人一月乙
输	lwgJ	车人一刂
蔬	anhQ	艹乙止⺹
秫	tsyY	禾木、⊙
孰	ybvy	亠子九丶
赎	mfnD	贝十乙大
熟	ybvO	亠子九灬
暑	jftJ	日土丿日
黍	twiU	禾人水③
署	lftj	罒土丿日
鼠	vnuN	白乙冫乙
蜀	lqjU	罒勹虫③
薯	alfj	艹罒土日
曙	jlfJ	日罒土日
术	syI	木、③
戍	dynt	厂、乙丿
束	gkiI	一口小③
沭	isyy	氵木、⊙
述	sypI	木、辶③
树	scfY	木又寸⊙
竖	jcuF	刂又立⊖
恕	vknU	女口心③
庶	yaoI	广廿灬③
数	ovtY	米女攵⊙
腧	ewgj	月人一刂
墅	jfcf	曰土マ土
漱	igkw	氵一口人
澍	ifkf	氵士口寸
属	ntkY	尸丿口、
shua		
刷	nmhJ	尸门丨刂
唰	knmJ	口尸门刂
耍	dmjv	丆门川女
shuai		
衰	ykge	亠口一衣
摔	ryxF	扌亠幺十
甩	enV	月乙③
帅	jmhH	刂门丨①
蟀	jyxF	虫亠幺十
shuan		
闩	ugd	门一⊜
拴	rwgG	扌人王⊖
栓	swgG	木人王⊖
涮	inmJ	氵尸门刂
shuang		
双	ccY	又又⊙
霜	fsHF	雨木目⊖
孀	vfsH	女雨木目
爽	dqqQ	大乂乂乂
shui		
谁	ywyg	讠亻圭⊖
水	iiII	水水水水
税	tukQ	禾丷口儿
睡	htGF	目丿一士
shun		
吮	kcqN	口厶儿②
顺	kdMY	川丆贝⊙
舜	epqh	⺈冖夕丨
瞬	hepH	目⺈冖丨
shuo		
说	yuKQ	讠丷口儿
妁	vqyY	女勹、⊙
烁	oqiY	火勹小⊙
朔	ubte	丷屮丿月
铄	qqiY	钅勹小⊙
硕	ddmY	石丆贝⊙
搠	rubE	扌丷屮月
蒴	aubE	艹丷屮月
槊	ubts	丷屮丿木
si		
丝	xxgF	纟纟一
司	ngkD	乙一口⊜

字	86码	字根	字	86码	字根	字	86码	字根	字	86码	字根	字	86码	字根
私	tcy	禾厶⊙	**sou**			隋	bdaE	阝ナ工月	塔	fawk	土艹人口	叹	kcy	口又⊙
哩	kxxg	口幺幺一	嗽	kgkw	口一口人	随	bdeP	阝ナ月辶	獭	qtgm	犭丿一贝	炭	mdoU	山厂火⊙
思	lnU	田心⊙	漱	ivhC	氵白丨又	髓	medP	骨月ナ辶	鳎	qgjn	鱼一日羽	探	rpws	扌宀八木
鸶	xxgg	幺幺一一	搜	rvhC	扌白丨又	岁	mqu	山夕⊙	挞	rdpY	扌大辶⊙	碳	dmdO	石山厂火
斯	adwr	艹三八斤	馊	qnvc	钅乙白又	祟	bmfI	凵山二小	闼	udpi	门大辶⊙	**tang**		
缌	xlnY	纟田心⊙	飕	mqvc	几乂白又	谇	yywF	讠亠人十	遢	jnpD	日羽辶⊙	汤	inrT	氵乙丿⊙
蛳	jjgH	虫リ一一	锼	qvhc	钅白丨又	遂	uepI	丷豕辶⊙	榻	sjnG	木日羽⊙	铴	qinR	钅氵乙丿
嘶	dadr	厂艹三斤	艘	tevc	丿舟白又	碎	dywF	石亠人十	踏	khij	口止水日	羰	udmO	丷ヰ山火
锶	qlnY	钅田乙⊙	螋	jvhC	虫白丨又	隧	bueP	阝丷豕辶	蹋	khjn	口止日羽	镗	qipf	钅⺌宀土
嘶	kadR	口艹三斤	叟	vhcU	白丨又⊙	燧	oueP	火丷豕辶	**tai**			饧	qnnr	钅乙乙丿
撕	radR	扌艹三斤	嗾	kytD	口方ケ大	穗	tgjn	禾一日心	骀	cckG	马厶口⊙	唐	yvhK	广ヨ丨口
澌	iadr	氵艹三斤	瞍	hvhC	目白丨又	邃	pwup	宀八丷辶	胎	eckG	月厶口⊙	堂	ipkf	⺌宀口土
死	gqxB	一夕匕⑵	擞	rovt	扌米女攵	**sun**			台	ckF	厶口⊙	棠	ipks	⺌宀口木
巳	nngn	巳乙一乙	薮	aovt	艹米女攵	孙	biY	子小⊙	邰	ckbH	厶口阝⑴	塘	fyvK	土广ヨ口
四	lhNG	囗丨乙一	**su**			狲	qtbi	犭丿子小	抬	rckG	扌厶口⊙	搪	ryvK	扌广ヨ口
寺	ffU	土寸⊙	苏	alwU	艹力八⊙	荪	abiu	艹子小⊙	苔	ackF	艹厶口⊙	溏	iyvk	氵广ヨ口
汜	inn	氵巳⊙	酥	sgty	西一禾⊙	飧	qwye	夕人丶⺀	炱	ckoU	厶口火⊙	瑭	gyvk	王广ヨ口
伺	wngK	亻乙一口	稣	qgty	鱼一禾⊙	损	rkmY	扌口贝⊙	跆	khck	口止厶口	樘	sipF	木⺌宀土
兕	mmgq	几几一儿	俗	wwwk	亻八人口	笋	tvtR	竹ヨ丿⊙	鲐	qgcK	鱼一厶口	膛	eiPF	月⺌宀土
姒	vnyW	女乙丶人	夙	mgqI	几一夕⊙	隼	wyfj	亻圭十⑾	薹	afkf	艹士口土	糖	oyvK	米广ヨ口
祀	pynn	礻丶巳⊙	诉	yrYY	讠斤丶丶	榫	swyf	木亻圭十	太	dyI	大丶⊙	螗	jyvk	虫广ヨ口
泗	ilg	氵四一	肃	vijK	ヨ小川⑾	**suo**			汰	idyY	氵大丶⊙	螳	jipF	虫⺌宀土
饲	qnnk	钅乙乙口	涑	igki	氵一口小	唢	kubE	口丷山月	肽	edyY	月大丶⊙	醣	sgyk	西一广口
驷	clg	马四一	素	gxiU	丰幺小⊙	嗦	kcwT	口厶八夂	泰	dwiu	三人冰⊙	帑	vcmh	女又冂丨
俟	wctD	亻厶ㄅ大	速	gkip	一口小辶	娑	iitv	氵小丿女	酞	sgdy	西一大丶	倘	wimK	亻⺌冂口
笥	tngK	竹乙一口	粟	sou	西米⊙	挲	iitr	氵小丿手	**tan**			淌	iimK	氵⺌冂口
耜	dinN	三小ㄇㄇ	谡	ylwT	讠田八夂	桫	siiT	木氵小丿	坍	fmyg	土门一⊙	惝	wipq	亻⺌宀儿
嗣	kmaK	口冂艹口	嗉	kgxi	口丰幺小	梭	scwT	木厶八夂	贪	wynm	人丶乙贝	耥	diik	三小⺌口
肆	dvFH	镸ヨ二丨	塑	ubtf	丷山丿土	睃	hcwT	目厶八夂	摊	rcwY	扌又亻圭	躺	tmdk	丿冂三口
似	wnyW	亻乙丶人	愫	ngxI	忄丰幺小	嗍	kfpi	口十宀小	滩	icwY	氵又亻圭	烫	inro	氵乙丿火
song			溯	iubE	氵丷山月	羧	udct	丷ヰ厶夂	瘫	ucwy	疒又亻圭	趟	fhiK	土龰⺌口
松	nwcY	忄八厶⊙	傈	wsoY	亻西米⊙	蓑	aykE	艹亠口⾐	坛	ffcY	土二厶⊙	**tao**		
松	swcY	木八厶⊙	蔌	agkW	艹一口人	缩	xpwE	纟宀亻日	昙	jfcu	日二厶⊙	焘	dtfo	三丿寸灬
淞	uswC	冫木八厶	觫	qegI	⺈用一小	所	rnRH	厂尸斤⑴	谈	yooY	讠火火⊙	涛	idtF	氵三丿寸
崧	mswC	山木八厶	宿	pwdj	宀亻白日	嗩	kimY	口丷贝⊙	郯	oobH	火火阝⑴	绦	xtsY	纟夂木⊙
凇	iswc	氵木八厶	**suan**			索	fpxI	十宀幺小	覃	sjj	西早⑾	掏	rqrM	扌勹⺈凵
菘	aswC	艹木八厶	狻	qtct	犭丿厶夂	琐	gimY	王丷贝⊙	痰	uooI	疒火火⊙	滔	ievG	氵爫臼⊙
嵩	mymK	山亠冂口	酸	sgcT	西一厶夂	锁	qimY	钅丷贝⊙	镡	qooY	钅火火⊙	韬	fnhv	二乙丨臼
怂	wwnU	人人心⊙	蒜	afiI	艹二小小	**ta**			谭	ysjH	讠西早⑴	饕	kgne	口一乙⺀
悚	ngki	忄一口小	算	thaJ	竹目廾⑾	沓	ijf	水日⊙	潭	isjH	氵西早⑴	洮	iiqN	氵⺀儿⊙
耸	wwbF	人人耳⊙	**sui**			她	vbn	女也⊙	檀	sylG	木亠囗一	逃	iqpV	⺀儿辶⑵
竦	ugki	立一口小	虽	kjU	口虫⊙	他	wbN	亻也⊙	忐	hnu	上心⊙	桃	siqN	木⺀儿⊙
讼	ywcY	讠八厶⊙	荽	aevF	艹爫女⊙	它	pxB	宀匕⑵	坦	fjgG	土日一⊙	陶	bqrM	阝勹⺈凵
宋	psu	宀木⊙	眭	hffG	目土土⊙	趿	khey	口止乃⊙	袒	pujG	礻丷日一	啕	kqrm	口勹⺈凵
诵	yceh	讠マ用⊙	睢	hwyg	目亻圭⊙	铊	qpxN	钅宀匕⊙	钽	qjgG	钅日一⊙	淘	iqrM	氵勹⺈凵
送	udpI	丷大辶⊙	濉	ihwY	氵目亻圭	塌	fjnG	土日羽⊙	毯	tfno	丿二乙火	萄	aqrM	艹勹⺈凵
颂	wcdM	八厶ナ贝	绥	xevG	纟爫女⊙	溻	ijnG	氵日羽⊙				毵	iqfC	⺀儿士又

字	86码	字根	字	86码	字根	字	86码	字根	字	86码	字根	字	86码	字根	字	86码	字根
讨	yfy	讠寸㇇	殄	gqwe	一夕人彡	仝	waf	人工㊀	㠉	lujF	田立日土	娃	vffG	女土土㊀			
套	ddu	大县㊂	腆	emaW	月门廿八	同	mGKD	冂一口㇏	彖	xeu	彑豕㇇	挖	rpwn	扌宀八乙			
te			舔	tdgn	丿古一小	佟	wtuy	亻夂冫㇏	**tui**			洼	iffg	氵土土㊀			
忑	ghnu	一卜心㇇	掭	rgdn	扌一大小	彤	myeT	冂一彡丿	忒	ani	弋心㊂	娲	vkmW	女口冂人			
特	trfF	丿扌土寸	**tiao**			苘	amgK	廿门一口	推	rwyg	扌亻圭	蛙	jffG	虫土土㊀			
铽	qany	钅弋心㇇	调	ymfK	讠门土口	桐	smgk	木门一口	颓	tmdm	禾儿丆贝	瓦	gnyN	一乙丶乙			
慝	aadn	匚廿丆心	苕	avkf	廿刀口㊀	砼	dwaG	石人工㊀	腿	eveP	月彐㇌辶	佤	wgnN	亻一乙乙			
teng			佻	wiqN	亻㐅儿乙	铜	qmgk	钅门一口	退	vepI	彐㇌辶㊂	袜	pugS	衤丷一木			
疼	utuI	疒丷夂㊂	挑	riqN	扌㐅儿乙	童	ujff	立曰土	煺	oveP	火彐㇌辶	腽	ejlG	月曰皿㊀			
腾	eudC	月丷大马	祧	pyiq	礻丶㐅儿	酮	sgmk	西一门口	蜕	jukQ	虫丷口儿	**wai**					
誊	udyf	丷大言㊀	条	tsU	夂木㊂	僮	wujf	亻立曰土	褪	puvp	衤彐㇌辶	歪	gigH	一小一止			
滕	eudi	月丷大氺	迢	vkpD	刀口辶㇏	潼	iujf	氵立曰土	**tun**			崴	mdgt	山厂一丿			
藤	aeuI	廿月丷氺	笤	tvkF	⺮刀口㊀	瞳	huJF	目立曰土	囤	lgbN	囗一凵乙	外	qhY	夕卜㇏			
ti			龆	hwbk	止人凵口	统	xycQ	纟亠厶儿	吞	gdkf	一大口㊀	**wan**					
剔	jqrj	曰勹彡刂	蜩	jmfk	虫门土口	捅	rceH	扌マ用①	暾	jybT	日亠子攵	弯	yoxB	丶小弓㈡			
梯	suxT	木丷弓丿	髫	devk	镸彡刀口	桶	sceH	木マ用①	屯	gbNV	一凵乙㊣	剜	pqbj	宀夕㔾刂			
锑	quxT	钅丷弓丿	鲦	qgts	鱼一夂木	筒	tmgk	⺮门一口	饨	qngn	饣乙一乙	湾	iyoX	氵丶小弓			
踢	khjR	口止曰彡	窕	pwiQ	宀八㐅儿	恸	nfcl	忄二厶力	豚	eey	月豕㇏	蜿	jpqB	虫宀夕㔾			
绨	xuxt	纟丷弓丿	眺	hiqN	目㐅儿乙	痛	uceK	疒マ用口	臀	nawe	尸廿八月	豌	gkub	一口丷㔾			
啼	kuPH	口亠冖止	粜	bmoU	凵山米㊂	**tou**			**tuo**			丸	vyi	九丶㊂			
提	rjGH	扌日一止	跳	khiQ	口止㐅儿	钭	qufH	钅丷十①	毛	tav	丿七㊣	纨	xvyy	纟九丶㇏			
缇	xjgH	纟日一止	**tie**			偷	wwgj	亻人一刂	托	rtaN	扌丿七乙	芄	avyU	廿九丶㊂			
鹈	uxhg	丷弓丨一	贴	mhkG	贝卜口㊀	投	rmcY	扌几又㇏	拖	rtbN	扌丿也乙	完	pfqB	宀二儿㈡			
题	jghm	日一止贝	萜	amhk	廿门丨口	头	udi	丷大㊂	脱	eukQ	月丷口儿	玩	gfqN	王二儿乙			
蹄	khuh	口止亠止	铁	qrWY	钅𠂉人㇏	骰	memC	冎月几又	驮	cdy	马大㇏	顽	fqdM	二儿丆贝			
醍	sgjh	西一日止	帖	mhhK	门丨卜口	透	tepV	禾乃辶㇣	佗	wpxN	亻宀匕乙	烷	opfQ	火宀二儿			
体	wsgG	亻木一㊀	餮	gqwe	一夕人彡	**tu**			陀	bpxN	阝宀匕乙	宛	pqBB	宀夕㔾㈡			
屉	nanV	尸廿乙㊣	**ting**			凸	hgmG	丨一冂一	坨	fpxN	土宀匕乙	挽	rqkq	扌⺈口儿			
剃	uxhj	丷弓丨刂	厅	dsK	厂丁㈣	秃	tmb	禾儿㇉	沱	ipxN	氵宀匕乙	晚	jqKQ	日⺈口儿			
倜	wmfK	亻冂土口	汀	ish	氵丁①	突	pwdU	宀八犬㊂	驼	cpXN	马宀匕乙	婉	vpqB	女宀夕㔾			
悌	nuxT	忄丷弓丿	听	krH	口斤①	图	ltuI	囗夂冫㊂	柁	spxN	木宀匕乙	惋	npqb	忄宀夕㔾			
涕	iuxt	氵丷弓丿	烃	ocAG	火ㄡ工㊀	徒	tfhy	彳土止㇏	砣	dpxN	石宀匕乙	绾	xpnN	纟宀㇆乙			
逖	qtop	犭丿火辶	廷	tfpd	丿士廴㇏	涂	iwtY	氵人禾㇏	鸵	qynx	勹丶乙匕	脘	epfQ	月宀二儿			
惕	njqR	忄曰勹彡	亭	ypsJ	亠口冖丁	荼	awtU	廿人禾㊂	跎	khpx	口止宀匕	菀	apqb	廿宀夕㔾			
替	fwfJ	二人二日	庭	ytfp	广丿士廴	途	wtpI	人禾辶㊂	酡	sgpX	西一宀匕	琬	gpqB	王宀夕㔾			
裼	pujr	衤丷曰彡	莛	atfp	廿丿士廴	屠	nftJ	尸土丿日	橐	gkhs	一口丨木	皖	rpfQ	白宀二儿			
嚏	kfph	口十冖止	停	wypS	亻亠口丁	酴	sgwt	西一人禾	鼍	kklN	口口田乙	畹	lpqB	田宀夕㔾			
tian			婷	vypS	女亠口丁	土	ffff	土土土土	妥	evF	爫女㊀	碗	dpqB	石宀夕㔾			
天	gdI	一大㊂	蜓	jtfp	虫丿士廴	吐	kfg	口土㊀	庹	yany	广廿尸丶	万	dnv	丆乙㊣	**wang**		
添	igdN	氵一大小	霆	ftfT	雨丿士丿	钍	qfg	钅土㊀	椭	sbdE	木阝⺁月	腕	epqB	月宀夕㔾	汪	igG	氵王㊀
田	lllL	田田田田	挺	rtfp	扌丿士廴	兔	qkqy	⺈口儿丶	箨	trch	⺮扌又丨				亡	ynv	亠乙㊣
恬	ntdG	忄丿古㊀	梃	stfp	木丿士廴	堍	fqkY	土⺈口㇏	**wa**						王	gggG	王王王王
畋	lty	田攵㇀	艇	tetP	丿舟丿廴	菟	aqky	廿⺈口丶	哇	kffG	口土土㊀				网	mqqI	冂㐅㐅㊂
甜	tdaf	丿古廿二	**tong**			**tuan**			唾	ktgF	口丿一士				往	tygG	彳丶王㊀
填	ffhW	土十且八	通	cepK	マ用辶㈡	湍	imdJ	氵山丆刂	桫	sryy	木斤丶㇏				枉	sgg	木王㊀
阗	ufhW	门十且八	痌	kceP	口マ用辶	团	lftE	囗十丿㇚									
忝	gdNU	一大小㇇				抟	rfnY	扌二乙㇏									

字	86码	字根	字	86码	字根	字	86码	字根	字	86码	字根	字	86码	字根
囷	muyN	门兰丷乙	猥	qtle	犭丿田	窝	pwkw	宀八口人	兀	gqv	一儿	翕	wgkn	人一口羽
悯	nmuN	忄门兰乙	瘘	utvD	疒禾女	蜗	jkmW	虫口门人	勿	qre	ㄅ丿	舾	tesg	丿舟西
辋	lmuN	车门兰乙	艉	tenN	丿舟尸乙	我	trnT	丿扌乙丿	务	tlB	夂力	溪	iexD	氵爫幺大
魍	rqcn	白儿厶乙	趱	jghh	日一止丨	沃	itdy	氵丿大丶	戊	dnyT	厂乙丶丿	皙	srrF	木斤白
妄	ynvf	亠乙女	鲔	qgde	鱼一ナ月	肟	efnN	月二乙乙	阢	bgqN	阝一儿乙	锡	qjqR	钅日ㄅ丿
忘	ynnu	亠乙心	卫	bgD	卩一	卧	ahnh	匚丨匚丨	杌	sgqn	木一儿乙	僖	wfkk	亻士口口
旺	jgg	日王	未	fii	二小	幄	mhnf	冂丨尸土	芴	aqrr	艹ㄅ丿	熄	othn	火丿目心
望	yneg	亠乙月王	位	wug	亻立	握	rngF	扌尸一土	物	trQR	丿扌ㄅ丿	熙	ahko	匚丨口灬
wei			味	kfiY	口二小	渥	ingF	氵尸一土	误	ykgD	讠口一大	蜥	jsrh	虫木斤丨
危	qdbB	ㄅ厂㔾	畏	lgeU	田一	硪	dtrT	石丿扌丿	悟	ngkg	忄五口	嘻	kfkK	口士口口
威	dgvT	厂一女丿	胃	leF	田月	斡	fjwf	十早人十	晤	jgkG	日五口	嬉	vfkK	女士口口
偎	wlge	亻田一	尉	nfif	尸二小寸	龌	hwbf	止人凵土	焐	ogkG	火五口	膝	eswI	月木人氺
逶	tvpD	禾女辶	谓	yleG	讠田月	**wu**			婺	cbtv	マ卩丿女	樨	snih	木尸氺丨
隈	blge	阝田一	喂	klge	口田一	乌	qngD	ㄅ乙一	痦	ugkd	疒五口	歙	wgkw	人一口人
薇	adgT	艹厂丿	渭	ileG	氵田月	圬	ffnN	土二乙乙	骛	cbtc	マ卩丿马	熹	fkuo	士口丷灬
微	tmgT	彳山一攵	猬	qtle	犭丿田月	污	ifnN	氵二乙乙	雾	ftlB	雨夂力	羲	ugtT	丷王禾丿
煨	olgE	火田一	蔚	anfF	艹尸二寸	邬	qngb	ㄅ乙一阝	寤	pnhk	宀乙丨口	螅	jthn	虫丿目心
薇	atmT	艹彳山攵	慰	nfiN	尸二小心	呜	kqng	口ㄅ乙一	鹜	cbtg	マ卩丿一	蟋	jtoN	虫丿米心
巍	mtvC	山禾女厶	魏	tvrC	禾女白厶	巫	awwI	工人人	鋈	itdq	氵丿大金	醯	sgyl	西一亠皿
为	ylYI	、力、	**wen**			屋	ngcF	尸一厶土	**xi**			曦	jugT	日丷王丿
韦	fnhK	二乙丨	温	ijlG	氵日皿	诬	yawW	讠工人人	夕	qtny	夕丿乙丶	躔	vnud	白乙冫大
围	lfnh	囗二乙丨	瘟	ujlD	疒日皿	钨	qqnG	钅ㄅ乙一	兮	wgnb	八一乙	习	nuD	乙冫
帏	mhfH	冂丨二丨	文	yygy	文丶一丶	无	fqV	二儿	汐	iqy	氵夕	席	yamH	广廿门丨
沩	iylY	氵、力、	纹	xyy	纟文	毋	xde	乛ナ	西	sghg	西一丨一	袭	dxyE	龙丿丶
违	fnhp	二乙丨辶	闻	ubD	门耳	吴	kgdU	口一大	吸	keYY	口乃丶	觋	awwq	工人人儿
闱	ufnH	门二乙丨	蚊	jyy	虫文	吾	gkf	五口	希	qdmH	乂ナ冂丨	媳	vthn	女丿目心
桅	sqdB	木ㄅ厂	阌	uepc	门爫冖又	芜	afqb	艹二儿	昔	ajf	艹日	隰	bjxO	阝日幺灬
涠	ilfH	氵囗二丨	雯	fyu	雨文	梧	sgkG	木五口	析	srH	木斤	檄	sryT	木白方攵
唯	kwyg	口亻圭	刎	qrjH	ㄅ丿刂	浯	igkG	氵五口	矽	dqy	石夕	洗	itfQ	氵丿土儿
帷	mhwY	冂丨亻圭	吻	kqrT	口ㄅ丿	蜈	jkgD	虫口一大	穸	pwqU	宀八夕	玺	qigY	ㄅ小王丶
惟	nwyG	忄亻圭	紊	yxiu	文幺小	颥	vnuk	白乙冫口	郗	qdmb	乂ナ冂阝	徙	thhY	彳止止
维	xwyG	纟亻圭	稳	tqvN	禾ㄅヨ心	五	ggHG	五一丨一	唏	kqdH	口乂ナ丨	喜	fkuK	士口丷口
嵬	mrqC	山白儿厶	问	ukd	门口	午	tfj	丿十	奚	exdU	爫幺大	葸	alnu	艹田心
潍	ixwY	氵纟亻圭	汶	iyy	氵文	仵	wtfh	亻丿十	浠	iqdh	氵乂ナ丨	屣	nthh	尸彳止止
伟	wfnH	亻二乙丨	璺	wfmY	亻二冂丶	伍	wgg	亻五	息	thnU	丿目心	蓰	athH	艹彳止止
伪	wylY	亻、力、	**weng**			坞	fqng	土ㄅ乙一	牺	trsG	丿扌西	禧	pyfk	礻丶士口
尾	ntfN	尸丿二乙	翁	wcnF	八厶羽	妩	vfqN	女二儿乙	悉	tonU	丿米心	戏	caT	又戈
纬	xfnh	纟二乙丨	嗡	kwcN	口八厶羽	庑	yfqV	广二儿	惜	najg	忄艹日	系	txiU	丿幺小
菋	afnH	艹二乙丨	蓊	awcN	艹八厶羽	忤	ntfh	忄丿十	欷	qdmw	乂ナ冂人	饩	qnrn	夂乙匚乙
委	tvF	禾女	瓮	wcgN	八厶一乙	忾	nfqN	忄二儿乙	淅	isrH	氵木斤	细	xlG	纟田
炜	ofnH	火二乙丨	蕹	ayxy	艹亠幺圭	迕	tfpk	丿十辶	烯	oqdH	火乂ナ丨	阋	uvqV	门白儿
玮	gfnH	王二乙丨	**wo**			武	gahD	一弋止	硒	dsg	石西	舄	vqoU	白ㄅ灬
洧	ideg	氵ナ月	挝	rfpY	扌寸辶丶	侮	wtxU	亻丿母	菥	asrJ	艹木斤	隙	bijI	阝小日小
娓	vntn	女尸乙乙	倭	wtvG	亻禾女	捂	rgkg	扌五口	晰	jsrH	日木斤	禊	pydd	礻丶三大
诿	ytvG	讠禾女	涡	ikmW	氵口门人	牾	trgk	丿扌五口	犀	nirH	尸水斤	**xia**		
萎	atvF	艹禾女	莴	akmW	艹口门人	鹉	gahg	一弋止一	稀	tqdH	禾乂ナ丨	虾	jghy	虫一卜丶
隗	brqC	阝白儿厶	喔	kngf	口尸一土	舞	rlgH	丿皿一丨	粞	osg	米西	瞎	hpDK	目宀三口

字	86码	字根	字	86码	字根	字	86码	字根	字	86码	字根	字	86码	字根	字	86码	字根
匣	alk	匚甲⑪	蚬	jmN	虫冂儿②	xiao			泄	iann	氵丗乙②	型	gajf	一廾刂土	xiu		
侠	wguW	亻一丷人	筅	ttfq	⺮丿土儿	枭	qyns	⺈丶乙木	泻	ipgg	氵冖一一	硎	dgaj	石一廾刂	宿	pwdj	宀亻丆日
狎	qtlH	犭丿甲①	跣	khtq	口止丿儿	晓	jatQ	日七丿儿	继	xann	纟丗乙②	醒	sgjG	西一曰⺧	休	wsY	亻木②
峡	mguW	山一丷人	薛	aqgd	艹⻏一手	栲	skgN	木口一乙	卸	rhbH	⺈止卩①	撵	rthJ	扌丿目川	修	whtE	亻丨攵彡
押	slh	木甲①	爰	eeoU	豸豸火③	骁	catq	马七丿儿	屑	nied	尸小月②	杏	skf	木口②	咻	kwsY	口亻木
狭	qtgw	犭丿一人	岘	mmqn	山冂儿②	霄	fieF	雨小月②	械	saAH	木弋廾①	姓	vtgG	女丿一⺧	庥	ywsI	广亻木③
碟	dguw	石一丷人	苋	amqB	艹冂儿⑧	消	iieG	氵丷月①	亵	yrvE	亠⺧九⺌	幸	fufJ	土丷十②	羞	udnF	丷ヲ乙丑
遐	nhfP	コ丨二辶	现	gmQN	王冂儿②	绡	xieG	纟丷月①	渫	ians	氵丗乙木	性	ntgG	忄丿一⺧	鸺	wsqG	亻木勹一
暇	jnhC	日コ丨又	线	xgT	纟戋①	逍	iepD	丷月辶⺌	谢	ytmF	讠丿冂寸	荇	atfh	艹彳二①	貅	eewS	⺌丷亻木
瑕	gnhC	王コ丨又	限	bvEY	阝ヨ⑥	萧	aviJ	艹⺕小川	榍	sniE	木尸⺾月	悻	nfuf	忄土丷十	馐	qnuf	⺈乙丷丑
辖	lpdk	车宀三口	宪	ptfQ	宀丿土儿	硝	dieG	石丷月①	榭	stmF	木丿冂寸	xiong			糇	dewS	⺼彡亻木
霞	fnhc	雨コ丨又	陷	bqvG	阝⺈白⎯	销	qieG	钅丷月①	廨	yqeH	广⺈用丨	兄	kqb	口儿⑧	朽	sgnn	木一乙②
黯	lfok	⺫土灬口	馅	qnqv	⺈乙⺈白	潇	iavj	氵艹ヨ川	懈	nqEH	忄⺈用丨	凶	qbK	乂凵⑪	秀	teB	禾乃⑧
下	ghI	一卜③	羡	uguW	丷王氵人	箫	tvij	⺮ヨ小川	獬	qtqh	犭丿⺈丨	匈	qqbK	勹乂凵⑪	岫	mmg	山由①
吓	kghY	口一卜④	腺	eriY	月白水②	魈	rqce	白儿厶月	薤	agqg	艹⺀勹一	芎	axb	艹弓⑧	绣	xten	纟禾乃②
夏	dhtU	⺊目夂③	献	fmud	十门丷犬	嚣	kkdk	口口丆口	邂	qevp	⺈用刀辶	洶	iqbh	氵乂凵①	袖	pumg	衤丷由①
厦	ddhT	厂⺊目夂	xiang			崤	mqde	山乂丆月	燮	oyoC	火言火又	胸	eqQB	月勹乂凵	锈	qten	钅禾乃②
xian			乡	xte	乡丿②	淆	iqdE	氵乂丆月	瀣	ihqG	氵丨⺈一	雄	dcwY	ナ厶亻圭	溴	ithd	氵丿目犬
铣	qtfq	钅丿土儿	芗	axtR	艹乡丿⺊	小	ihtY	小丨丿②	蟹	qevj	⺈用刀虫	熊	cexo	厶月匕灬	嗅	kthd	口丿目犬
仙	wmH	亻山①	相	shG	木目①	哓	katQ	口七丿儿	躞	khoc	口止火又				xu		
先	tfqB	丿土儿⑧	香	tjf	禾曰②	筱	twhT	⺮亻丨攵	xin						圩	fgfH	土一十①
纤	xtfH	纟丿十①	厢	dshD	厂木目⎯	孝	ftbF	土丿子②	心	nyNY	心丶乙丶				戌	dgnT	厂一乙丿
氙	rnmJ	匚乙山⑪	湘	ishg	氵木目①	哮	kftB	口土丿子	忻	nrh	忄斤①				盱	hgfH	目一十①
袄	pygd	衤丶一大	缃	xshG	纟木目①	效	uqtY	六乂攵②	芯	anu	艹心③				胥	nheF	乙⺌月②
籼	omh	米山①	葙	ashF	艹木目②	校	suqY	木六乂②	辛	uygh	辛丶一丨				须	edmY	彡丆贝②
莶	awgi	艹人一丷	箱	tshF	⺮木目②	笑	ttdU	⺮丿大③	听	jrh	日斤①				顼	gdmY	王丆贝②
掀	rrqW	扌斤丿人	襄	ykkE	亠口口⺌	啸	kviJ	口⺕ヨ川	欣	rqwY	斤勹人②				虚	haoG	广七业一
跹	khtp	口止丿辶	骧	cykE	马亠口⺌	宵	piEF	宀丷月②	铎	quh	钅辛①				嘘	khag	口广七一
酰	sgtq	西一丿儿	镶	qykE	钅亠口⺌	削	iejH	丷月刂①	新	usrH	立木斤①						
锨	qrqW	钅斤丿人	详	yudH	讠丷手①	xie			歆	ujqw	立日勹人						
鲜	qguD	鱼一丷手	庠	yudk	广丷手⑪	些	hxfF	止匕二②	薪	ausR	艹立木斤						
暹	jwyP	日亻圭辶	祥	pyuD	衤丶丷手	楔	sdhD	木三丨大	馨	fnmJ	士尸几日						
闲	usi	门木③	翔	udng	丷⺕羽①	歇	jqwW	日勹人人	鑫	qqqF	金金金②						
弦	xyxY	弓亠幺④	享	ybf	亠子②	蝎	jjqN	虫日勹乙	囟	tlqi	丿口乂③						
贤	jcmU	刂又贝③	响	ktmK	口丿冂口	协	flWY	十力八②	信	wyG	亻言①						
咸	dgkT	厂一口丿	饷	qntk	⺈乙丿口	邪	ahtb	匚丨丿阝	衅	tluF	血十②						
涎	ithp	氵丿止辶	飨	xtwE	乡丿人⺌	胁	elwY	月力八②	xing								
娴	vusY	女门木④	想	shnU	木目心③	偕	wxxr	亻匕匕白	兴	iwU	⺌八③						
舷	teyx	丿舟亠幺	鲞	udqg	丷大鱼一	斜	wtuf	人禾氵十	星	jtgF	曰丿一②						
衔	tqfH	彳钅二①	向	tmKD	丿冂口⎯	谐	yxxr	讠匕匕白	惺	njtG	忄曰丿一						
痫	uusI	疒门木③	巷	awnB	艹八乙⑧	携	rwye	扌亻圭乃	猩	qtjg	犭丿曰一						
鹇	usqG	门木勹一	项	admY	工厂贝②	飋	llln	力力力心	腥	ejtG	月曰丿一						
嫌	vuVO	女丷ヨ小	象	qjeU	⺈日⺕③	撷	rfkm	扌十口贝	刑	gajh	一廾刂①						
冼	utfQ	冫丿土儿	像	wqjE	亻⺈日⺕	缬	xfkm	纟士口贝	邢	gabH	一廾阝①						
显	joGF	日业一	橡	sqjE	木⺈日⺕	鞋	afff	艹甲土土	行	tfHH	彳二①①						
险	bwgI	阝人一丷	蟓	jqjE	虫⺈日⺕	写	pgnG	宀一乙一	形	gaeT	一廾彡①						
猃	qtwi	犭丿人丷							陉	bcaG	阝⺇工一						

字	86码	字根	字	86码	字根	字	86码	字根	字	86码	字根	字	86码	字根	字	86码	字根
需	fdmJ	雨丆冂丬	渲	ipgg	氵宀一一	巽	nnaW	巳巳艹八		yan		闫	udd	门三㊀		yang	
墟	fhag	土广七一	楦	spgG	木宀一一	蕈	asjJ	艹西早⑪	剡	oojH	火火刂①	严	godR	一业厂丆	央	mdI	冂大⑨
徐	twtY	彳人禾⊙	碹	dpgg	石宀一一		ya		咽	kldY	口囗大	妍	vgaH	女一廾①	泱	imdy	氵冂大
许	ytfH	讠一十①	镟	qyth	钅方⸍龰	丫	uhk	⸝丨⑪	恹	nddy	忄厂犬	言	yyyY	言言言言	殃	gqmD	一夕冂大
诩	yng	讠羽㇐		xue		压	dfyI	厂土丶⑨	烟	olDY	火口大	岩	mdf	山石	秧	tmdy	禾冂大
栩	sng	木羽㇐	嚛	khae	口广七豕	呀	kaHT	口匚丨丿	胭	eldY	月囗大	沿	imkG	氵几口一	鸯	mdqG	冂大勹一
糈	onhE	米乙丨⺼	削	iejH	⺍月刂①	押	rlH	扌甲①	崦	mdjN	山大日乙	炎	ooU	火火⑪	鞅	afmd	廿甲冂大
醑	sgne	西一乙月	靴	afwx	廿甲亻匕	鸦	ahtg	匚丨丿一	淹	idjN	氵大日乙	研	dgaH	石一廾①	羊	udj	⸝手⑪
旭	vjD	九日㊀	薛	awnu	艹亻⺈辛	桠	sgog	木一业一	焉	ghgO	一止一灬	盐	fhlF	土卜皿	阳	bjG	阝日一
序	ycbK	广マ卩⑪	穴	pwu	宀八⑪	鸭	lqyG	甲勹丶一	蔫	aywu	艹方人灬	阎	uqvd	门⺈臼	杨	snRT	木乙彡丿
叙	wtcY	人禾又⊙	学	ipBF	⺍冖子	牙	ahTE	匚丨丿⺶	阉	udjn	门大日乙	筵	tthp	竹丿止廴	炀	onrt	火乙彡丿
恤	ntlG	忄丿皿㊀	茓	ipiU	⺍冖水	伢	wahT	亻匚丨丿	湮	isfg	氵西土一	蜒	jthp	虫丿止廴	佯	wudh	亻⸝手①
洫	itlg	氵丿皿㊀	趐	rrkh	扌斤口龰	岈	mahT	山匚丨丿	腌	edjn	月大日乙	颜	utem	立丿㇒贝	疡	unrE	疒乙彡⑨
勖	jhlN	曰目力㇄	雪	fvF	雨彐	邪	gahb	王匚丨卩	鄢	ghgb	一止一卩	檐	sqdy	木⺈厂言	徉	tudH	彳⸝手①
绪	xftJ	纟土丿日	鳕	qgfv	鱼一雨彐	蚜	jahT	虫匚丨丿	嫣	vghO	女一止灬	兖	ucqB	六厶儿⑥	洋	iuDH	氵⸝手①
续	xfnD	纟十乙大	血	tld	丿皿	崖	mdff	山厂土土	延	thpD	丿止廴	奄	djnB	大日乙⑥	烊	oudH	火⸝手①
酳	sgqb	西一乂凵	谑	yhaG	讠虍七一	涯	idfF	氵厂土土				俨	wgoD	亻一业厂	蛘	judH	虫⸝手①
婿	vnhe	女乙丨月		xun		睚	hdFF	目厂土土				衍	tifH	彳氵二①	仰	wqbh	亻匚卩①
潊	iwtc	氵人禾又	郇	qjbH	勹日卩①	衙	tgkH	彳五口丨				偃	wajv	亻匚日女	养	udyj	⸝弄丿丨
絮	vkxI	女口幺小	荨	avfU	艹彐寸	哑	kgoG	口一业一				厣	ddlK	厂犬甲⑪	氧	rnuD	⸢乙⸝手
煦	jqko	日勹口灬	勋	kmlN	口贝力㇄	痖	ugog	疒一业一				掩	rdjn	扌大日乙	痒	uudK	疒⸝手⑪
蓄	ayxL	艹亠幺田	埙	fkmy	土口贝	雅	ahty	匚丨丿主				眼	hvEY	目彐⺆⊙	样	suDH	木⸝手①
蓿	apwj	艹宀人日	熏	tglO	丿一罒灬	亚	gogD	一业一㊀				郾	ajvB	匚日女卩	漾	iugi	氵⸝王水
吁	kgfh	口一十①	窨	pwuj	宀八立日	讶	yahT	讠匚丨丿				琰	gooY	王火火⊙		yao	
	xuan		獯	qtto	犭丿丿灬	迓	ahtp	匚丨丿辶				罨	ldjn	罒大日乙	侥	watq	亻七七儿
轩	lfH	车干①	薰	atgo	艹丿一灬	垭	fgoG	土一业一				演	ipgW	氵宀一八	幺	xnny	幺乙乙丶
宣	pgjG	宀一日一	嘘	jtgo	日丿一灬	娅	vgoG	女一业一				魇	ddrC	厂犬白厶	夭	tdi	丿大⑨
谖	yefC	讠爫二又	醺	sgto	西一丿灬	砑	dahT	石匚丨丿				黡	vnuv	白乙氵女	妖	vtdY	女丿大⊙
喧	kpgG	口宀一一	寻	vfU	彐寸	氩	rngg	⸢乙一一				厌	ddi	厂犬	腰	esvG	月西女一
揎	rpgG	扌宀一一	巡	vpV	巛辶	揠	rajv	扌匚日女				彦	uter	立丿㇒	邀	rytp	白方攵辶
萱	apgg	艹宀一一	旬	qjD	勹日㊀							砚	dmqN	石冂儿⑥	爻	qqu	乂乂⑪
暄	jpgG	日宀一一	驯	ckh	马川①							唁	kyg	口言㊀	尧	atgq	七一丿儿
煊	opgG	火宀一一	询	yqjG	讠勹日一							宴	pjvF	宀日女	肴	qdeF	乂ナ月㊀
儇	wlge	亻罒一𧘇	峋	mqjg	山勹日一							晏	jpvF	日宀女	姚	viqN	女⺈儿⑥
玄	yxu	亠幺⑪	恂	nqjG	忄勹日一							艳	dhqC	三丨⺈巴	轺	lvkG	车刀口一
痃	uyxI	疒亠幺⑨	洵	iqjG	氵勹日一							验	cwgI	马人一⸝	眺	giqN	王⺈儿⑥
悬	egcn	月一厶心	浔	ivfy	氵彐寸							谚	yutE	讠立丿㇒	窑	pwrM	宀八⸜山
旋	ytnH	方⸍乙龰	荀	aqjF	艹勹日一							堰	fajv	土匚日女	谣	yerM	讠爫⸜山
漩	iyth	氵方⸍龰	循	trfh	彳厂十目							焰	oqvG	火⺈臼一	徭	term	彳爫⸜山
璇	gyth	王方⸍龰	鲟	qgvf	鱼一彐寸							焱	ooou	火火火⑪	摇	rerM	扌爫⸜山
选	tfqp	丿土儿辶	训	ykH	讠川①							雁	dwwY	厂亻亻主	遥	erMP	爫⸜山辶
癣	uqgD	疒鱼一丰	讯	ynfH	讠乙十①							滟	idhc	氵三丨巴	瑶	gerM	王爫⸜山
泫	iyxY	氵亠幺⊙	汛	infH	氵乙十①							酽	sggd	西一一厂	繇	ermi	爫⸜山小
炫	oyxY	火亠幺⊙	迅	nfpK	乙十辶⑪							谳	yfmD	讠十门犬	鳐	qgem	鱼一爫山
绚	xqjG	纟勹日一	徇	tqjG	彳勹日一							餍	ddwE	厂犬人⸜	杳	sjf	木日
眩	hyXY	目亠幺⊙	逊	bipI	子小辶							燕	auKO	廿㇄口灬	咬	kuqY	口六乂⊙
铉	qyxY	钅亠幺⊙	殉	gqqJ	一夕勹日							赝	dwwm	厂亻亻贝			

字	86码	字根
窈	pwxl	宀八幺力
晋	evf	覀日二
嵝	msvG	山西女一
药	axQY	艹纟勹丶
要	sVF	西女二
鹞	ermg	覀鸟山一
曜	jnwY	日羽亻圭
耀	iqny	光儿羽圭
钥	qeg	钅月一
ye		
椰	sbbH	木耳阝①
噎	kfpU	口士冖丷
爷	wqbJ	八乂阝①
耶	bbh	耳阝①
揶	rbbH	扌耳阝①
铘	qahb	钅匚丨阝
也	bnHN	也乙丨乙
冶	uckG	冫厶口一
野	jfcB	日土マ卩
业	ogD	业一三
叶	kfH	口十①
曳	jxe	日匕③
页	dmu	丆贝丷
邺	ogbH	业一阝①
夜	ywtY	亠亻夂丶
晔	jwxF	日亻匕十
烨	owxF	火亻匕十
掖	rywY	扌亻夂丶
液	iywY	氵亻夂丶
谒	yjqN	讠日勹乙
腋	eywy	月亠亻丶
㛦	dddl	厂犬丆四
yi		
一	gGLL	一一LL
伊	wvtT	亻彐丿①
衣	yeU	亠⼂③
医	atdI	匚𠂉大③
依	wyeY	亻亠⼂③
咿	kwvt	口亻彐丿
猗	qtdk	犭丿大口
铱	qyeY	钅亠⼂③
壹	fpgU	士冖一丷
揖	rkbG	扌口耳一
欹	dskw	大丁口人
漪	iqtk	氵犭丿口
噫	kujn	口立曰心
黟	lfoq	四土灬夕
仪	wyqY	亻丶乂③
圯	fnn	土巳乙
夷	gxwI	一弓人③
沂	irh	氵斤①
诒	yckG	讠厶口一
宜	pegF	宀月一一
怡	nckG	忄厶口一
迤	tbpV	⺊也辶⑨
饴	qncK	饣乙厶口
咦	kgxW	口一弓人
姨	vgXW	女一弓人
黄	agxW	艹一弓人
贻	mckG	贝厶口一
胰	egxW	月一弓人
酏	sgbN	西一也乙
痍	ugxw	疒一弓人
移	tqqY	禾夕夕丶
遗	khgp	口丨一辶
颐	ahkm	匚丨口贝
疑	xtdh	匕丿大⺊
嶷	mxTH	山匕丿⺊
彝	xgoA	彑一米廾
乙	nnlL	乙乙LL
已	nnnn	已已已已
以	nywY	乙丶人③
钇	qnn	钅乙乙
矣	ctDU	厶⺈大③
苡	anyW	艹乙丶人
舣	teyq	丿舟丶乂
蚁	jyqY	虫丶乂③
倚	wdsK	亻大丁口
椅	sdsK	木大丁口
旖	ytdk	方⺁大口
义	yqI	丶乂③
亿	wnN	亻乙乙
弋	agny	弋一乙丶
刈	qjh	乂刂①
忆	nnN	忄乙乙
艺	anb	艹乙⑥
仡	wtnN	亻丿乙乙
议	yyqY	讠丶乂③
屹	mtnn	山丿乙乙
异	naj	巳廾①
佚	wrwY	亻𠂉人③
呓	kanN	口艹乙乙
役	tmcY	彳几又丶
抑	rqbH	扌𠂉卩①
译	ycfH	讠又二丨
邑	kcb	口巴⑥
佾	wweG	亻八月一
峄	mcfH	山又二丨
怿	ncfh	忄又二丨
易	jqrR	日勹丿③
绎	xcfH	纟又二丨
诣	yxjG	讠匕日一
驿	ccfH	马又二丨
轶	lrwY	车𠂉人丶
悒	nkcN	忄口巴乙
挹	rkcN	扌口巴乙
益	uwlF	丷八皿一
谊	ypeG	讠宀月一
埸	fjqR	土日勹丿
翊	ung	立羽一
翌	nuf	羽立二
逸	qkqp	⺈口儿辶
意	ujnU	立曰心③
溢	iuwL	氵丷八皿
缢	xuwL	纟丷八皿
肄	xtdh	匕丿大丨
裔	yemK	亠衣冂口
瘗	uguf	疒一丷土
蜴	jjqr	虫日勹丿
毅	uemC	立豕几又
熠	onrg	火羽白一
镒	quwL	钅丷八皿
剔	thlj	丿目田刂
殪	gqfu	一夕士丷
薏	aujn	艹立曰心
翳	atdn	匚𠂉大羽
翼	nlaW	羽田艹八
臆	eujN	月立曰心
癔	uujN	疒立曰心
镱	qujn	钅立曰心
懿	fpgn	士冖一心
yin		
茵	aldU	艹口大③
荫	abeF	艹阝月二
音	ujf	立曰二
殷	rvnC	厂彐乙又
氤	rnlD	𠂉乙口大
铟	qldy	钅口大丶
喑	kujG	口立曰一
堙	fsfG	土西土一
吟	kwyn	口人丶乙
垠	fveY	土彐⺄丶
狺	qtyg	犭丿言①
寅	pgmW	宀一由八
淫	ietF	氵爫丿士
银	qveY	钅彐⺄丶
鄞	akgb	廿口⺓阝
夤	qpgw	夕宀一八
龈	hwbe	止人凵月
霪	fief	雨氵爫士
尹	vte	彐丿③
引	xhH	弓丨①
吲	kxhH	口弓丨①
蚓	jxhH	虫弓丨①
隐	bqVN	阝⺈彐心
印	qgbH	⺈一卩①
茚	aqgb	艹⺈一卩
胤	txen	丿幺月乙
因	ldI	口大③
阴	beG	阝月一
姻	vldY	女口大丶
洇	ildy	氵口大丶
ying		
应	yid	广丷①
英	amdU	艹门大③
莺	apqG	艹冖勹一
婴	mmvF	贝贝女二
瑛	gamD	王艹门大
嘤	kmmV	口贝贝女
撄	rmmV	扌贝贝女
缨	xmmV	纟贝贝女
罂	mmrM	贝贝⺓山
樱	smmv	木贝贝女
璎	gmmv	王贝贝女
鹦	mmvg	贝贝女一
膺	ywwe	广亻亻月
鹰	ywwg	广亻亻一
迎	qbpK	⺁卩辶⑩
茔	apfF	艹冖土二
盈	eclF	乃又皿二
荥	apiU	艹冖水③
荧	apoU	艹冖火③
莹	apgY	艹冖王丶
萤	apjU	艹冖虫③
营	apkK	艹冖口口
萦	apxI	艹冖幺小
楹	secL	木乃又皿
滢	iapy	氵艹冖丶
鎣	apqf	艹冖金二
潆	iapi	氵艹冖小
蝇	jkJN	虫口曰乙
嬴	ynky	亠乙口丶
赢	ynky	亠乙口丶
瀛	iyny	氵亠乙丶
郢	kgbh	口王阝①
颍	xidM	匕水丆贝
颖	xtdM	匕禾丆贝
影	jyie	日亠小彡
瘿	ummV	疒贝贝女
映	jmdY	日门大丶
硬	dgjQ	石一曰乂
媵	eudv	月丷大女
yo		
哟	kxQY	口纟勹丶
唷	kycE	口亠冖月
yong		
佣	weh	亻用①
拥	reh	扌用①
痈	uek	疒用⑩
邕	vkcB	巛口巴⑥
庸	yveh	广彐月丨
雍	yxtY	亠纟丿主
墉	fyvh	土广彐丨
慵	nyvh	忄广彐丨
壅	yxtf	亠纟丿土
镛	qyvh	钅广彐丨
臃	eyxY	月亠纟丶
鳙	qgyh	鱼一广丨
饔	yxte	亠纟丿⺆
喁	kjmY	口曰门丶
永	yniI	丶乙⺄小
甬	cej	マ用①
咏	kynI	口丶乙小
泳	iyni	氵丶乙小
俑	wceH	亻マ用①
勇	celB	マ用力
涌	iceH	氵マ用①
恿	cenU	マ用心③

字	86码	字根	字	86码	字根	字	86码	字根	字	86码	字根	字	86码	字根
蛹	jceh	虫マ用①	瘵	uywu	疒方人氵	痪	uvwI	疒白人③	园	lfqV	囗二儿㊣	耘	difc	三小二厶
踊	khcE	口止マ用	于	gfK	一十⑩	窳	pwry	宀八厂八	沅	ifqN	氵二儿⑩	氲	rnjl	乇乙曰皿
用	etNH	用丿乙丨	予	cbj	マ卩①	嘘	hwbk	止人凵口	垣	fgjg	土一日一	允	cqB	厶儿㊣
you			余	wtu	人禾③	玉	gyI	王、③	爰	eftC	爫二丿又	狁	qtcQ	犭丿厶儿
优	wdnN	亻尤乙㊣	好	vcbh	女マ卩①	驭	ccy	马又、	原	drII	厂白小③	陨	bkmY	阝口贝
忧	ndnN	忄尤乙㊣	欤	gngw	一乙一人	芋	agfJ	艹一十⑩	圆	lkmi	囗口贝③	殒	gqkM	一夕口贝
攸	whty	亻丨夂⊙	於	ywuY	方人氵、	姬	vaqY	女匚乂、	袁	fkeU	土口伙③	孕	ebf	乃子㊀
呦	kxlN	口幺力㊣	盂	gflF	一十皿㊀	饫	qntd	饣乙丿大	援	refC	扌爫二又	运	fcpI	二厶辶③
幽	xxmK	幺幺山⑩	姁	vaqY	女匚乂、	育	yceF	亠厶月㊀	缘	xxeY	纟彑豕、	郓	plbH	冖车阝①
悠	whtn	亻丨夂心	铱	qntd	钅乙丿大	郁	debH	犭月阝①	鼋	fqkn	二儿口乙	恽	nplH	忄冖车
尤	dnv	尤乙㊣	臾	vwi	臼人③	昱	juf	日立㊀	塬	fdrI	土厂白小	晕	jpLJ	日冖车⑩
由	mhNG	由丨乙一	鱼	qgf	鱼一㊀	狱	qtyd	犭丿讠犬	源	idrI	氵厂白小	酝	sgfC	西一二厶
犹	qtdn	犭丿尤乙	俞	wgej	人一月刂	峪	mwwk	山八人口	猿	qtfe	犭丿土伙	愠	njlg	忄日皿一
邮	mbH	由阝①	禺	jmhy	曰门丨、	浴	iwwK	氵八人口	辕	lfkE	车土口伙	煴	fnhl	二乙丨皿
油	img	氵由㊣	竽	tgfJ	⺮一十⑩	钰	qgyy	钅王、、	橼	sxxe	木纟彑豕	韵	ujqu	立日勹③
柚	smg	木由㊀	舁	vaj	臼廾J⑩	预	cbdM	マ卩丆贝	螈	jdrI	虫厂白小	熨	nfio	尸二小灬
莜	aqtn	艹犭丿乙	娱	vkgd	女口一大	城	fakg	土戈口一	远	fqpV	二儿辶㊣	蕴	axjL	艹纟曰皿
铀	qmg	钅由㊀	徐	qtwt	彳丿人禾	欲	wwkw	八人口人	苑	aqbB	艹夕㔾㊣	**za**		
蚰	jmg	虫由㊀	谀	yvwy	讠白人⊙	谕	ywgj	讠人一刂	怨	qbnU	夕㔾心③	匝	amhK	匚冂丨⑩
游	iytb	氵方宀子	徐	qnwT	彳乙人禾	阈	uakG	门戈口一	院	bpfQ	阝宀二儿	咂	kamH	口匚冂丨
鱿	qgdN	鱼一尤乙	渔	iqgg	氵鱼一㊀	喻	kwgj	口人一刂	垸	fpfQ	土宀二儿	拶	rvqY	扌巛夕、
猷	usgd	丷西一犬	萸	avwU	艹臼人③	寅	pjmY	宀曰门、	媛	vefc	女爫二又	杂	vsU	九木③
蕕	jytb	虫方宀子	隅	bjmY	阝曰门、	御	trhB	丿二止卩	掾	rxeY	扌彑豕、	砸	damh	石匚冂丨
友	dcU	犭又③	零	ffnb	雨二乙㊣	裕	puwK	衤丷八口	瑗	gefc	王爫二又	咋	kthf	口丿一二
有	DeF	犭月㊀	崳	mwgJ	山人一刂	遇	jmHP	曰门丨辶	愿	drin	厂白小心	**zai**		
卣	hlnF	卜口匚㊀	愉	nwGJ	忄人一刂	鹆	wwkg	八人口一	**yue**			灾	poU	宀火③
酉	sgd	西一㊀	揄	rwgj	扌人一刂	愈	wgen	人一月心	曰	jhng	曰丨乙一	甾	vlf	巛田㊀
莠	ateB	艹禾乃㊣	腴	evwY	月白人⊙	煜	ojuG	火日立㊀	约	xqYY	纟勹、、	哉	fakD	十戈口大
銹	qdeg	钅丿月一	逾	wgep	人一月辶	蓣	acbm	艹マ卩贝	月	eeeE	月月月月	栽	fasI	十戈木③
牖	thgy	丿丨一、	愚	jmhn	曰门丨心	誉	iwyf	⺌八言㊀	刖	ejh	月刂①	宰	puj	宀辛⑩
勠	lfol	土灬力	榆	swgj	木人一刂	毓	txgq	一乙一儿	岳	rgmJ	斤一山⑩	载	faLK	十戈车⑩
又	cccC	又又又㊢	瑜	gwgJ	王人一刂	蜮	jakG	虫戈口一	悦	nukQ	忄丷口儿	崽	mlnU	山田心③
右	dkF	犭口㊀	虞	hakD	虍七口大	豫	cbqE	マ卩象	钺	qant	钅匚乙丿	再	gmfD	一门土三
幼	xln	幺力㊣	觎	wgeq	人一月儿	燠	otmD	火丿门大	阅	uukQ	门丷口儿	在	dHFD	犭丨土三
佑	wdkG	亻犭口㊀	窬	pwwj	宀八人刂	鹬	cbtg	マ卩丿一	跃	khtd	口止丿大	**zan**		
侑	wdeG	亻犭月㊀	舆	wflW	亻二车八	鬻	xoxh	弓米弓丨	粤	tloN	丿口米乙	咱	kthG	口丿目㊀
囿	ldeD	囗犭月㊀	妪	waqY	亻匚乂、	吁	kgfh	口一十①	越	fhaT	土止匚丿	昝	thjF	夂卜日㊀
宥	pdef	宀犭月㊀	宇	pgfJ	宀一十⑩	**yuan**			樾	sfht	木土止丿	攒	rtfm	扌丿土贝
诱	yteN	讠禾乃㊣	屿	mgnG	山一乙一	芫	afqb	艹二儿㊣	龠	wgka	人一口艹	趱	fhtM	土止丿贝
蚴	jxlN	虫幺力㊣	羽	nnyG	羽乙、一	鸢	aqyg	弋勹丶一	渝	iwga	氵人一艹	暂	lrjF	车斤曰㊀
釉	tomG	丿米由㊀	雨	fghy	雨一丨、	冤	pqkY	冖勹口、	**yun**			赞	tfqm	丿土儿贝
鼬	vnum	臼乙氵由	俣	wkgD	亻口一大	智	qbhf	夕口目㊀	云	fcu	二厶③	錾	lrqF	车斤金㊀
yu			禹	tkmY	丿口门、	鸳	qbqG	夕口勹一	匀	quD	勹二③	瓒	gtfm	王丿土贝
纡	xgfH	纟一十①	语	ygkG	讠五口㊀	渊	itoH	氵丿米丨	纭	xfcY	纟二厶、	**zang**		
迂	gfpK	一十辶⑩	圄	lgkd	囗五口大	箢	tpqB	⺮宀夕㔾	芸	afcu	艹二厶③	赃	myfG	贝广土㊀
淤	iywu	氵方人氵	圉	lfuF	囗土丷十	元	fqb	二儿㊣	昀	jquG	日勹二㊀	臧	dndT	厂乙丿乛
渝	iwgj	氵人一刂	庾	yvwi	广白人③	员	kmU	口贝③	郧	kmbH	口贝阝①	驵	cegG	马月一㊀

字	86码	字根	字	86码	字根	字	86码	字根	字	86码	字根	字	86码	字根
斐	nhdd	乙丨丆大	渣	isjg	氵木日一	绽	xpgH	纟宀一⑪	折	rrH	扌斤⑪	赈	mdfe	贝厂二⑥
脏	eyfG	月广土①	楂	ssjG	木木日一	湛	iadN	氵艹三乙	哲	rrkF	扌斤口②	镇	qfhw	钅十且八
葬	agqA	艹一夕廾	鳢	thlg	丿目田一	蘸	asgo	艹西一灬	辄	lbnN	车耳乙①	震	fdfE	雨厂二④
zao			扎	rnn	扌乙②	**zhang**			蜇	rvyj	扌九丶虫	**zheng**		
遭	gmap	一冂廿辶	札	snn	木乙②	张	xtAY	弓丿七丶	谪	yumD	讠立冂古	争	qvHJ	ㄅヨ丨⑪
糟	ogmj	米一冂日	轧	lnn	车乙②	章	ujj	立早⑪	摺	rnrg	扌羽白一	征	tghG	彳一止①
凿	oguB	⺤一丷凵	闸	ulk	门甲⑪	鄣	ujbH	立早阝⑪	磔	dqas	石夕⼂木	怔	nghG	忄一止①
早	jhNH	早丨乙丨	铡	qmjH	钅贝刂⑪	嫜	vujh	女立早⑪	辙	lycT	车⼂厶攵	峥	mqvH	山ㄅヨ丨
枣	gmiu	一冂小⺀	眨	htpY	目丿之丶	彰	ujeT	立早彡丿	者	ftjF	土丿日②	挣	rqvh	扌ㄅヨ丨
蚤	cyjU	又丶虫③	砟	dthF	石⺈丨二	漳	iujH	氵立早⑪	锗	qftJ	钅土丿日	狰	qtqh	犭丿ㄅヨ
澡	ikKS	氵口口木	乍	thfD	⺈丨二④	獐	qtuj	犭丿立早	褚	fofj	土⺌土日	钲	qghg	钅一止①
藻	aikS	艹氵口木	诈	ythF	讠⺈丨二	樟	sujH	木立早⑪	褶	punr	衤宀羽白	睁	hqvH	目ㄅヨ丨
灶	ofG	火土①	咤	kpta	口宀丿七	璋	gujH	王立早⑪	这	ypI	文辶①	铮	qqvH	钅ㄅヨ丨
皂	rab	白七⑥	炸	othF	火⺈丨二	蟑	jujh	虫立早⑪	柘	sdg	木石①	筝	tqvh	竹ㄅヨ丨
唣	kraN	口白七①	痄	uthf	疒⺈丨二	仉	wmn	亻几②	浙	irrH	氵扌斤⑪	蒸	abiO	艹了氺灬
造	tfkp	丿土口辶	蚱	jthf	虫⺈丨二	涨	ixTY	氵弓丿丶	蔗	ayaO	艹广廿灬	拯	rbiG	扌了氺一
噪	kkks	口口口木	榨	spwF	木宀八二	掌	ipkr	⺌冖口手	鹧	yaog	广廿灬一	整	gkih	一口小止
燥	okkS	火口口木	栅	smmG	木门门一	长	taYI	丿七丶①	着	udhF	⺷⺆目②	正	ghd	一止④
躁	khks	口止口木	柞	sthF	木⺈丨二	丈	dyi	ナ乀①	**zhen**			证	yghG	讠一止①
ze			**zhai**			仗	wdyy	亻ナ乀丶	贞	hmU	⼘贝③	诤	yqvh	讠ㄅヨ丨
则	mjH	贝刂⑪	斋	ydmJ	文ナ冂刂	帐	mhtY	冂丨丿丶	针	qfH	钅十⑪	郑	udbH	丷大阝⑪
择	rcfH	扌又二⑪	摘	rumD	扌立冂古	杖	sdyY	木ナ乀丶	侦	whmY	亻⼘贝丶	政	ghtY	一止攵丶
泽	icfH	氵又二⑪	宅	ptaB	宀丿七⑥	胀	etaY	月丿七丶	浈	ihmY	氵⼘贝丶	症	ughD	疒一止④
责	gmu	龶贝①	翟	nwyf	羽亻圭	账	mtaY	贝丿七丶	珍	gwET	王人彡丿	**zhi**		
舴	tetf	丿舟⺅二	窄	pwtf	宀八丿二	障	bujH	阝立早⑪	桢	shmY	木⼘贝丶	徵	tmgt	彳山一攵
箦	tgmu	竹龶贝①	债	wgmy	亻龶贝丶	嶂	mujH	山立早⑪	真	fhwU	十且八③	之	ppPP	之之之之
赜	ahkm	匸丨口贝	砦	hxdF	止匕石②	幛	mhuJ	冂丨立早	砧	dhkg	石⼘口①	支	fcU	十又③
仄	dwi	厂人①	寨	pfjs	宀二刂木	瘴	uujk	疒立早⑪	祯	pyhm	衤丶⼘贝	卮	rgbv	厂一巴⑫
昃	jdwU	日厂人①	瘵	uwfI	疒⅄二小	**zhao**			斟	adwf	艹三八十	汁	ifh	氵十⑪
zei			**zhan**			钊	qjh	钅刂⑪	甄	sfgn	西土一乙	芝	apU	艹之③
贼	madt	贝戈ナ丶	沾	ihkG	氵⼘口①	招	rvkG	扌刀口①	榛	adwt	艹三人禾	吱	kfcY	口十又丶
zen			毡	tfnk	丿二乙口	昭	jvkG	日刀口①	榛	sdwt	木三人禾	枝	sfcY	木十又丶
怎	thfn	乍丨二心	旃	ytmy	方⸢冂㇄	找	raT	扌戈丿	箴	tdgt	竹厂一丿	知	tdKG	⺂大口①
潛	yaqj	讠匚儿日	粘	ohKG	米⼘口①	沼	ivkG	氵刀口①	臻	gcft	一厶土禾	织	xkwY	纟口八丶
zeng			詹	qdwY	⼓厂八言	召	vkf	刀口②	诊	yweT	讠人彡丿	肢	efcY	月十又丶
增	fuLJ	土丷⺕日	谵	yqdY	讠⼓厂言	兆	iqv	⅀儿⑫	枕	spqN	木冖儿①	栀	srgb	木厂一巴
憎	nulJ	忄丷⺕日	瞻	hqdY	目⼓厂言	诏	yvkG	讠刀口①	朕	eweT	月⅄人丿	祗	pyqy	衤丶⽒丶
缯	xulJ	纟丷⺕日	斩	lrH	车斤⑪	笊	trhy	竹厂丨丶	轸	lweT	车人彡丿	胝	eqaY	月⽒丶
罾	lulJ	罒丷⺕日	展	naeI	尸共⑫	棹	shjH	木⼘早⑪	畛	lwet	田人彡丿	脂	exJG	月匕日①
锃	qkgG	钅口王①	崭	mlrJ	山车斤⑪	照	jvko	日刀口灬	疹	uweE	疒人彡彡	蜘	jtdk	虫⺂大口
甑	uljn	丷⺕日乙	搌	rnae	扌尸共⑫	罩	lhjJ	罒⼘早⑪	缜	xfhW	纟十且八	侄	wgcf	亻一厶土
赠	muLJ	贝丷⺕日	辗	lnaE	车尸共⑫	肇	ynth	丶尸攵丨	稹	tfhw	禾十且八	直	fhF	十且②
zha						爪	rhyi	厂丨丶①	圳	fkh	土川⑪	值	wfhg	亻十且一
喋	kans	口廿乙木				**zhe**			阵	blH	阝车⑪	埴	ffhg	土十且一
吒	ktan	口丿七②				螫	rrjU	扌斤虫③	鸩	pqqG	⼍儿⺈一	职	bkWY	耳口八丶
喳	ksjG	口木日一				遮	yaop	广廿灬辶	振	rdfE	扌厂二⑥	植	sfhg	木十且一
揸	rsjG	扌木日一							朕	eudy	月⅄大丶			

字	86码	字根	字	86码	字根	字	86码	字根	字	86码	字根	字	86码	字根
殖	gqfH	一夕十且	骘	bhic	阝止小马	籀	trql	⺮扌匚田	箸	tftJ	⺮土丿日	涿	ieyy	氵豕丶丶
絷	rvyi	扌九丶小	稚	twyG	禾亻圭⊖	*zhu*			翥	ftjn	土丿日羽	灼	oqyY	火勹丶丶
跖	khdg	口止石⊖	置	lfhf	罒十且㊀	朱	riI	⻦小I	*zhua*			茁	abmJ	艹凵山⊝
摭	ryaO	扌广廿灬	雉	tdwy	⺈大亻圭	侏	wriY	亻⻦小丶	抓	rrhy	扌厂八	斫	drh	石斤丨
蹠	khub	口止⺌阝	膣	epwf	月宀八土	诛	yriY	讠⻦小丶	爪	rhyi	厂八⑧	浊	ijY	氵虫丶
止	hhHG	止丨丨一	觯	qeuf	⺈用丷十	邾	ribH	⻦小阝	*zhuai*			浞	ikhy	氵口止丶
只	kwU	口八⑧	踬	khrm	口止厂贝	洙	iriY	氵⻦小丶	拽	rjxT	扌曰匕丿	诼	yeyY	讠豕丶丶
旨	xjF	匕日㊀	*zhong*			茱	ariU	艹⻦小⑧	*zhuan*			酌	sgqY	西一勹丶
址	fhg	土止⊖	中	kHK	口丨Ⓚ	株	sriY	木⻦小丶	专	fnyI	二乙丶I	啄	keyy	口豕丶丶
纸	xqaN	纟⺈七⑵	盅	khlF	口丨皿㊀	珠	grIY	王⻦小丶	砖	dfny	石二乙丶	琢	geyY	王豕丶丶
芷	ahf	艹止㊀	忠	khnU	口丨心⑤	诸	yftJ	讠土丿日	转	lfnY	车二乙丶	禚	pyuo	⻂丶丷灬
祉	pyhG	⻂丶止⊖	终	xtuY	纟冬冫丶	猪	qtfj	犭丿土日	颛	mdmm	山厂冂贝	擢	rnwy	扌羽亻圭
咫	nykW	尸口丶八	钟	qkhh	钅口丨丨	铢	qriY	钅⻦小丶	啭	klfy	口车二丶	濯	inwY	氵羽亻圭
指	rxjG	扌匕日⊖	舯	tekH	丿舟口丨	蛛	jriY	虫⻦小丶	撰	rnnw	扌巳巳八	镯	qlqj	钅罒勹虫
枳	skwY	木口八丶	衷	ykhe	亠口丨⾐	楮	syfj	木讠土日	篆	txeU	⺮彑豕⑧	*zi*		
轵	lkwY	车口八丶	锺	qtgf	钅丿一土	潴	iqtj	氵犭丿日	馔	qnnw	⼏乙巳八	孜	bty	子攵丶
趾	khhG	口止止⊖	螽	tujj	冬氵虫虫	橥	qtfs	犭丿土木	赚	muvO	贝⺷彐灬	兹	uxxU	⻀幺幺⑧
黹	ogui	业一⺌小	肿	ekHH	月口丨丨	竹	ttgH	竹丿一丨	*zhuang*			咨	uqwk	冫⺈人口
酯	sgxJ	西一匕日⊝	冢	peyU	冖豕丶⑧	竺	tff	⺮二	庄	yfd	广土⊙	姿	uqwv	冫⺈人女
至	gcfF	一厶土㊀	踵	khtf	口止丿土	烛	ojY	火虫丶	妆	uvG	丬女⊖	赀	hxmU	止匕贝⑧
志	fnU	士心⑤	种	tkhH	禾口丨丨	逐	epi	豕辶⑧	桩	syfG	木广土⊖	资	uqwm	冫⺈人贝
忮	nfcy	忄十又丶	重	tgjF	丿一日土	舳	temg	丿舟由	装	ufyE	丬士宀⾐	淄	ivlG	氵巛田⊖
夛	eer	夕夕⑵	仲	wkhh	亻口丨丨	瘃	ueyI	疒豕丶I	壮	ufg	丬士⊖	缁	xvlG	纟巛田⊖
制	rmhj	⻦冂丨刂	众	wwwU	人人人⑧	躅	khlj	口止罒虫	状	udy	丬犬丶	谘	yuqK	讠冫⺈口
帙	mhrw	冂丨⻦人	*zhou*			主	yGD	丶王⊙	撞	rujF	扌立日土	孳	uxxb	⻀幺幺子
帜	mhkw	冂丨口八	啁	kmfK	口冂土口	拄	rygG	扌丶王⊖	*zhui*			嵫	muxX	山⻀幺幺
治	ickG	氵厶口⊖	州	ytyh	丶丿丶丨	渚	iftJ	氵土丿日	佳	wyg	亻圭⊖	滋	iuxX	氵⻀幺幺
炙	qoU	夕火⑧	舟	tei	丿舟⑧	煮	ftjo	土丿日灬	追	wnnp	亻ココ辶	辎	lvlG	车巛田⊖
质	rfmI	厂十贝I	诌	yqvg	讠⺈彐⊖	嘱	kntY	口尸丿丶	骓	cwyG	马亻圭⊖	趑	fhuw	土止冫人
郅	gcfb	一厶土阝	周	mfkD	冂土口⊙	麈	ynjg	广丨丨王	椎	swyG	木亻圭⊖	锱	qvlG	钅巛田⊖
峙	mffY	山土寸丶	洲	iytH	氵丶丿丨	瞩	hntY	目尸丿丶	锥	qwyG	钅亻圭⊖	龇	hwbx	止人凵匕
栉	sabH	木廿卩丨	粥	xoxN	弓米弓⑵	伫	wpgG	亻宀一⊖	坠	bwff	阝人土土	髭	dehX	镸彡止匕
陟	bhiT	阝止小丿	妯	vmG	女由⊖	住	wygg	亻丶王⊖	缀	xccC	纟又又又	鲻	qgvl	鱼一巛田
挚	rvyr	扌九丶手	轴	lmG	车由⊖	助	eglN	月一力⑵	惴	nmdj	忄山厂刂	籽	obG	米子⊖
桎	sgcf	木一厶土	碡	dgxU	石丰乛⑧	苎	apgf	艹宀一㊀	缒	xwnp	纟亻乙辶	子	bbBB	子子子子
秩	trwY	禾⺀人丶	肘	efy	月寸丶	杼	scbH	木マ卩丨	赘	gqtm	⼿⺈攵贝	姊	vtnt	女丿乙丿
致	gcft	一厶土攵	帚	vpmH	彐冖冂丨	注	iyGG	氵丶王⊖	*zhun*			秭	ttnt	禾丿乙丿
贽	rvym	扌九丶贝	纣	xfy	纟寸丶	贮	mpgG	贝宀一⊖	肫	egbN	月一凵乙	耔	dibG	三小子⊖
掷	rudb	扌䒑大阝	咒	kkmB	口口几⑵	驻	cyGG	马丶王⊖	窀	pwgn	宀八一乙	笫	ttnt	⺮丿乙丿
痔	uffi	疒土寸⑧	宙	pmF	宀由㊀	柱	sygG	木丶王⊖	谆	yybg	讠亠子⊖	梓	suh	木辛丨
窒	pwgF	宀八一土	绉	xqvG	纟⺈彐⊖	炷	oygG	火丶王⊖	准	uwyG	冫亻圭⊖	紫	hxxI	止匕幺小
鸷	rvyg	扌九丶一	昼	nyjG	尸丶日一	祝	pykQ	⻂丶口儿	*zhuo*			滓	ipuH	氵宀辛丨
龀	xgxX	乚一匕匕	胄	mef	由月㊀	疰	uygd	疒丶王⊙	卓	hjj	卜早⊖	訾	hxyF	止匕言㊀
智	tdkj	⺈大口日	荮	axfU	艹纟寸⑧	著	aftJ	艹土丿日	拙	rbmH	扌凵山丨	字	pbF	宀子㊀
滞	igkH	氵一川丨	皱	qvhc	⺈彐丨又	蛀	jygG	虫丶王⊖	倬	whjh	亻卜早丨	自	thd	丿目⊙
痣	ufni	疒士心⑧	酎	sgfy	西一寸丶	筑	tamY	⺮工几丶	捉	rkhY	扌口止丶	恣	uqwn	冫⺈人心
蛭	jgcF	虫一厶土	骤	cbci	马耳又⺇	铸	qdtF	钅三丿寸	桌	hjsU	卜日木⑧	渍	igmY	氵丰贝丶

字	86 码	字根	字	86 码	字根	字	86 码	字根	字	86 码	字根	字	86 码	字根
眦	hhxN	目止匕②	驺	cqvG	马勹彐㊀	镞	qytd	钅方ᄂ大	嘴	khxE	口止匕用	左	daF	ナ工㊀
	zong		诹	ybcY	讠耳又〇	诅	yegG	讠月一㊀	最	jbCU	曰耳又③	佐	wdaG	亻ナ工㊀
宗	pfiU	宀二小③	陬	bbcY	阝耳又〇	阻	begg	阝月一㊀	罪	ldjD	罒三刂三	作	wtHF	亻ᄂ丨二
综	xpFI	纟宀二小	鄹	bctb	耳又丿阝	组	xegG	纟月一㊀	蕞	ajbC	艹曰耳又	坐	wwfF	人人土
棕	spFI	木宀二小	鲰	qgbc	鱼一耳又	俎	wweg	人人月一	醉	sgyF	西一亠十	阼	bthF	阝ᄂ丨二
腙	epfi	月宀二小	走	fhu	土止③	祖	pyeG	礻丶月一		zun		怍	nthF	忄ᄂ丨二
踪	khpI	口止宀小	奏	dwgD	三人一大		zuan		尊	usgF	丷西一寸	祚	pytF	礻丶ᄂ二
鬃	depI	镸彡宀小	揍	rdwd	扌三人大	躜	khtm	口止丿贝	遵	usgp	丷西一辶	昨	ethF	月ᄂ丨二
总	uknU	丷口心③		zu		缵	xtfm	纟丿土贝	樽	susf	木丷西寸	唑	kwwF	口人人土
偬	wqrn	亻勹⺈心	租	tegG	禾月一㊀	纂	thdi	⺮目大小	鳟	qguf	鱼一丷寸	座	ywwF	广人人土
纵	xwwY	纟人人〇	菹	aieG	艹氵月一	钻	qhkG	钅卜口㊀	撙	rusF	扌丷西寸			
粽	opfi	米宀二小	足	khu	口止③	攥	rthi	扌⺮目小		zuo				
	zou		卒	ywwf	亠人人十		zui		酢	sgtf	西一ᄂ二			
邹	qvbH	勹彐阝①	族	yttD	方ᄂ⺈大	嘴	hxqE	止匕⺈用	咋	jtHF	日ᄂ丨二			